深远海工程装备与高技术丛书

深海声学与探测技术

李整林　杨益新　秦继兴　闫　祎　著

上海科学技术出版社

图书在版编目（ＣＩＰ）数据

深海声学与探测技术 / 李整林等著. -- 上海 ：上
海科学技术出版社，2020.10（2024.1重印）
（深远海工程装备与高技术丛书）
ISBN 978-7-5478-5083-1

Ⅰ．①深… Ⅱ．①李… Ⅲ．①深海－声学②深海－声
学测量 Ⅳ．①P733.2

中国版本图书馆CIP数据核字(2020)第167780号

深海声学与探测技术

李整林　杨益新　秦继兴　闫　祎　著

上海世纪出版(集团)有限公司
上 海 科 学 技 术 出 版 社　出版、发行
(上海市闵行区号景路 159 弄 A 座 9F-10F)
邮政编码 201101　　www.sstp.cn
上海当纳利印刷有限公司印刷
开本 787×1092　1/16　印张 17.75
字数 380 千字
2020 年 10 月第 1 版　2024 年 1 月第 4 次印刷
ISBN 978 - 7 - 5478 - 5083 - 1/P・40
定价：198.00 元

内 容 提 要

　　深海大洋中海深变化和海底性质多样,加上中尺度过程等因素,使得深海海洋环境与陆地上的地形地貌、大气环境一样复杂多变。研究深海中的声学问题与探测技术具有重要意义。

　　本书较为系统地介绍了深海声学与探测技术的相关思想、原理和方法。全书共分 9 章,包括深海环境的复杂性、深海声传播理论、典型深海环境下声传播现象、深海环境声学反演方法、深海探测中环境噪声和混响干扰、深海声学探测方法与技术、深海声学实验技术和设备等诸多方面。本书主要以作者所在课题组多年来在深海声学及探测技术方面的研究成果为基础,同时纳入作者发表的部分论文及所培养研究生毕业论文成果。

　　本书注重理论与实践相结合,重点强调声学反演与探测相关的理念,力求叙述深入浅出,内容全面但不失专业性,可作为从事海洋声学研究和声呐技术开发领域专业人员的参考书,也可作为高等院校相关专业本科生、研究生和教师的参考书。

学 术 顾 问

丛书编委会

前　言

我国走出浅海、走向深海的海上战略空间"两洋一海"（我国南海、太平洋和印度洋）大部分属于深海区,其不仅存在着斜坡、海底山、海沟等复杂地形,同时中尺度涡旋等动力学现象频发,导致水下声场变化复杂,进而影响声呐的探测性能。我国海洋声学研究过去多局限在浅海,在浅海声学理论、声学反演及水声探测应用等方面研究成果显著。与浅海声学研究相比,受大深度声学测量的实验设备等条件限制,我国在深海声学及水下探测等方面的研究进展相对缓慢。近年来,随着国家海洋专项的成功实施,我国在深海声学实验手段方面得到了显著改善,完成了一系列海上实验观测,对深海声传播规律、声场时-空-频相关特性等方面的认识大幅度提高,并在此基础上发展了深海水下目标探测方法,为我国海洋声学研究与探测技术走向深海奠定了重要基础。

考虑到目前我国还没有一本专门讨论有关深海声学与探测技术的专著,本书在深入研究国内外相关理论成果的基础上,结合课题组多年来的研究成果,对深海声学探测相关的思想、原理和方法进行了系统深入的介绍。本书主要的撰写目的是对深海声传播、噪声和混响理论进行详细梳理,在认识复杂深海环境下的声场时-空-频特征规律基础上,提出适用于深海环境的参数反演与水声探测方法,为深海环境下的声呐算法设计、探测应用与效能评估等提供理论指导。

本书共分9章,具体章节安排如下：第1章为绪论,对深海声学研究和探测技术的重要性及国内外研究现状进行总结；第2章为深海环境,对影响深海声传播和探测的水体环境、地形和底质因素进行归纳；第3章从完整性角度介绍了适用于深海的射线、简正波、抛物方程理论,以及混合声场计算模型；第4章介绍了典型深海斜坡、海底山、海沟和中尺度涡旋等复杂海洋中的声传播现象、机理和声场空间相关特性；第5章介绍了深海声学反演方法,主要包括海洋声层析和海底参数声学反演,为声呐在深海应用提供环境支持；第6章介绍了与深海探测相关的环境噪声场特性与模型、深海混响模型与衰减规律；第7章主要介绍了典型的深海直达声区和声影区(海底反射声区)的声传播特征,以及利用深海多途到达特征、宽带声源干涉结构与声源位置参数关系实现水下目标定位的各类方法；第8章介绍了深海声学实验技术和探测原理,以及与海上实验验证相关的深海大深度接收系统和自主发射潜标系统；第9章给出了深海声学与探测技术未来发展展望。

在本书撰写过程中,得到了中国科学院声学研究所声场声信息国家重点实验室张仁和院士的指导,郭永刚研究员、江磊研究员和韩一丁高级工程师等负责了深海声学接收和发射设备的研发工作,部分成果内容得到李风华研究员、王海斌研究员、彭朝晖研究员、郭良浩研究员、周士弘研究员、鄢锦研究员、任云研究员、王光旭副研究员、何利副研究员、余炎欣副研究员、吴双林博士、孙梅博士和刘若芸博士的大力支持,部分内容来自李文、胡治国、李晟昊、蒋东阁、李鋆、吴丽丽、李梦竹、刘姗琪、吴俊楠、张青青、王梦圆、杨习山、肖瑶、刘一宁、王龙昊、肖鹏等研究生的毕业论文,西北工业大学刘文旭、陈栋、李杰美慧、张英豪等研究生参与了部分章节的写作,中国科学院沈阳自动化研究所俞建成研究员在水下滑翔机和 AUV 平台撰写方面给予了支持,中船重工集团第七〇四研究所的田立群副主任等对本书的编辑出版组织等给予了帮助与支持,在此一并表示感谢。

本书的研究工作先后获得了国家自然科学基金重点项目、国际合作项目、面上项目,以及国家全球变化与海气相互作用专项、973 重大基础研究项目、科技部海洋 863 重大项目和国家重点研发计划项目的资助,在此表示感谢。

书中涉猎的深海声学与探测技术面较广,鉴于作者水平与经验有限,难免有所疏漏,敬请读者批评指正。

作 者

2020 年 8 月

目　录

深海声学与探测技术

第1章 绪   论

海洋约占地球总面积的71%,它孕育了地球这颗蔚蓝行星上的大多数生命,蕴藏着地球65%以上的自然资源,一直以来都是人类活动的重要空间。声波是目前所知唯一能够在海洋中远距离传播的波动形式,是探测海洋资源和环境、实现水下信息传输的重要信息载体。海洋声学是声学与海洋科学的交叉,是现代海洋高技术的重要基础。海洋平均深度达3 795 m,其中3 000 m以上的海域占海洋整体面积的91%以上(图1.1),南海、太平洋和印度洋海域是我国走出浅海、走向深海的重要战略空间,大部分属于深海区。海洋中不仅有相对平坦的深海平原,也存在由浅变深的过渡海域,更有深海海沟、海底山、深海盆地等多种复杂地形。受不同季节的大洋环流影响,深海中尺度涡旋等动力学现象广泛存在,这种环境复杂性必然导致声波在水下的远距离传播异常复杂,并影响声信息传输与探测性能。

图1.1　世界范围内深海分布

本章首先对深海声学与探测技术进行简要介绍,引出深海声传播的主要影响因素;然后介绍国内外研究现状;同时为了使读者更全面地了解本书后续章节的内容,最后简要介绍了主动和被动声呐方程。

1.1　深海声学与探测技术简介

深海声学及水下信息感知属于水声学与深海海洋学交叉的学科领域,其研究重点包括声波与海水介质和海底相互作用并可进行远距离传播的内在机理和物理规律,以及利用声波作为信息载体实现深海水下信息远距离感知的技术。深海海洋声学技术一直是欧美发达国家重视并投入巨资来发展的技术领域。美国曾经大力开展全球海洋和深海海洋的研究,提出要把全球海洋透明化,研制各种海洋民用和军用高新技术产品,从空间、空中、水面、水下、海底到沿岸,力求对全球海域进行全覆盖的监测和探测,海洋声学及其技术就是其中的重要组成部分。

长期以来,受综合国力和技术条件的限制,我国海洋声学研究基本上局限在浅海,涉及海洋安全领域的深海大深度传感器、声信息传输等瓶颈关键技术都在国外对我国封锁的范围之内。所以,根据我国海洋战略利益的拓展,海洋经济发展和海上战略通道安全等都迫切要求我国的海洋声学研究"由近及远、由浅入深"。深海声学是我国亟待深入拓展研究的领域,认识深海复杂环境下的声场规律,并发展与深海环境相适应的水声探测技术,这关系到国家海洋权益和安全以及海洋可持续利用与协调发展,不仅具有十分重要的科学意义,更具有重要的应用价值。

从水声物理研究角度,深海斜坡、海沟、海底山、深海盆地等复杂的海洋环境必然导致水下声场的复杂性,此外加上中尺度涡旋等深海海洋动力学过程,使得声波与海底及水体作用后呈现出随时空起伏变化的四维(三维空间和时间)声传播效应。当人们在深海中利用声波探测目标或环境信息以及传输信息时,就必须对复杂深海环境下的声场进行系统研究,以掌握深海声场特征规律,这是近年来国际水声学研究的一个热点。

从水声实际应用的角度,深海声场时空相关特性是水声学研究的重点内容之一。在声呐信号处理中,一般通过增加积分时间或增加阵元数来获得足够高的时间或空间处理增益。但是,深海中声场空间相关特性与浅海环境不同,声源和接收基阵通常位于几百米以内的较浅深度,此时声场在空间上可以划分为直达声区、声影区和会聚区(图 1.2)。声影区声传播能量相比会聚区来说通常要低 $10\sim20$ dB,从而形成水下弱目标探测的弱视区或盲区。会聚区是由声波折射、声能聚集而在一定深度上形成的高声强区域,其所带来的增益是实现深海远程声探测的有利因素。但是在第一次海底反射区位置声场易受海底地形影响,进而影响声呐探测性能。深海中通信声呐的传输速率和误码率等则会受到深海远程传播中地形引起的多途衰落影响。此外,一些浅海中应用良好的水声探测方法,走到深海环境会由于声场特征差异而需要进行相应的改进,比如被动声呐在深海中应用时多途引起的被动测向方位分裂、声影区内低信噪比条件下的目标定位、主动声呐在深海环境下的混响非平稳性等。

在海水介质中,声波传输衰减最小,明显优于光波和电磁波,声呐是目前为止最好的水下目标观测手段,深海声学研究对于了解海洋具有重要意义。深海声学探测技术是在深海特殊的声道环境下,结合声速变化和海底地形信息,考虑水层不均匀性、内波和海洋环境噪声等不利因素,利用深海声传播理论、信号检测理论和信号处理技术,研究典型深海声传播现象和特性,并通过提取声波携带的特征信息对目标方位、距离、速度等信息进行估计。

根据我国近 10 年来在深海声学研究方面的研究进展和主要成果,本书结合深海海洋

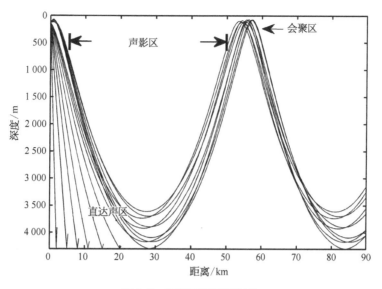

图 1.2　深海声场区域划分

环境特点,通过声场理论结合实验数据分析方法,系统总结一些典型深海环境下的声传播现象,揭示深海环境变化对声场的影响机理,研究了深海声场空间和时间相关特性,并在此基础上介绍了几种利用深海典型声传播特征进行水下目标定位的方法,为深海声呐探测技术发展及其应用奠定了理论基础。

1.2　深海声学与探测技术国内外发展现状

早在 1944 年,Ewing 和 Worzel 最先开始了对深海声道的研究,这也被视为深海声学研究的开端。之后的 70 多年间,围绕深海声学涉及的各方面问题,人们开展了一系列卓有成效的工作,例如深海会聚区的发现以及它在高优质因数声呐中的开发和利用。这被认为是半个世纪以来声呐装备的最大突破,这一点在深海声学开展的早期是不曾预料到的。因此,海洋声学的理论和实验研究是推动声呐设备发展的基础,水声工程的发展离不开对海洋声传播物理机理的研究。本节将分别对深海声学相关的研究发展进行综述总结,介绍深海海洋声学的历史、现状以及研究热点。

1.2.1　声传播理论与计算模型研究现状

声传播理论与计算模型的研究是从 20 世纪 60 年代开始的,最初只有射线理论和水平分层的简正波理论。这两种方法处理问题的能力很有限,只能计算水平不变问题,而且在当时计算精度较差。从 20 世纪 70 年代开始，出现了抛物方程理论和耦合简正波理论，可以处理水平变化的二维声传播问题。随着海洋声学中各种问题的深入研究，在计算速度和精度方面对声场计算提出了越来越高的要求。近几十年来，国内外在声场建模理论和相应的计算方法上做了大量的工作，并取得了重大进展。目前，按照对波动方程数学处理方法的不同，能够求解水平变化问题声场计算模型的方法主要分为以下几种：射线方法(Ray)、简正波方法(NM)、抛物方程方法(PE)、波数积分方法(FFP)、有限差分与有限元方法(FD/FE)，以及一些混合声场算法(Hybrid)等。这些方法各有优缺点，或者适用范围有限，或者精度不高，或者计算效率太低，或者对计算机内存要求过高。所以，应根据不同问题选择合适的方法。

(1) 射线理论在深海中比较适用，较为常用的射线模型主要有 HARPO 和 BELLHOP 等。射线方法是波动方程的高频近似解，其计算效率高，物理图像清晰。传统的射线理论对于低频问题不适用，而且不能精确求解声影区、焦散区的声场。基于高斯射线束的 BELLHOP 模型已经基本突破了这种限制，在低频段也可给出较为准确的声场结果。

(2) 简正波方法可以较好地处理低频深海远程声场计算问题。我国学者提出了适用于深海的广义相积分(WKBZ)理论，实现了本征值和本征函数的快速、精确计算，能够准确预报会聚区声场。绝热简正波方法可以处理水平变化缓慢波导中的声传播问题，计算效率较高。但绝热简正波理论忽略了不同号简正波之间的耦合，当海洋环境水平变化较剧烈时，用绝热近似计算声场往往会产生较大偏差。耦合简正波方法考虑了各号简正波之间的耦合，计算精度高，而且对于所有频率都适用，其最大的缺点是计算量大，计算速度慢，在深海水平变化环境下应用较少。

(3) 抛物方程方法主要是为了求解水平变化问题而提出的，可以推广至三维问题。抛物方程方法处理低频问题的计算速度很快，但当频率增高时，计算时间以几何倍数增加。在反向散射较弱时抛物方程方法的计算精度较高，但当反向散射较强时，计算精度会明显下降。

(4) 波数积分方法又称快速声场程序，利用积分变换求解水平分层波导中的亥姆霍兹方程，并采用快速傅里叶变换求解水平波数谱，可以对近场进行精确求解。这种方法处理水平变化的声传播问题较为困难，在深海环境下计算速度更是缓慢。

(5) 有限差分与有限元方法通过离散化来求解亥姆霍兹方程，计算精度很高，但是计算速度非常慢，而且内存需求大，只适用于计算小尺度的局部问题。

上面介绍的声场计算模型中，大部分只能处理二维声传播问题。由于海洋中各种复杂因素的影响，很多实际问题用二维声场模型不能求解，必须采用三维声场计算方法。最初出现了 $N \times 2D$ 算法，使用二维模型来近似处理三维问题。然而对于很多复杂波导，$N \times 2D$ 算法的误差较大，不能精确求解三维声场。随后，陆续出现了一些可以处理三维问题的声场计算模型。近年来，国外学者对水下三维声场建模进行了大量的理论研究和计算机模拟工作，并取得了诸多显著成果。对海底山、海脊、海沟等水下声传播问题，国外学者在理论上进行了大量研究，但针对过渡海域的大尺度三维声传播问题研究相对较少，目前还没有可精确、快速求解该类问题的有效算法。我国学者在三维声传播方面同样做了很多研究工作。彭朝晖等在广义相积分理论的基础上,提出了能够快速、准确求解简正波本征值的方法,并将其应用于耦合简正波-抛物方程理论,得到一种可处理水平变化声传播问题的快速数值预报方法,并将该方法推广至三维声传播问题。骆文于等发展了基于全局矩阵的二维和三维简正波方法,具有较高的计算精度。随着针对水平变化海洋环境中的声传播规律研究逐步加强,国内外有关复杂海洋环境下的精确、高效三维声场计算模型开发与应用日趋完善。

1.2.2　深海声传播与环境参数反演研究现状

为了弄清复杂深海环境下的声学机理及其对声呐的影响,美国 NPAL(North Pacific Acoustic Laboratory)对大西洋和太平洋开展了长期的水声实验(图 1.3),如 SLICE89、NPAL98、OWSP、AET、LOAPEX04、PhilSea10 等,主要用于研究复杂深海环境下的低频声传播、声场空时相干性、声场结构统计特性、深水影区物理机理和环境噪声场特性等科学问题,并很好地揭示了海底山、大陆斜坡、海洋内波等引起的异常声传播现象和声散射机理。进入 21 世纪以来,美国在北极开展大型极地地声学实验 CANAPE(2017 年),其主要从年尺度范围研究冰层覆盖下声传播、冰下噪声特性及北极环流对声场的影响。

关于深海远程声传播研究,Grigorieva 等分析了 LOAPEX 实验中在声道轴接收的传播距离为 3 200 km 处声波的特征,发现当接收器位于声道轴时,随着声源远离声道轴深度,传播损失在迅速增大。随着深海声学理论发展及人们的认识加深,国外学者开始探究深海斜坡、海底山、涡旋和内波等复杂海洋环境下的声传播。Chapman 分析了不同深度的爆炸声源围绕 Dickins 山的声传播现象,研究了声波的到达路径及海底山的反射机制,发现最先到达接收器的和能量最强的脉冲由粗糙界面的前向散射波和频率高于 50 Hz 的衍射波组成。由于海底山斜坡面的反射遮挡效应,经过海山时的传播损失比平坦海底环境下增大了 20~30 dB。McDonald 等利用简正波理论分析了 Heard 岛声传播实验中声

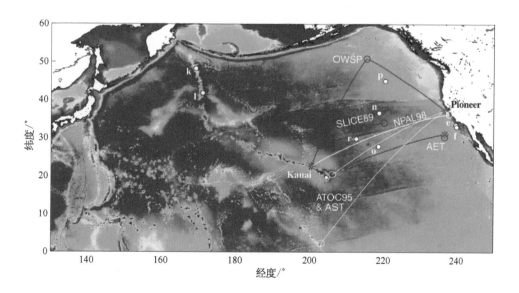

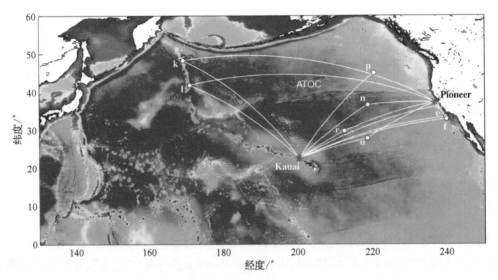

图 1.3　美国 NPAL 开展的几次深海实验位置(Worcester 等,2005)

线的传播路径和到达结构。Colosi 等分析了声学工程测试(acoustic engineering test,AET)实验中在内波条件下接收距离 3 252 km 处脉冲声的时间到达结构,研究发现脉冲强度起伏略微大于弱起伏理论结果。Xu 综合分析了北太平洋内波环境下远程低频脉冲声的时间到达结构,并将实验结果与 Rytov 弱起伏理论及 PE 近似结果比较,表明本地声场和内波场之间存在谐振条件,当内波的波峰线平行于本地声线的传播轨迹时有助于声散射。

　　深海中的地形水平变化与深海声道影响结合,会出现一些特殊的声传播现象。Dosso 和 Chapman 最早在加拿大西海岸的大陆坡海域对斜坡增强效应做了进一步实验验证,观测到声源位于斜坡上方时测量得到的下坡传播损失比平坦海底最大可减少 15 dB,其用射线声学对斜坡增强效应进行了机理解释,声波在下坡传播过程中,与陆坡多次反射后声线掠射角逐渐减小,从而能够在深海声道轴深度附近进行远距离传播。Tappert 等对夏威夷 Kaneohe 湾 Oahu 岛附近海域的声传播进行了研究,发现当声源固定在陆架浅海海底时,声波可沿着斜坡多次反射下传至深海声道轴深度后脱离斜坡,继续在深海声道轴附近进行远距离传播,最远可传播到 4 000 km 以上,并用"泥流效应"解释了现象形成机理和稳健性。声波在斜坡、海沟和海底山等复杂海底环境下传播时会与海底发生频繁碰撞,受地形变化影响会偏离原来的传播平面,产生三维水平折射效应。于是,便有许多学者开始关注水平折射现象背后的物理机制。Heaney 等在佛罗里达东海岸进行水下声学实验,清楚观测到由于海深变化引起的方位偏移和声线水平折射导致的水平多途三维声传播现象。Chiu 等在中国台湾省东北部海域观测到由海沟引起的声场水平折射现象,并利用三维抛物方程模型理论分析解释了实验观察到的声传播异常,结论表明海沟对声线具有会聚束缚作用。

　　我国在深海声学方面的研究进展相对缓慢。1990 年、1992 年和 1995 年,我国与俄罗斯科学家合作,在西太平洋共进行了三次水声考察,张仁和院士等老一辈科学家初步开展了深海环境下声传播规律及空间相关特性研究。2010 年以后,我国在国家全球变化与海气相互作用专项及科技部重点研发计划等科技项目支持下,突破了 10 000 m 大深度水声信号记录器、大深度水下声学滑翔机技术和深海海底观测网技术等,具备了大深度跨度和长时间水声信号采集能力,在西太平洋和南海实现上千千米的超远程声传播,实验观测到海底山等复杂地形引起的异常声传播现象,并对海底山引起的三维声传播机理给予了理论解释。声波第一次入射海底时起伏地形会对发射区声场影响巨大,海底山引起 30 dB以上的传播损失,并破坏原有深海声场结构的同时,水平折射会使得影区宽度变宽。人们对深海声场规律认识的加深,为深海探测技术的发展奠定了良好基础。

海洋声学环境对声呐在深海中进行水下目标探测与定位等具有重要影响,特别是在近 10 年的时间,海洋水声环境参数声反演技术在水声学中的地位更是越来越重要,已经成为 21 世纪水声学相关研究的热点之一。随着水声信号处理技术和相关数值计算方法的迅速发展,采用信号处理方法逆推出海洋水声环境参数的研究得到了迅速的发展,海洋水声环境参数反演方法也得到了不断的完善。海洋水声环境参数声反演一般是利用测量的声传播、海洋噪声或者水下混响三种物理场,结合海洋环境模型、声场理论模型和全局最优化算法,反演出海洋水体声速剖面和海底声学参数等。反演并非要丝毫不差地刻画出真实的海洋环境,而是能够尽可能多地解释物理现象。海洋声学反演的核心是选择对海洋环境较为敏感的声场相位或幅度信息进行反演。一般最为常用的反演方法有匹配脉冲多途(或模态)到达时间、匹配声场空频相关特性、匹配声场能量空间分布特性等反演等。按反演对象不同,海洋声学反演分为海洋声层析和地声参数反演两大类,其分别对应于反演海水声速与流速分布或反演海底沉积物声学分层特性。

海洋声层析最初在深海中发展起来,主要是为了针对全球变暖问题,因为海洋作为地球上最大的热能储池,海水整体平均温度的升高成为反映全球变暖的关键参数之一。海水的温度变化对海水声速有很大的影响,进一步影响了声波的到达时间,反过来测量远距离脉冲传播到达时间的变化也就反推出海水温度起伏。美国海洋学家 Munk 等提出著名的 ATOC 计划,就是利用“声学积分探头”实现大洋测温。1991 年,在赫德岛进行的海洋声层析实验结果表明,低频信号在传播了 18 000 km 后仍然具有较高的信噪比,从而说明了在大尺度的情况下进行海洋声层析的可行性,同时也带动了深海远程水声通信技术的发展。基于海洋声层析技术的海洋环境反演虽然覆盖区域广,但是现阶段还停留在平均海水温度或声速剖面等参数大尺度推算阶段。进入 21 世纪,很多国家在浅海和湖泊中也进行了一些声层析方面的研究和实验。针对浅海层次应用目的的不同,国内的声学层析研究实际上关注的重点在于浅海及近岸声速场的长期监测。

海底地声参数反演与声学层析恰好相反,其在浅海中比在深海中研究更受关注也更为成熟。其原因是浅海远程声波在到达接收器之前与海底的作用次数较多,所以海底声学特性对浅海中的声传播及声呐探测性能具有重要影响。因而人们发展了一系列海底参数反演方法,并总结了不同底质类型条件下的海底声速、密度和吸收系数经验公式。近年来我国深海声学研究“由浅入深”,相应地在深海海底反演方面也开展了相应的工作。

1.2.3　深海水下目标定位研究现状

水声探测一直是水声学最具挑战性的研究方向。在传统声呐系统中,三子阵时延定位和目标运动分析等方法被广泛使用,基于匹配场、匹配模和波导不变量等定位方法也逐渐在浅海中被应用。但是,在深海环境中,由于声线弯曲导致影区存在等因素影响较大,使得深海中目标探测更加困难。深海中常见的目标定位方法可分为以下四类:

(1) 匹配场定位方法。匹配场处理技术是指将利用海洋环境参数和声传播的信道特征计算得到的拷贝场向量和基阵接收到的实际声场数据进行匹配计算,从而实现水下目标的被动定位。Westwood 针对墨西哥湾 4 500 m 深海中垂直阵获取的声信号,利用匹配场处理方法实现了远至 43 km 处声源的被动定位。Tran 和 Hodgkiss 在东北太平洋 5 000 m 的深海中进行了 165 km 距离上的匹配场定位实验,并指出了会聚区模糊问题。美国应用新型分布式传感器,结合水下滑翔机等技术,在菲律宾海开展 PhilSea10 水声实验。Baggeroer 指出,在拖线阵进入和离开会聚区时声场存在陡峭的过渡结构,可用于对会聚区内的目标声源判别,并指出当声源处于恒定会聚区距离时,宽带信号具有很强的时间相干性,该特征可用于会聚区合成孔径探测。匹配场处理利用信道信息,避免了深海声道复杂性对定位的影响,同时受环境参数失配和环境变化影响较大,另外在深海中的应用受阵列孔径的限制。

(2) 基于深海多途到达结构与声场干涉结构的目标定位方法。在深海环境下,利用声呐传感器接收的声信号中包含了直达声、海面和海底反射声等多途到达结构,通过相关的信号处理技术可以提取信号的多途到达结构,然后利用多途到达结构进行声源定位相对简单有效。一般利用多途到达角和多途到达时延的联合定位方法,以及利用直达波和海面反射波时延变化轨迹的定位方法,估计出目标的深度、距离和速度。不同距离的多途到达结构在经过傅里叶变换后可获得距离-频率干涉结构,声场的干涉结构是海洋声场的另一基本特征,在深海中距离-频率干涉结构与波导不变量相关,可以用于目标距离和深度估计。但是,深海环境下声场的干涉结构特征与浅海不同,距离-频率域二维平面内干涉条纹分布与声源和接收器空间位置有关,距离和频率的对数斜率(浅海中称为波导不变量)不再是一个近似恒定的常数,直达声区、声影区和会聚区内的条纹特征明显不同。在深海声道轴以下,声速等于海面声速时所对应的深度称为临界深度。当接收阵元位于临界深度以下时,接收阵元与近海面声源之间的直达波传播路径称为可靠声路径。Mccargar 研究表明,在可靠声路径条件下,运动目标会产生明暗相间的条纹,利用这种现象可以进行深海表面运动声源的定位。而基于深海大深度水听器接收获取的可靠声路径干涉条纹也用于定位。美国将基于深海可靠声路径的水声探测原理用于分布式水声探测系统中,部署于深海海底以实现大面积覆盖。

(3) 基于机器学习的定位方法。随着机器学习的逐渐发展,基于机器学习的水下目标定位方法也逐渐在浅海中尝试,并逐步向深海方向拓展,未来将成为深海目标定位方法研究的一个重要方向。本质上,机器学习定位方法与前面提到的匹配场定位及利用深海多途到达结构与干涉条纹的目标定位方法在原理上基本一致,只不过它是利用机器学习策略来实现更大空间维度的训练,优选出最优参数实现后续的快速匹配,虽然在理论研究方面已经取得不错的效果,但是要走向实际应用,还需要进一步深入研究。

（4）基于纯方位的定位方法。浅海中常用的基于方位交叉的三点定位原理和基于卡尔曼滤波的运动声源位置解算方法,都是基于平面波假设的波束形成,其首先要精确估计目标方位,但是在深海中应用时要特别注意,因为深海中近程声场的波至到达角为空间到达角,除了有水平到达方向,还存在垂直俯仰角,导致在直达声区的波束分裂现象,这种特性也可应用于近水面目标的被动测距。

1.3　声　呐　方　程

声呐方程描述了声呐在工作过程中声呐系统特性、探测目标特性和声传播信道之间的关系。在声呐系统的设计和使用过程中,这些涉及的特性通常用声呐参数进行描述。近年来,很多著作对声呐方程已有较为详细的描述。本节将简单介绍声呐参数的意义,以及声呐参数与本书各章节之间的关系,使读者能够更系统地了解本书的内容。

从工作方式区分,可以将声呐分为主动声呐和被动声呐(图 1.4)。不同的工作模式下声呐方程略有不同,下面以主动方式工作的声呐为例引出声呐方程。主动声呐在工作时,由发射机发射固定波形的声信号,声信号的强度由声源级(SL)描述,信号传播过程中发生能量衰减,由传播损失(TL)表示,信号与目标发生作用产生"回波信号","回波信号"强度与目标强度(TS)有关。接收机接收到的信号受到背景干扰影响,主动模式下的背景干扰分为两种:混响干扰和环境噪声干扰,它们的强度分别由混响级(RL)和噪声级(NL)表示,同时接收阵指向性(DI)会增强信号。由上述参数可以给出系统接收到声信号的信噪比,信噪比与另一个关键参数检测域(DT)相等时声呐系统刚好能够实现目标检测,构成声呐方程。

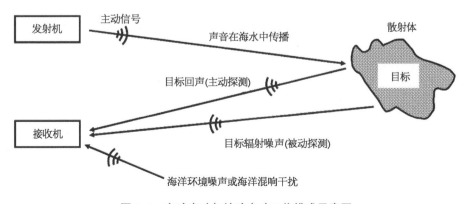

图 1.4　主动声呐与被动声呐工作模式示意图

当混响为主要背景干扰时,主动声呐的声呐方程可以表示为

$$SL - 2TL + TS - RL = DT \tag{1.1}$$

当噪声为主要背景干扰时,主动声呐的声呐方程可以表示为

$$SL - 2TL + TS - (NL - DI) = DT \tag{1.2}$$

声呐系统工作在被动模式时,声呐系统不发出声信号,声呐方程中不再存在 TS,SL 取决于目标辐射声信号的强度,TL 变为单程传播损失,且被动接收不会产生混响,被动声呐的声呐方程可以表示为

$$SL - TL - (NL - DI) = DT \tag{1.3}$$

对于一型声呐来说,体现阵列处理增益和时频处理增益的 DI 基本确定,则在特定背景干扰 NL 条件下对声源级为 SL 的目标探测距离主要由传播损失决定,所以,声呐能有效探测目标所允许的 TL 称作声呐优质因数(FOM)。TL 不仅受海深、海底底质参数、海水声速剖面和海况等海洋环境因素影响,同时也随着声波的频率、声源与接收器的深度变化而变化,所以水声探测问题从本质上讲就是在设计出声呐最优 DI 和 DT 参数的基础上,在应用中尽可能降低平台噪声 NL,并利用好水声环境的特点 TL,实现最佳探测性能。

以上声呐系统参数中传播损失、噪声级、混响级是与声信道相关的参数,与本书第 2~第 6 章的内容密切相关;检测域是与目标探测方法相关的重要参数,与本书第 7 章内容相关。

参考文献

[1] Urick R J. Principles of underwater sound [M]. New York：McGraw-Hill, 2005.

[2] Jensen F B, Kuperman W A, Porter M B, et al. Computational ocean acoustics [M]. 2nd ed. New York：Springer, 2011.

[3] Porter M B, Bucker H P. Gaussian beam tracing for computing ocean acoustic fields [J]. Journal of the Acoustical Society of America, 1987, 82(4)：1349 - 1359.

[4] Evans R B. A coupled mode solution for acoustic propagation in a waveguide with stepwise depth variations of a penetrable bottom [J]. Journal of the Acoustical Society of America, 1983, 74(1)：188 - 195.

[5] Lee D, Pierce A D. Parabolic equation development in recent decade [J]. Journal of Computational Acoustics, 1995, 3(2)：95 - 173.

[6] 彭朝晖,张仁和. 三维耦合简正波-抛物方程理论及算法研究[J]. 声学学报,2005,30(2)：97 - 102.

[7] Luo Wenyu, Yang Chunmei, Qin Jixing, et al. A numerically stable coupled-mode formulation for acoustic propagation in range-dependent waveguides [J]. Science China-Physics Mechanics and Astronomy, 2012, 55(4)：572 - 588.

［8］ Qin Jixing, Luo Wenyu, Zhang Renhe, et al. Three-dimensional sound propagation and scattering in two-dimensional waveguides ［J］. Chin. Phys. Lett. , 2013, 30(11): 114301.

［9］ Worcester P F, Spindel R C. North Pacific Acoustic Laboratory ［J］. Journal of the Acoustical Society of America, 2005, 117(3): 1499 – 1510.

［10］ Chandrayadula T K. Mode Tomography using Signals from the Long Range Ocean Acoustic Propagation Experiment （LOAPEX） ［D］. Fairfax County, Virginia: George Mason University, 2009.

［11］ Colosi J A, Baggeroer A B, Cornuelle B D, et al. Analysis of multipath acoustic field variability and coherence in the finale of broadband basin-scale transmissions in the North Pacific Ocean ［J］. Journal of the Acoustical Society of America, 2004, 117(3): 1538 – 1564.

［12］ Van Uffelen L J, Worcester P F, Dzieciuch M A, et al. Effects of upper ocean sound-speed structure on deep acoustic shadow-zone arrivals at 500 and 1000 km range ［J］. Journal of the Acoustical Society of America, 2010, 127(4): 2169 – 2181.

［13］ Chapman N R, Ebbeson G R. Acoustic shadowing by an isolated seamount ［J］. Journal of the Acoustical Society of America, 1983, 73(6): 1979 – 1984.

［14］ Mcdonald B E, Collins M D, Kuperman W A, et al. Comparison of data and model predictions for Heard Island acoustic transmissions ［J］. Journal of the Acoustical Society of America, 1994, 96(4): 2357 – 2370.

［15］ Colosi J A, Tappert F, Dzieciuch M A, et al. Further analysis of intensity fluctuations from a 3252 km acoustic propagation experiment in the eastern North Pacific Ocean ［J］. Journal of the Acoustical Society of America, 2001, 110(1): 163 – 169.

［16］ Tappert F D, Spiesberger J L, Wolfson M A, et al. Study of a novel range-dependent propagation effect with application to the axial injection of signals from the Kaneohe source ［J］. Journal of the Acoustical Society of America, 2002, 111(2): 757 – 762.

［17］ Chapman D M F. What are we inverting for? ［M］//Michael I Taroudakis, George N Makrakis. Inverse problems in underwater acoustics. New York: Springer, 2001.

［18］ Munk W, Worcester P, Wunsch C. Ocean acoustic tomography ［M］. Cambridge: Cambridge University Press, 1995.

［19］ 张仁和,李整林,彭朝晖,等.浅海声学研究进展[J].中国科学：物理学　力学　天文学,2013,43(1)：S2 – S15.

［20］ Dspain G L, Kuperman W A. Application of waveguide invariants to analysis of spectrograms from shallow water environments that vary in range and azimuth ［J］. Journal of the Acoustical Society of America, 1999, 106(5): 2454 – 2468.

［21］ Westwood E K. Broadband matched-field source localization ［J］. Journal of the Acoustical Society of America, 1992, 91(5): 2777 – 2789.

［22］ Baggeroer A B, Kuperman W A, Mikhalevsky P N, et al. An overview of matched field methods in ocean acoustics ［J］. IEEE Journal of Oceanic Engineering, 1993, 18(4): 401 – 424.

［23］ Chuprov S D. Interference structure of a sound field in a layered ocean[M]//Brekhovskikh L M, Andreevoi I B. Ocean Acoustics, Current State. Moscow: Nauka, 1982: 71 – 91.

［24］ 汪德昭,尚尔昌.水声学[M].北京：科学出版社,1981.

第2章 深海环境

声传播特性与海洋波导环境紧密相关。从事深海声传播研究,首先要了解深海环境的特征。本章主要介绍声波在深海中传播的典型声道以及影响声传播的环境特征,包括深海内波、中尺度涡、海洋锋面、深海地形以及海底底质等。

2.1　典型深海声道

2.1.1　深海声道

深海声道广泛存在于全球各大洋中,是深海中的特殊声波导,由深海声速分布特性构成。由于受温度、压力以及其他因素的影响,深海中的声速随海深的变化呈现出具有极小值点的二次曲线形状,其声速极小值所处的深度称为声道轴。在声道轴的上方声速增大的主要原因是海水表面温度的升高,而声道轴下方声速增大的主要原因是海水静压力的增大。极小值深度附近的声速梯度,使得出射声线不断向声道轴弯曲。因此,在深海声道中,声源发射能量存在一部分由于未经海面和海底反射所引起的声能损失而保留在声道内。由于传播损失较小,特别当声源位于声道轴处时,一个中等功率声源发射的声信号,可以在声道中传播得很远,尤其对于吸收较小的低频声信号可传播更远。例如,深海中 1.8 kg 和 2.7 kg 的炸药爆炸声信号可以在 4 250 km 和 5 750 km 处被接收到。深海声道另一特点是受季节变化影响较小,终年存在,声道效应十分稳定。

利用深海声道良好的传播性能,声波可以有效地对目标进行测距和定位,因此深海声道也被称为 SOFAR(sound fixing and ranging)声道。通常,SOFAR 系统由若干个水声接收基阵组成,它们能够接收到海上失事目标发出的求救声信号,并根据信号到达各接收基阵时间的不同,可以确定失事目标的距离和位置。另外,测量沿声道轴传播的爆炸声到达时间,可以进行大地测量以及确定导弹溅落位置。所以,SOFAR 系统正是利用了深海声道优的传播特性,其作用距离一般很远。

1) 典型深海声道声速分布模型

深海声道声速分布如图 2.1 所示。Munk 给出深海声道"三层结构"数学表达式

$$c(z) = c_0 \{1 + \varepsilon [e^{-\eta} - (1 - \eta)]\} \tag{2.1}$$

式中,$\eta = 2(z - z_0)/B$,其中 z 为海水深度、z_0 为声速极小值的深度、B 为波导宽度;c_0 为声速极小值;ε 为偏离极小值的位置。对于该模型,Munk 给出的典型参数为:$B = 1\ 000$ m,$z_0 = 1\ 000$ m,$c_0 = 1\ 500$ m/s,$\varepsilon = 0.57 \times 10^{-2}$。

图 2.1 中的声道轴深度,与纬度密切相关。在大西洋中部,声道轴位于 1 100 ~ 1 400 m 深度范围;在地中海、黑海和日本海以及温带太平洋中,声道轴位于 100 ~ 300 m

深度范围;在两极,声道轴位于海表面附近。即纬度越高,上部水温受热小,声道轴也随之上升。在我国南海,声道轴位于 1 100 m 左右深度。

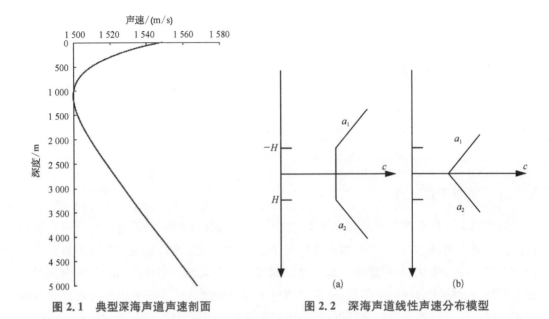

图 2.1　典型深海声道声速剖面　　　　　图 2.2　深海声道线性声速分布模型

2) 深海声道声速分布线性模型

除了 Munk 的声速标准分布外,为了计算方便,理论研究中常使用简化的线性声速分布模型,如图 2.2 所示。图 2.2a 所示的声速分布,称为双线性声速分布,它可以表示为

$$\left.\begin{array}{ll} c=c_0, & -H \leqslant z \leqslant H \\ c=c_0[1+a_2(z-H)], & z>H \\ c=c_0[1-a_1(z+H)], & z<-H \\ a_1<0, & a_2>0 \end{array}\right\} \tag{2.2}$$

式(2.2)是一种最简单的声速分布模型,因使用方便而被经常使用。当 $H=0$ 时,式(2.2)被简化为

$$\left.\begin{array}{ll} c=c_0(1+a_2z), & z \geqslant 0 \\ c=c_0(1-a_1z), & z<0 \end{array}\right\} \tag{2.3}$$

其分布图如图 2.2b 所示。

在深海声道中,若海面处的海水声速大于海底处声速,则在海面附近存在某深度上的海水声速等于海底处声速,将该深度到海底的垂直距离称为声道宽度。反之,若海面处的海水声速小于海底处声速,则在海底附近存在一个深度上的声速等于海面处的声速,将海面到该深度的垂直距离视为声道宽度。

3) 声线图

图 2.3 为典型深海 Munk 声道中的声线图,声源位于声道轴附近。声线传播存在许

多折射路径,它们具有不同的传播时间,并在不同的距离上穿过声道轴。偏离声道轴最大的路径,由于很大一部分声程在高声速水层中传播,其传播时间最短;偏离最小的路径,即沿声道轴附近传播的路径,路程最短,但由于声速最小而最迟到达。在这些路径中,沿声道轴传播的声线最密集,携带的能量最大,信号最强,是传播损失最小的路径。

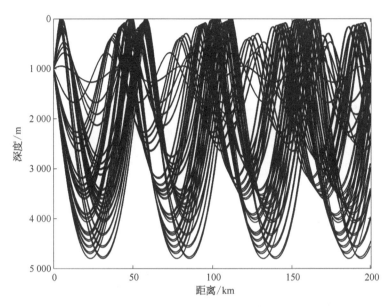

图 2.3 典型深海声道下的声线轨迹图,声源深度 1 000 m

4)传播损失经验模型

深海声道中的传播损失(TL)可以看成在过渡距离 r_0 以前是球面扩展,随后是柱面扩展附加一项正比于距离的传播损失:

$$TL = 10\lg r + 10\lg r_0 + ar \times 10^{-3} \qquad (2.4)$$

在分析传播损失随距离变化的海上测量结果时,把($TL - 10\lg r$)随距离的变化画在线性的距离坐标纸上,就不难得到 r_0 和 a 的值。其具体结果是,直线的斜率为 a、距离为零时,截距为 $10\lg r_0$。有关深海声道传播的不同研究者所测得的 a 值基本一致,但过渡距离 r_0 的测量值差别则很大。r_0 的差异源于各个测量中声速剖面的不同,另外 r_0 对于各个测量系统之间的差异特别敏感。

2.1.2 表面声道

由于海洋中湍流和风浪对表面海水的搅拌作用,使海洋近表层产生的厚度一定、水温均一的水层,称为混合层。在混合层中声速受压力的影响呈正梯度结构,在这种条件下从混合层中发出的声波向海面方向偏折,经海面多次反射形成波导式的传播,这种类型的声信道称为表面声道或混合层声道。在混合层内,温度均匀,压力随深度增加,引起声速变大,出现如图 2.4 所示的声速正梯度分布。声速的最小值点一直延伸到接近海表面,声速增加的一端可与声速的主跃变层相接。

表面声道是海洋近表层较有效的声信道,能够实现声能的远距离传播。在表面声道中,海面附近的小掠射角声线,在混合层中由于折射使得声线轨迹不断发生弯曲进而发生反转,即声线在混合层某深处传播方向发生改变,传向海面,并在海面发生反射,此过程不断重复,于是声能量几乎完全被限制在表面层内传播,形成声能的远距离传播。

1) 表面声道声速分布线性模型

表面声道声速剖面梯度分布的解析表达式不易得到,为了分析方便,可以把它简化为线性正梯度分布模型,表示为

$$c(z) = c_s(1 + az) \quad (0 \leqslant z \leqslant H) \quad (2.5)$$

式中,c_s 为海面声速值;a 为声道中相对声速梯度,这里 $a > 0$。

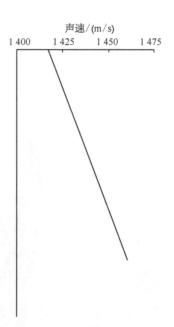

图 2.4　表面声道声速剖面图

2) 声线图

图 2.5 中绘出了表面声道中的声线图,图 2.5a 是表面声道中的声速分布,图 2.5b 中虚线接触的声线是表面声道的临界声线,此时其在声源处的掠射角为一特定值,凡是在声源处掠射角在此特定值范围内的声线,均沿表面声道传播;掠射角大于此特定值的声线,将折射入深海中。

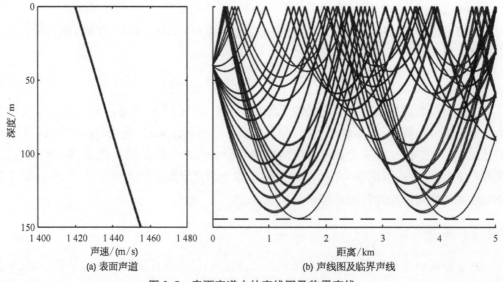

(a) 表面声道　　　　　　　　　(b) 声线图及临界声线

图 2.5　表面声道中的声线图及临界声线

3) 传播损失模型

忽略海水吸收时,表面声道的传播损失可表示为

$$\mathrm{TL} = 10\lg r + 10\lg r_0 \qquad (2.6)$$

当传播距离 $r < r_0$ 时,TL 基本服从球面损失规律;当 $r > r_0$ 时,TL 随 r 增大,逐渐过渡为按柱面规律扩展:

$$r_0 = \frac{H}{a\sqrt{2a(H - z_0)}} \qquad (2.7)$$

式中,a 为声道中相对声速梯度;z_0 为声源深度;H 为表面声道的水层厚度。

2.1.3 完全/不完全声道

深海声道广泛存在于海洋中,一种典型的分类方式是将深海声道分为完全声道和不完全声道,其划分与临界深度紧密相关。如第 1 章中所述,临界深度是指在深海环境中,海洋深处声速与海面声速相等的深度(图2.6)。当海洋深度大于临界深度时,位于海面附近声源产生的声信号中部分声线经过海洋信道的折射不与海底接触即发生反转,该部分声线经过的路径即为完全声道;当海洋深度小于临界深度时,海面附近声源激发的声信号全部与海底发生接触,声线经过的声道通常称为不完全声道。深海完全声道与不完全声道中的声线图如图 2.7 所示。

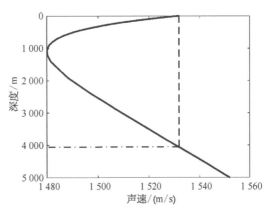

图 2.6　声速剖面与临界深度

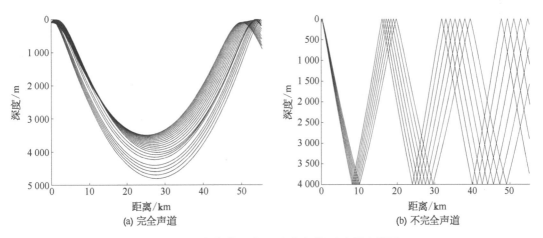

（a）完全声道　　　　　　　　　　　　（b）不完全声道

图 2.7　完全声道(a)与不完全声道(b)中的声线图

对于近海面声源,当声线沿完全声道传播时,声线在临界深度以下的近海底区域发生反转,该区域通常称为反转点会聚区。当接收点位于反转点会聚区时,存在两种典型的声传播路径,分别是直达波和海面反射波。海底反射波依旧存在,但是由于掠射角较大以及反射损失的存在,经过海底的反射声波较弱。其中的直达波路径由于不经过界面反射,基本不受海面和海底环境的影响,声传播较为稳定,该路径通常被称为可靠声路径。宽带信号经过直达路径和海面反射路径传播,在接收点相互叠加,会产生干涉效应,由于多途路径并不复杂,该干涉结构便于提取和利用,并且已有部分目标定位研究。

声影区通常是指位于会聚区中间,声传播损失较大的区域。虽然被称为声影区,但仍有通过海底反射作用到达的声能量。当声源出射角度较大时,声线与海底作用,经过海底反射,声能量向"声影区"传播。对于海面舰船辐射的噪声,当接收点位于声影区近海面时,同样有两条典型的路径,分别是一次海底反射路径和海底—海面反射路径,经过这两条路径传播的宽带信号在接收点处也会产生干涉,提取干涉结构包含的时延信息,可用于较高声源级舰船辐射噪声的被动探测与距离估计。

2.2　深海水平非均匀性

2.2.1　海洋内波

在密度不均匀的海水介质中,风的惯性振荡或正压潮与地形的相互作用会导致内波的产生。海洋内波是中小尺度的海洋动力过程,广泛存在于海洋内部。

1) 内波基本现象和生成过程

1896 年,Nansen 在北极附近海域考察时发现,每当船行驶到巴伦支海时,就会被海水拽住,由此他提出了著名的"死水现象"。1904 年,Ekman 对此现象做出了解释:由于巴伦支海靠近北冰洋,表面冰的融化使得海水表面形成了一层薄薄的淡水层。每当船行驶到该海域,船的动力就会在淡水和盐水的界面处产生内波,从而拽住船。这是人们最早发现的也是内波最简单的形式——界面内波,即两层密度不同的海水界面处产生的波动(图 2.8)。

海洋内波的产生有两个必要条件:海水密度的稳定分层和扰动能源。当海水因为温度、盐度的变化,出现密度上下分布不均匀时,经气压变化、风应力、表面波、湍流、大尺度环流、海底滑坡、船舶运动等外力扰动,就可能在海水内部形成内波。

按照周期和空间尺度,可将内波分为四种类型:① 短周期的随机内波。通常周期为几十分钟到几个小时,空间尺度为几十米到几百米。② 周期与内潮紧密相关的内潮波。有周期为 24 h 的全日内潮波和 12 h 的半日内潮波。③ 由于风场共振强迫形成的近惯性内波。周期可达 30 h,空间范围达到几十千米。④ 大振幅的内孤立波,流速可达 7~8 kn,与天文潮紧密相关。目前全球许多海域都观测到较大振幅的海洋内波,例如中

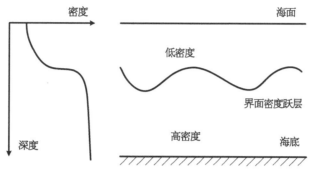

图 2.8 界面内波示意图

国南海、苏禄海、比斯开湾、阿曼达湾、直布罗陀海、纽约湾等海域。

内波能够引起海水混合,将海洋上层的能量传至深层,也能将深层的冷水连同营养物质传至浅层,从而促进大尺度环流速度,调整全球气候变化。但同时内波导致的海水等密度面的波动,使得海水声速剖面随时间和空间变换,会使得声信号的相位、到达时间和能量空间分布发生起伏,进而影响声呐探测性能。

2) 内波的特性

内波的恢复力在频率较高时主要是重力和浮力的合力,也称为约化重力。高频表面波的恢复力是自身的重力。由于从海面到海底的密度差异非常小,一般在 1% 左右,因此约化重力远小于地球重力。海水内部克服约化重力做功比在海水表面克服重力做功更容易,所以内波的振幅远大于表面波,表面波振幅通常是几米,而大尺度的内孤立波振幅可达上百米。当频率低至近惯性频率时,内波的恢复力主要是地转惯性力,所以内波也称为内重力波或内惯性波。

内波的频率 f 介于惯性频率和浮性频率之间。地球的旋转会产生惯性频率的运动,惯性频率 $\omega = \dfrac{2\pi \sin L}{12}$,其中 L 表示纬度。浮性频率是由海水稳定的层化产生的。浮性频率 N 也称为 Brunt - Väisälä 频率,它与重力加速度 g、海水平均密度 $\bar{\rho}$ 以及深度 z 的关系是

$$N^2 = \frac{g}{\bar{\rho}} \frac{\mathrm{d}\bar{\rho}}{\mathrm{d}z} \tag{2.8}$$

式中,$\dfrac{\mathrm{d}\bar{\rho}}{\mathrm{d}z}$ 为密度垂向的变化。浮性频率 N 是深度的函数,为表征海水层化程度的物理量;声速梯度越大,对应的 N 越大。内波的频率 f 满足 $\omega < f < N$,表示 N 越大,该深度内可以存在的内波频率越高。

2.2.2 中尺度涡

中尺度涡是叠加在海洋平均流场上一种不断平移的旋转流体。通常空间尺度为 $50 \sim 500 \ \mathrm{km}$,时间尺度为几天到几十天。其最低阶的动力学平衡满足地转条件,具有长期

封闭环流、垂向钢化等特性。

1）中尺度涡的分类与分布

中尺度涡的结构类似于大气中的气旋和反气旋,按照涡旋与周围水体的温度差异可分为冷涡和暖涡。冷涡在北半球呈逆时针旋转(气旋),其中心处的海水从下往上运动,将深层处的冷水带到表面,使得涡旋中心的水体温度低于周围海水,整体呈凹陷状态。暖涡在北半球呈顺时针旋转(反气旋),其中心处海水从上往下运动,把表层温暖的海水带到深层,使得涡旋中心的水温高于周围海水,整体呈上凸状态。

中尺度涡按起源和生存方式,可分成流环、流环式中尺度涡和中大洋中尺度涡。通常意义上的中尺度涡指的是中大洋中尺度涡,旋转速度为 5～50 cm/s,可以向下延伸到整个水柱。中大洋中尺度涡在各大洋中都有出现,大部分集中在北大西洋特别是百慕大三角区一带,在那里出现的涡旋最多。在墨西哥湾海域,平均每年出现 5～8 个中尺度涡。在太平洋西北部海域,1957—1973 年这 17 年间,一共观测到 157 个暖涡。但是按照中尺度涡的起源和生存方式来类比,流环也可以视为中尺度涡。流环起源于北大西洋西边界的西向强化流。在湾流和黑潮中常出现海流弯曲的现象,当弯曲达到一定程度时就会产生中尺度涡,冷涡和暖涡均有,其表层旋转速度高达 90～150 cm/s,直径上百千米,持续时间可达 2～3 年,规模远大于普通的中大洋中尺度涡。还有一种流环式中尺度涡,主要存在于北大西洋,以冷涡形式出现,其强度只有流环的一半,但是宽度是流环的 2 倍。

2）中尺度涡的运动

中尺度涡不仅分布广泛,各大洋都有踪影,还具有巨大的动能。据观测估计,其在海洋运动峰谱中是一个突出的峰值,占据了地球上大中尺度环流动能的 90% 以上。中尺度涡有三种运动方式,分别是自转、平移和垂直形态。它的旋转速度很大,一边旋转一边向前平移,类似于台风的移动方式。中尺度涡经过时会改变原来的海水运动,使海水流速增大数十倍,并且伴随着强烈的水体垂直运动。

卫星海洋遥感是大规模研究中尺度涡最重要的研究方法之一,通过卫星高度计可以直观地观测中尺度涡的形状、大小及位置。涡旋的半径在 20～200 km 之间变化,尺度 40～100 km 的涡旋占 90% 以上。涡旋从产生到消亡整个生命周期从数周到一年不等,平均寿命 8 周左右。如图 2.9 所示,中国海洋 2 号卫星 HY-2A 采集到的 2017 年 7 月 7 日南海海面高度数据,在 111°E、10°N 的位置出现了一个暖涡,其中心位置高于周围海面。

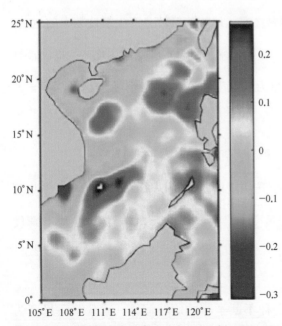

图 2.9　中国南海的海面高度分布（2017 年 7 月 7 日）

3）中尺度涡的产生机理

中尺度涡的产生机理大致可分为三种：首先是由平均流的垂直切变作用引起的斜压不稳定性和正压不稳定性，从而产生中尺度涡；其次是季风与复杂的地形相互作用也可以产生中尺度涡，包括海底山脉起伏、不规则的坡度变化等；最后是大气强迫，包括大气压力、海平面变化引起的与大气的水汽交换等，其中最常出现的是风应力。大尺度风应力通过 Ekman 抽吸作用可以获得位能，在一定条件下这种位能能够转换为中尺度涡的动能。

4）中尺度涡对海洋的影响

中尺度涡不仅能够促进海洋的物质和能量交换，还能够影响海洋环境的温盐结构和流速分布，从而使该区域的声传播发生变化。因此，中尺度涡对海洋物理、海洋化学、海洋生物、海洋渔业、海洋沉积、海洋声学以及军事海洋学等都有重要影响。

（1）中尺度涡对海洋水文的影响。中尺度涡引发的上升流和下降流会影响海洋的温跃层，影响周期甚至高于涡旋本身的生命周期。而冷涡和暖涡的形成也会改变原来的海表面温度，在中尺度涡强烈的搅拌作用下，冷水和暖水产生交换，改变了海气的热通量。同时，涡旋所在区域强烈的垂直运动，导致该区域内海水的交换、混合和能量转换十分激烈。涡旋和平均流之间的相互作用会直接影响环流和海气交换，这种非线性作用使得中尺度涡对长期的气候变换也会形成重要的影响。

（2）中尺度涡对海洋生物和化学环境的影响。中尺度涡形成海水水平及垂直的物质交换，促进了海洋初级生产力的提高。冷涡把深层的营养盐带到表层，有利于浮游生物的繁殖；而暖涡将暖水带至深层，也促进了暖水性鱼类的生长。在涡旋自转和平移的过程中，海水的质量、温度和盐度的分布也被重新调整。

（3）中尺度涡对声传播的影响。中尺度涡对海水的物理特性产生强烈的影响，从而对声速场产生扰动，改变原有的传播规律。暖涡会使得会聚区位置"后退"且宽度增加，减弱会聚增强效应，甚至可能形成会聚区分裂；而冷涡会使得会聚区位置"前移"且宽度减小，会聚效应增强。因此，中尺度涡的研究对声呐探测和潜艇的声隐蔽具有重要作用。

2.2.3　海洋锋面

海洋锋面是不同性质水团之间的分界面，是海洋水声环境要素（温度、盐度等）水平分布的狭长高梯度带。锋面众多的海域，海水的运动例如平流、对流和湍流等都非常剧烈，其水声环境要素也呈现出剧烈的时空变化特征。

1）海洋锋面的特性

海洋锋面的时间尺度从几小时到几个月。水平尺度跨度极大，小尺度锋面小至几分之一米，而大尺度锋面可达到 100 多千米。在海洋的表层、中层和近底层均有锋面的存在。锋面的强弱随着季节和时间的变化而发生改变。与其他海洋现象不同的是，锋面虽然空间位置也在变换，但是移动速度远低于内波和中尺度涡。

海洋锋面附近具有强烈水平辐合（辐散）和垂直运动，这些不稳定的运动中存在着逐渐变性的过程和各种尺度的弯曲。垂直于锋面的温度梯度和盐度梯度十分显著，但密度梯度却很小。平行于锋面的流分量,在垂直于锋面的方向上常有强烈的水平切变。大尺度锋面,其运动过程主要受地转偏向力作用;而浅海附近的小尺度锋面,其附近的流主要受局部加速度应力和边界摩擦力的影响。

海洋锋面的驱动力主要来自海气交换过程中产生的力,主要包括海面的升温与降温、行星式局部风应力、水的蒸发和降落及其季节性变化等。还有河流的淡水输入,潮流与表层地转流的汇合和切变,因海底地形与粗糙度引起的湍流混合,因内波与内潮切变所引起的混合和因弯曲引起的离心效应等过程,也能产生海洋锋面。

2) 海洋锋面的分类

按照海洋锋面的生成机制、形成海域以及形态上的差异,可将锋面分为以下六种类型:

(1) 行星尺度锋。这种锋面与全球气候带的划分和大气环流有关,显著存在于大西洋、太平洋以及南极海域,如大西洋中的亚热带辐合锋、南极锋和南极辐合锋,太平洋中的赤道无风带盐度锋、亚热带锋和亚北极锋等。

(2) 强西边界流的边缘锋。由于热带的高温高盐水向高纬度侵入而形成一个斜压性很强的锋面(如黑潮、湾流),其锋面层次和位置也会随流轴的弯曲和季节而变化。

(3) 陆架坡折锋。准确来说可以细分为陆架锋和陆坡锋。陆架锋位于大陆架沿岸,由于相对方向的水团交汇而形成;陆坡锋,即黑潮锋,一般位于200 m等深线附近的陆架边缘,锋的形状与黑潮路径基本一致,在中大西洋湾内和新斯科舍近海以及中国东海等海域多有出现。

(4) 上升流锋。当倾斜的密度跃层出现于海面时,在沿岸上升流区就会形成这种锋,曾出现在美国、秘鲁、西北非的西海岸等海区。

(5) 羽状锋。其以形态特殊而闻名。较轻的水在海面堆积并产生倾斜的界面从而产生的压强梯度,和被分隔的羽状的下伏周围水体,在反方向上发生界面倾斜所产生的水平压强梯度,共同产生了羽状锋,其常出现于江河径流。

(6) 沿岸锋。低温低盐的沿岸水与高温高盐的陆架混合水,两者交汇就会形成显著的沿岸锋,常出现在风潮混合的近岸浅水域或层化而较深的外海水域的交界处。

3) 海洋锋面的影响

海洋锋面所在区域,动量、热量和水汽等的交换异常活跃。在海气交换过程中,锋面的活动对天气和气候产生了较大的影响,不仅容易产生海洋风暴,对海雾的形成亦有着重要影响。锋区异常的水文状况,还带来了丰富的渔业资源,同时激烈的环境变化也间接地影响了水下的声传播。

(1) 海洋锋面对渔业的影响。海洋锋面所在区域是海洋生产力较高的海域,常与重要的渔场分布一致,其强度与渔获量的关系十分密切。海洋锋扰动海水,带来深层处丰富的营养物质,浮游植物吸收了营养物质大量繁殖,又为浮游生物和动物的生长提供了丰富的饵料,从而吸引到了鱼群。海洋锋面的活动有利于水产养殖业发展。大陆架上的鱼类活动规律,也可能与海洋锋面的时空尺度有关。因此,海洋锋的研究可为渔情预报提供重要的环境参数。

(2) 海洋锋面对声传播的影响。在锋带附近的特定水团中,温度梯度会发生剧烈变化而产生声速梯度的变化,对于较强的湾流和黑潮锋面,即边缘锋或者陆坡锋来说,声速的改变将大于 30 m/s,而对于较弱的锋面来说声速的改变小于 5 m/s。经过锋面时,声传播的会聚区距离明显增大,通常会增大几千米至十几千米;强度较弱的海洋锋所形成的声场要比较强的海洋锋声场的会聚区距离大,差值在几十千米左右;在弱锋面中会聚区的宽度比强锋面中会聚区的宽度大,最大处可达 30 km。因此,强度较强的海洋锋的存在有利于潜艇实施隐蔽;而强度较弱的海洋锋的存在有利于声呐远距离探测目标,也有利于建立海上警戒与反潜系统。

2.3 深海地形

深海地形是指海水覆盖下的地球表面形态。由于海水的覆盖,海底地形表面的起伏难以直接观察。为了探测海洋地形,人们做了大量的努力。早期利用铅锤测深法测量海深,耗时多,精度低。随着声呐设备的发明,人们才得以快速准确地测量海区深度,揭示海底起伏变化的真相。随着科技的发展,观测海洋的手段也越来越多,有海洋遥感监测、海洋调查船考察、海洋浮标监测、潜水器监测、Argo 监测网监测等,逐渐完善了对各大洋深海地形的考察测绘。深海地形可以分为深海平原、海底斜坡、海底山和海沟等主要的地形地貌,如图 2.10 所示。

图 2.10　深海主要地形地貌

2.3.1 深海平原

深海平原是大洋海盆中平坦的区域,通常位于 3 000～6 000 m 的深处,其坡度小于 1∶1 000(1 m / km),延伸范围在200～2 000 km 之间,大约占地球50％的面积,是地球中最平坦和最少被开发的部分。深海平原最常出现在邻接陆隆的外部边缘,向大洋内展开,终止于深海丘陵向陆一侧。同时,在有海槽的地方,也常出现槽底深海平原。深海平原上一般覆盖有较厚的沉积层,且沿着向大洋中脊的方向,沉积层逐渐减薄直至过渡到深海丘陵。而其靠大陆一侧的坡度急剧变化,从 1∶100 到 1∶700 不等。一些深海平原平坦而连续倾斜、朝向同一方向,而另一些深海平原具有明显的不规则性。

深海平原主要由沉积物覆盖起伏不平的海洋地壳形成(图 2.11)。其形成过程具体可以表述为:来自地层深处的硅镁带被上涌的地幔带上地面,在大洋中脊形成了新的海洋地壳。这些海洋地壳由玄武岩组成,其表面起伏不平。随后,来自大陆坡上粗粒沉淀发生滑塌形成了浊流,并通过抵达深海沉积为下粗上细的砂层。同时,来自海洋生物的沉淀也形成均匀的沉积层。来自大陆坡的沉积层和来自海洋生物的沉积层相互沉积,逐渐形成深海平原表面的沉积层。这些沉积层累积平均厚 1 000 km,可能蕴含有大量的资源。

图 2.11　深海平原

早在 1947 年中央大西洋梅岭考察中,考察队就发现了在北大西洋中存在着广阔的深海平原。1948 年,瑞典考察队在印度洋进行了详尽的调查,在孟加拉湾也发现了深海平原的存在,并绘制了详尽的海图。随后,全球范围内人们发现了许多深海平原,并展开了深入的研究。在太平洋中,周缘海沟分布十分广泛,浊流难以越过海沟到达大洋盆地,都沉积在了海沟内,因此深海平原并不多见,其主要分布在东缘无海沟的东北太平洋海盆。在大西洋中,由于陆源物质供应充分且无边缘海沟拦截,因此深海平原大量分布在接近北美、南美、非洲和欧洲的大陆边缘地区。同时,深海平原在地中海、墨西哥湾和加勒比海等海域也有分布。

在我国南海中部,也存在着深海平原。此处的深海平原纵长约 1 500 km,最宽处约 825 km,自西北向东南方向微微倾斜。平原北部水深 3 400 m,向南部增至 4 200 m。整个平原的平均坡度为 $10'\sim14'$,而最平坦的平原北部的平均坡度仅 $4'\sim5'$。

2.3.2　海底斜坡

海底斜坡介于大陆架和深海之间,是从大陆架外缘较陡地下降到深海底的斜坡,存在于所有大陆的周缘,是联系海陆的桥梁。海底斜坡的上界水深在 $100\sim200$ m 之间,下界水深一般渐变,在 $1\,500\sim3\,500$ m 之间,在临近海沟的地带,甚至可以下延至更深处。海底斜坡的宽度在 $20\sim100$ km,总面积约为 2 870 万 km²,占全球面积的 5.6%。海底斜坡地壳上层以花岗岩为主,通常归属大陆性地壳,少部分归属过渡性地壳,其坡脚外的地壳以玄武岩为主,是典型的大洋型地壳。因此,可以认为海底斜坡的坡脚是大陆性地壳和大洋型地壳的分界线。

海底斜坡是在大陆和大洋之间的过渡地带。在大陆裂开的过程中,板块之间形成幼年海洋。依据地壳均衡原理,新生洋壳明显低于两侧大陆时,大陆和新洋壳之间会形成新的海底斜坡。在海底斜坡的上层,覆盖有大量的沉积物,主要以泥为主,还有少量的砂砾和生物碎屑。这些沉积物与陆架和陆隆的沉积物相比要细一些,但是在冰期海面下降时,部分大陆架露出海面,河流向前流入、从斜坡顶部入海,又带来了大量的粗颗粒物,改变了颗粒物的成分。

海底斜坡一般十分陡峭,坡度多为 $3°\sim6°$。其中,太平洋海底斜坡平均坡度为 $5°20'$,其坡度随水深增大而变大,下延为海沟。大西洋海底斜坡平均坡度为 $3°5'$,坡度随水深增大而减小,下延为大陆隆。一般来说,海底斜坡的表面极不平整,分布着许多海底峡谷,一般呈直线形,在海底斜坡上只存在一段。向上延伸到大陆架,向下到大洋底部就消失不见。同时,海底斜坡表面也有较为平坦的部分,这些地带被称为深海平台。在一条深海斜坡上,有时候会形成多级深度不同的深海平台。

深海斜坡的存在会对声传播产生显著影响。当声源置于深海斜坡附近海面时,声线会在斜坡上发生反射;不断改变其掠射角,最终使得声线以小角度入射到声道轴附近,不与海底和海面发生作用,降低了能量损失,提高了传播距离。而当声源置于斜坡表面时,斜坡改变了声源的掠射角,相当于给声源增加了指向性,使得声波能量在声道轴附近深度较为集中。关于大陆坡向深海的声传播规律,将在本书 4.2 节中进行介绍。

2.3.3　海底山

海底山是指散布在大洋中的山峰或山峰群,其峰顶高出海底 1 000 m 以上且在海平面以下(图 2.12)。典型的海底山由死火山形成,峰顶高出海底 1 000~4 000 m,低于海面几百米。也有部分特殊的海底山如鲍伊海山,从 3 000 m 深的海底升高至海面下 24 m。海底山遍布在深海海底,大多是由板块运动及引发的火山活动形成,经常成群或成排出现。典型的海底山坡度在 5°~15°,多数呈圆锥形。最高的海底山位于萨摩亚群岛与新西兰间,高约 8 690 m。

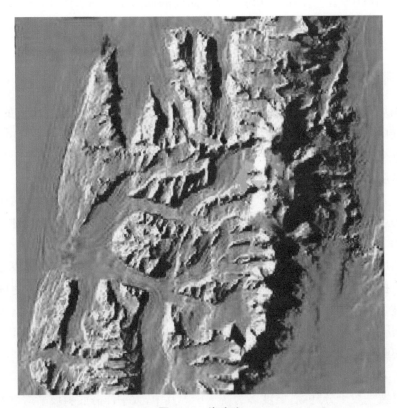

图 2.12　海底山

　　海底山的发现只有 100 多年的历史。在 1872 年英国"挑战者"号全球调查时,利用测深锤发现了大西洋中央有一条巨大的隆起。1925—1927 年间,德国"流星号"在大海淘金时,利用声呐设备确认了这条山脉的存在,并发现这条山脉从大西洋通过好望角延伸到了印度洋。在接下来的几十年间,印度洋和东太平洋中央的山脉也被发现。到 20 世纪 50年代初,地质学家已经知道各大洋的洋底都有山脉存在,且这些山脉连成了一个巨大的海底山脉系统,称为大洋中脊。

　　大洋中脊全长可达 6.4 万 km,宽度为 1 000~2 000 km,最宽处可达 5 000 km,占海洋总面积的 30%。其中,大西洋山系北起北冰洋,向南呈"S"形延伸,在南面绕过非洲南端的好望角与印度洋山系的西南支相连。印度洋山系的东南支向东延伸与东太平洋山系相连。东太平洋山系北端进入加利福尼亚湾。印度洋山系北支伸入亚丁湾、红海与东非内陆裂谷相连。大西洋山系向北延伸到北冰洋,最后潜入西伯利亚。洋底山系全长可以绕地球一圈半。此外还存在一些单独的海底山脉，是绵延在海底的高地，也称其为海岭。

各大洋中主要海岭分布见表 2.1。

表 2.1 各大洋主要海岭分布情况

大洋	海岭名称	地理位置
太平洋	夏威夷海岭	中太平洋夏威夷群岛附近
	加罗林海岭	中太平洋西部加罗林群岛到马绍尔群岛间
	中太平洋海岭	中太平洋西部，起自夏威夷群岛的内克岛，东到日本的硫磺列岛
	马绍尔-吉尔伯特-埃利斯群岛海岭	南太平洋的马绍尔群岛至图瓦卢群岛
	托克劳和库克海岭	南太平洋，从萨摩亚群岛往东至莱恩群岛
大西洋	大西洋海岭	纵贯大西洋中部，北起冰岛，南至北纬 55°的布维岛，呈"S"形
	北大西洋海岭	纵贯大西洋的北部，北起冰岛西南，南至赤道附近的罗曼什海沟
	南大西洋海岭	纵贯大西洋的南部，北起罗曼什海沟，南到布维岛
	大西洋海槛	西起格陵兰岛东岸，经冰岛，法罗群岛，到挪威的南端
印度洋	阿拉伯-印度海岭	印度洋西北部,北起亚丁湾,南到罗德里格斯岛
	中印度洋海岭	印度洋中部，北起罗德里格斯岛，东南到圣波尔岛
	西印度洋海岭	印度洋西南部，北起罗德里格斯岛，西南至爱德华岛
	东印度洋海岭	印度洋东部，大体沿东经 90°线延伸
	马尔代夫海岭	印度洋北部，从印度西南岸向东延伸到南纬 12°附近
	梅莱海岭	印度洋阿拉伯海西北部
	马斯克林海岭	印度洋西北部，北起塞舌尔岛，南至毛里求斯火山岛
	马达加斯加海岭	沿马达加斯加岛向南呈经线方向延伸
	西澳大利亚海岭	位于澳大利亚西侧，大体沿南纬 30°延伸，西与东印度洋海岭相接
北冰洋	罗蒙诺夫海岭	北冰洋中部，起自俄罗斯新西伯利亚群岛北端，沿东经 140°线，到加拿大北极群岛埃尔斯米尔岛东北侧
	门捷列夫海岭	北冰洋中部，起自俄罗斯弗兰格尔岛，至加拿大埃尔斯米尔岛东北侧

同时，海洋盆地中存在许多平顶海山，其形成的具体原因目前尚不清楚。对平顶截面的钻探和拖网取样都揭示了浅水沉积物和化石直接覆盖在火山基岩石之上，这些沉积物通常还具有波浪作用的痕迹。为了解释这种地形，曾提出了几种假说，目前公认的观点是这些海山一度曾高出海面，经腐蚀后形成平缓的山顶。在太平洋中，存在着一大群由西北方向延伸的平顶海山。

海底山的存在可对声传播产生影响。由于海底山的反射效应，靠近海底山之前，传播损失可比无海底山存在时降低约 10 dB；经过海底山之后，由于海底山的遮挡效应，传播损失会比无海底山存在时增大 35 dB 以上。同时,海底山附近的航船噪声的指向性也会发生变化。水平指向性具有不均匀性,在有海底山遮挡的方向噪声级明显低于没有海底山遮挡的方向,而垂直指向性上则会出现多个峰值。

2.3.4 海沟

海沟是指位于海洋中狭窄而陡峭的凹槽,其大致平行于大陆边缘,通常位于陆台向海一侧的基底处或岛弧处(图 2.13)。海沟的水深须大于 5 000 m,其最大水深甚至可以达到 10 000 m 以上。在各大洋目前已探明的 30 多条海沟中,其中主要的有 17 条。除了大西洋的南桑德威奇和波多黎各海沟、印度洋的爪哇海沟外,其余海沟几乎多出现在太平洋边缘附近。目前世界上最深的海沟是位于西太平洋马里亚纳群岛东南侧的马里亚纳海沟,其最深处斐查兹海渊的深度大约为 11 034 m,也是地球的最深点。这条海沟的形成据估计已有 6 000 万年,具有非常高的研究价值。我国近年来也开始开展深渊科考工作。

图 2.13 海沟

海沟长一般在 500~4 500 km、宽 40~120 km,其在平面上大多向大洋凸出,横剖面呈不对称的"V"字形,沟坡上部较缓,下部较陡峭,近陆侧陡峭,近洋侧较缓。海沟的平均坡度为 5°~7°,偶尔也会遇到 45°以上的斜坡。海沟两侧普遍具有阶梯形的地貌,地质结构复杂。海沟中的沉积物一般较少,主要包括深海、半深海相浊积岩。海沟是大洋地壳与大陆地壳之间的接触过渡带,其内部重力异常、重力值低于正常值,这导致了海沟下的岩石圈被迫在巨大的压力下向下沉降,从而形成了地震带。各大洋中主要海沟情况见表 2.2。

表 2.2 各大洋主要海沟

大 洋	海 沟	最大深度/m	长度/km	平均宽度/km
太平洋	阿留申海沟	7 679	3 700	50
	千岛-堪察加海沟	10 542	2 200	120
	日本海沟	8 412	800	100
	马里亚纳海沟	11 034	2 550	70
	琉球海沟	7 881	1 350	60
	马尼拉海沟	5 245	350	40
	菲律宾海沟	10 497	1 400	60
	新不列颠海沟	8 320	750	40
	新赫布里底海沟	9 165	1 200	70
	汤加海沟	10 882	1 400	55
	克马德克海沟	10 047	1 500	60
	秘鲁-智利海沟	8 055	5 900	100
	中美海沟	6 662	2 800	40
大西洋	波多黎各海沟	8 385	1 550	120
	南桑维奇海沟	8 428	1 450	90
印度洋	爪哇海沟	7 450	4 500	80

海沟对水声传播也具有重要的影响。来自海沟上侧海面的舰船辐射噪声,在海沟内的指向性会发生改变。受到海沟的遮挡,水平指向性中垂直于海沟方向的指向性较差,垂直指向性向海面偏移。不过近场目标的信号可以通过海面或海底反射到达海沟底部,因此可以通过将声呐设备布放在海沟内进行近场目标的被动探测,来增加接收的信噪比。

2.4 深海海底特性

2.4.1 底质类型

海洋底质及其性质研究,可为铺设海底电缆、石油输油管道,以及石油钻井平台设计和施工,提供重要的科学依据。对海洋沉积物的形成环境研究,可为海底石油、天然气、可燃冰、锰结核等海底沉积矿产的生成和储集条件提供重要资料。海底沉积物是海底地壳构造和运动以及海洋地质历史的良好记录,其对认识海洋的形成和演变,具有重要的意义。同时,海底底质对于声波的吸收、反射和散射等声学特性,也关系到水声设备的作用距离和探测精度。因此,海底底质资料是依托水声的舰船锚泊、潜艇坐底和水中武器发射等人为海洋活动的重要参考资料。

2.4.1.1 基岩底质

大洋盆地的基岩是非成层状的火山岩或沉积变质岩,其不同于沉积层的层状岩。也就是说,基岩是地下较深处、较坚硬的稳定岩层,是其上部较新、较疏松的岩层之下的岩床。这种古老而坚硬的岩层暴露在沉积层之上就形成了基岩海底。底质类型与海底地形地貌存在一定联系,在基岩底质的海底区域,很少出现平坦的地形,一般都是崎岖不平、峰谷相间。许多小的石峰和低谷等这些与沉积层不同的组成成分,使得基岩底质与沉积底质形成了完全不同的风貌。

2.4.1.2 沉积底质

海底底部是沉积物长期聚集的地方。在漫长海洋地质年代中,除了火山爆发引起的火山灰沉积外,由地面径流、冰川和地下暗流,源源不断地把砾石、沙石、泥土、溶解水中的矿物盐以及动植物遗体输送到大海,并沉积到海底。还有来自宇宙太空的垃圾、太阳风、流星、彗星和陨石等,陨落于海洋中并沉积在海底。也有由于地球自转和大气运动卷起的风沙落入海洋。此外海洋生物遗骸的沉积并缓慢分解,为海底生物提供了氧气和养料。最后是人类的活动,繁忙的海上运输、渔业,以及战争造成的大量沉船及飞机沉入海底,并由海流作用将其埋没,形成了沉积底质。

1) 沉积物底质类型分类

各种来源产生的沉积物在海底形成了不同的底质。从沉积物的粒径大小组成来分类,颗粒直径小于 0.01 mm 的细粒数量,既反映了沉积物的物理性质,同时它也很好地反映了水的运动速度和沉积物沉积的其他自然地理条件(表 2.3)。

表 2.3　海底底质沉积物底质类型分类

粒径小于 0.01 mm 部分的比例	沉积物底质类型
<5%	砂
5%～10%	粉砂质砂
10%～30%	砂质粉砂
30%～50%	粉砂
>50%	黏土质粉砂

当沉积物含有粗砂的颗粒(也就是直径 1.0～0.5 mm)多于 50%时,这种沉积物被称为粗砂;如果中粒的或者细粒的砂占据优势,相应地称之为"中"砂或"细"砂。假如在砂中 0.1～0.01 mm 的粉砂部分占优势,则称之为"粉砂"。

粒径小于 0.01 mm 部分所占沉积物比例,不仅反映了水运动的速度,也直接决定了沉积物的特性。例如,在砂中所存在的这部分少于 5%时,这种沉积物砂就没有黏滞性,在和水混合时不产生混浊。含有 5%～10%的小于 0.01 mm 部分的沉积物,称为泥质砂,其具有砂的状态,但和水相混时会产生长时期不沉淀的混浊水。泥质砂是从单个的颗粒到凝集的底质的过渡类型。有数量10%～30%的小于0.01 mm部分存在时,沉积物就会具有黏滞性。但是由于它还含有很大数量的粗颗粒部分,所以它不具有黏滞性,其中很容易感触到砂的混合物或较粗的粉砂(0.05～0.1 mm)存在。换句话说,这些沉积物兼有比较粗和比较细的物质特性,因此叫作砂质软泥。数量上占30%～50%的小于0.01 mm级别的沉积物,已经具有了黏滞性,虽然密度不大,但其较粗部分的数量已经无法探查。而当所含小于0.01 mm的部分超过50%时,沉积物就有了黏着的稠度,而且密度和黏性相当大。

根据沉积物的三角形分类法,为了使用方便,把海底沉积物分为九大类(图2.14):

(1) 粗砂。包括砂砾(sandy gravel)、粗砂(coarse sand)、中粗砂(medium-coarse sand)、中砂(medium sand)。

(2) 细砂。包括中细砂(medium fine sand)、细砂(fine sand)。

(3) 极细砂(very fine sand)。

(4) 粉砂质砂(silty sand)。包括黏土质砂(clayey sand)、粉砂质砂(silty sand)。

(5) 砂质粉砂(sandy silt)。

(6) 粉砂(silt)。

(7) 砂-粉砂-黏土(sand-silt-clay)。

(8) 黏土质粉砂(clayey silt)。

(9) 黏土(泥)。包括粉砂质黏土(clayey silt)、砂质黏土(silty clay)、黏土(clay)。

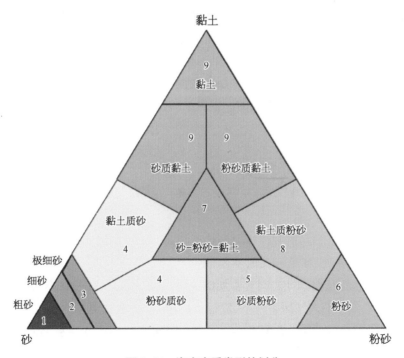

图 2.14　海底底质类型的划分

2）深度分类

沉积底质可以按照所在海域水深来划分,其成分和主要特性也相差巨大。覆盖洋底的沉积层厚度介于 0～4 000 m 之间,而且在深水海盆沉积可能更厚一些,整个世界海洋沉积的平均厚度为 300 m。

沉积底质按深度可划分为以下四种类型:

（1）滨海沉积（水深 0～20 m）。又称近岸沉积,是由河流、波浪、潮汐、海流作用下引起的沉积。主要由不同粒度的砂、砾石、生物骨骼、壳体、粉砂及泥构成。

（2）浅海沉积（20～200 m）。又称陆架沉积,主要分布在大陆架区,约占海洋面积的 25%。但这一区域的沉积物却占海洋全部沉积物的 90%,主要包括砂质级的碎屑沉积物、生物遗体形成的砂和泥,如碳酸钙、珊瑚碎片屑,以及来自陆地的铁、铝、锰、硅氧化物和氢氧化物胶体形成的沉淀物。

（3）半深海沉积物（200～2 000 m）。又称陆坡沉积,主要分布在陡峭的大陆坡,通常以陆源泥为主,可有少量化学沉积物和生物沉积物、火山碎屑、冰川碎屑等。

（4）深海沉积物（2 000 m 以上）。通常以浮游生物遗骸为主,包括生物软泥、硅藻软泥、原生动物硅质软泥等,而极少含有陆源物质,其他则为风成尘埃、宇宙尘埃、火山灰等。

2.4.2 海底沉积层的声学参数

海底沉积层是指覆盖于岩基之上的一层非凝固态物质,在不同海域,其厚度差别较大,在几米、几十米到数千米的范围内变化。沉积层的物理性质对海中声传播的影响是水声物理的重要研究内容。在沉积层特性研究中,标志沉积层性质的物理参量有沉积层厚度、密度、孔隙率、纵波速度、横波速度以及沉积层声波衰减系数等。

1）海底沉积层中纵波和横波速度的理论表示

由于沉积层是覆盖于岩基之上的一层非凝固态物质,因而层中既可存在压缩波,也可存在切变波,它们的传播速度是不同的。设纵波和横波的传播速度为 c 和 c_s,则它们由下式确定:

$$c^2 = \frac{E + \frac{4}{3}G}{\rho} \quad \text{和} \quad c_s^2 = \frac{G}{\rho} \tag{2.9}$$

式中,E 和 G 分别为沉积层的弹性模量和切变模量;ρ 为沉积层密度。

2）沉积层中的声速、密度和孔隙率

沉积层中声速和孔隙率 η 之间有密切的关系。Hamilton 对三种不同类型的沉积物,在温度 23℃和 1 个标准大气压条件下,进行了声速、密度和孔隙率的实验测量,结果列于表 2.4 中。由于取样会使沉积层结构发生改变,切变速度和切变模量的测量值往往并不可靠,所得结果仅具参考意义,表 2.4 所给出的 G 和 c_s 值由计算得到。

表 2.4　北太平洋沉积物的测量平均值和弹性常数计算值

沉积层类型	测　量　值			计　算　值			
	η	ρ	c	E	σ	G	c_s
大陆架海域							
粗砂	38.6	2.03	1 836	6.685 9	0.491	0.128 9	250
细砂	43.9	1.98	1 742	5.867 7	0.469	0.321 3	382
极细砂	47.4	1.91	1 711	5.118 2	0.453	0.503 5	503
粉砂	52.8	1.83	1 677	4.681 2	0.457	0.392 6	467
砂质粉砂	68.3	1.56	1 552	3.415 2	0.461	0.280 9	379
砂-粉砂-黏土	67.5	1.58	1 578	3.578 1	0.463	0.273 1	409
黏土质粉砂	75.0	1.43	1 535	3.172 0	0.478	0.142 7	364
粉砂质黏土	76.0	1.42	1 519	3.147 6	0.480	0.132 3	287
深海平原							
黏土质粉砂	78.6	1.38	1 535	3.056 1	0.477	0.143 5	312
粉砂质黏土	85.8	1.24	1 521	2.777 2	0.486	0.077 3	240
黏土	85.8	1.26	1 505	2.780 5	0.491	0.048 3	196
深海丘陵							
黏土质粉砂	76.4	1.41	1 531	3.121 3	0.478	0.140 8	312
粉砂质黏土	79.4	1.37	1 507	3.031 6	0.487	0.079 5	232
黏土	77.5	1.42	1 491	3.078 1	0.491	0.054 4	195

注：① 测量条件为温度 23℃和 1 个标准大气压。
② η—孔隙率(%)；E—弹性模量($N \times 10^{-9}/m^2$)；ρ—密度($\times 10^3$ kg/m³)；σ—泊松比，$\sigma = (3E - \rho c^2)/(3E + \rho c^2)$；$E$—压缩波速(m/s)；$G$—刚性(切变模量)；$a$—衰减系数(dB/m)；$G = 3(\rho c^2 - E)/4(N \times 10^{-9}/m^2)$。

3) 沉积层中声速和孔隙率之间的关系

沉积层中的声速 c 和孔隙率 η 之间的关系如下：

$$\left.\begin{array}{ll} c = 2\,475.5 - 21.764\eta + 0.123\eta^2 & \text{（大陆架）} \\ c = 1\,509.3 - 0.043\eta & \text{（深海丘陵）} \\ c = 1\,602.5 - 0.937\eta & \text{（深海平原）} \end{array}\right\} \tag{2.10}$$

这里需要指出的是,对于浅海大陆架来说,海底声速高于其上面水中的声速,称之为高声速海底;而有些深海沉积层,海底声速低于其水面中的声速 1‰～2‰,称之为低声速海底。有关陆架区海底沉积层声速及吸收系数随频率的关系,将在本书第 5 章中总结给出一些主要反演结果。

参考文献

［1］　刘伯胜,黄益旺,陈文剑,等.水声学原理[M].3 版.北京:科学出版社,2019.

［2］ 尤立克.水声原理[M].洪申,译.3版.哈尔滨：哈尔滨船舶工程学院出版社,1990.

［3］ 方欣华,杜涛.海洋内波基础和中国海内波[M].青岛：中国海洋大学出版社,2005.

［4］ 李整林,张仁和,Mohsen Badiey,等.孤立子内波引起的高号简正波到达时间起伏[J].声学学报,2011,36(6)：559 - 567.

［5］ 秦继兴,Katsnelson Boris,李整林,等.浅海中孤立子内波引起的声能量起伏[J].声学学报,2016,41(2)：145 - 153.

［6］ 程旭华,齐义泉,王卫强.南海中尺度涡的季节和年际变化特征分析[J].热带海洋学报,2005,24(4)：51 - 59.

［7］ 徐常三.琉球海流起源及其变化特征的初步分析[D].青岛：中国海洋大学,2011.

［8］ 杨光.西北太平洋中尺度涡旋研究[D].青岛：中国科学院海洋研究所,2013.

［9］ Hart J E. Nonlinear Ekman suction and ageostrophic effects in rapidly rotating flows [J]. Geophysical and Astrophysical Fluid Dynamics，1995(79)：201 - 222.

［10］ 马文龙.黑潮延伸区中尺度涡与低频海流的相互作用[D].青岛：中国海洋大学,2013.

［11］ 高劲松.南海北部中尺度涡及北部湾环流结构与生成机制研究[D].青岛：中国海洋大学,2013.

［12］ 汤毓祥,郑义芳.关于黄、东海洋锋的研究[J].海洋通报,1990,9(5)：89 - 96.

［13］ 汤毓祥.东海海洋锋分类的初步探讨[J].黄渤海海洋,1995,13(2)：16 - 22.

［14］ 杨子赓.海洋地质学[M].济南：山东教育出版社,2004.

［15］ 郭发滨,杜德文.不同海底底质类型水深数据特征分析[J].海洋科学进展,2003,21(3)：349 - 354.

［16］ 克利诺娃 M B,范时清,徐经.海洋底质图[J].海洋与湖沼,1958,1(2)：243 - 251.

［17］ 石学法.中国近海海洋：海洋底质[M].北京：海洋出版社,2014.

［18］ Hamilton E L, Richard T, Bachman. Sound velocity and related properties of marine sediments [J]. Journal of the Acoustical Society of America，1982, 72(6)：1891 - 1904.

第 3 章　深海声传播理论

声传播理论是海洋声学研究的基础,不同理论各有其优缺点,应根据所关心的问题来选择合适的理论方法和声场计算模型。本章将分别简要介绍射线、简正波、抛物方程等常用的深海声传播理论,以及混合声场计算模型。其中,射线理论主要介绍高斯射线法;简正波理论部分除了介绍基本理论,还将介绍水平不变和水平缓变海洋声道中的 WKBZ 简正波方法;在"混合声场计算模型"一节中,将着重描述基于 WKBZ 理论的耦合简正波-抛物方程理论、三维耦合简正波-抛物方程理论,以及三维绝热简正波-抛物方程理论。

3.1 射 线 理 论

在 20 世纪 60 年代早期,声传播模型主要有简正波方法和射线方法两种,而后者的使用更为广泛。射线理论最初是从光学引入的,其计算结果虽然不够精确,但由该理论得到的算法较为直观、易于理解,对于解释深海声传播现象具有重要意义。基于高斯射线束的射线模型无须计算本征射线,其计算速度快,稳定性好,计算精度与全波动理论计算结果相差无几,整体性能优于传统的射线方法,深海中即使在低频条件下依然具有较好的计算精度,非常适合声传播问题研究及应用。

3.1.1 基本理论

下面简单介绍射线模型的原理。声线的传播满足 Snell 定律

$$k(z_1)\cos\theta(z_1) = k(z_2)\cos\theta(z_2) \tag{3.1}$$

在笛卡儿坐标系 $\boldsymbol{x} = (x, y, z)$ 下,由亥姆霍兹方程可推出程函方程和强度方程

$$|\nabla\tau|^2 = \frac{1}{c^2(\boldsymbol{x})} \tag{3.2}$$

$$2\nabla\tau \cdot \nabla A_0 + (\nabla^2\tau)A_0 = 0 \tag{3.3}$$

式中,$c(\boldsymbol{x})$ 为声速;$\omega t(\boldsymbol{x})$ 为相位。程函方程(3.2)是一阶非线性偏微分方程,可用特征法求解。引入一族射线,令其与 $\tau(\boldsymbol{x})$ 的等相位曲线(波阵面)垂直,如图 3.1 所示,这族射线定义了一个射线坐标系 s,程函方程在新坐标系中可简化成线性常微分方程。

由于 $\nabla\tau$ 是与波阵面垂直的向量,因此可按下式定义声线轨迹 $\boldsymbol{x}(s)$:

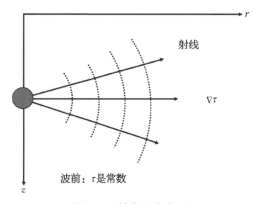

图 3.1 射线和波阵面

$$\frac{\mathrm{d}\boldsymbol{x}}{\mathrm{d}s} = c\,\nabla\tau \tag{3.4}$$

式中，s 为沿射线的弧长。由式(3.4)和程函方程(3.2)可推出射线轨迹的方程

$$\frac{\mathrm{d}}{\mathrm{d}s}\left(\frac{1}{c}\frac{\mathrm{d}\boldsymbol{x}}{\mathrm{d}s}\right) = -\frac{1}{c^2}\,\nabla c \tag{3.5}$$

在柱坐标系中，上述射线方程可写成一阶形式：

$$\left.\begin{array}{ll}\dfrac{\mathrm{d}r}{\mathrm{d}s}=c\xi(s)\,, & \dfrac{\mathrm{d}\xi}{\mathrm{d}s}=-\dfrac{1}{c^2}\dfrac{\partial c}{\partial r} \\[3mm] \dfrac{\mathrm{d}z}{\mathrm{d}s}=c\zeta(s)\,, & \dfrac{\mathrm{d}\zeta}{\mathrm{d}s}=-\dfrac{1}{c^2}\dfrac{\partial c}{\partial z}\end{array}\right\} \tag{3.6}$$

式中，$(r(s),z(s))$ 为射线在 r – z 平面内的轨迹；$(\xi(s),\zeta(s))$ 为射线的切向量。

初始条件为

$$\left.\begin{array}{ll}r=r_0\,, & \xi=\dfrac{\cos\theta_0}{c(0)} \\[3mm] z=z_0\,, & \zeta=\dfrac{\sin\theta_0}{c(0)}\end{array}\right\} \tag{3.7}$$

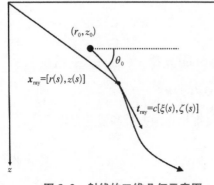

图 3.2　射线的二维几何示意图

式中，(r_0,z_0) 为射线起始的声源位置；θ_0 为该射线的出射角，如图 3.2 所示。

由射线方程可得出声线轨迹，求解射线坐标系下的程函方程可以得到相位 $\omega\tau(s)$，求解强度方程可以得到幅度 $A_0(s)$。射线坐标系下的程函方程

$$\frac{\mathrm{d}\tau}{\mathrm{d}s} = \frac{1}{c} \tag{3.8}$$

其解为

$$\tau(s) = \tau(0) + \int_0^s \frac{1}{c(s')}\mathrm{d}s' \tag{3.9}$$

式中的积分项是沿声线的传播时间，射线上的相位延迟与传播时间一致。强度方程的解为

$$A_0(s) = A_0(0)\left|\frac{c(s)J(0)}{c(0)J(s)}\right|^{1/2} \tag{3.10}$$

式中，J 为从笛卡儿坐标 (x,y,z) 转换到射线坐标 (s,θ_0,φ_0) 的雅可比行列式。由程

函方程和强度方程的解(3.9)、(3.10),可求得声压场

$$p(s)=\frac{1}{4\pi}\left|\frac{c(s)\cos\theta_0}{c(0)J(s)}\right|^{1/2}e^{i\omega\int_0^s\frac{1}{c(s')}ds'}\tag{3.11}$$

3.1.2　高斯射线束理论

　　传统射线声学中经常存在声影区能量为零,而会聚区能量无限大的问题。Porter 等提出的高斯射线束法,很好地解决了射线理论有关声影区和会聚区计算不准确的问题,所提供的结果与全波动模型的结果更为一致。高斯射线束法计算声场最初在地震波传播中应用得较多,其在传统射线理论的基础上,认为声场能量不是相邻两射线之间(即射线管内)平均分配,而是以每条射线为中心、能量在统计上按高斯统计分布变化,如图 3.3 所示。

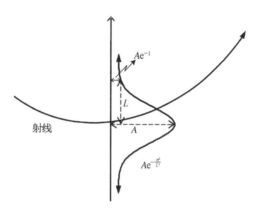

A—最大幅值;n 和 L—距离射线的垂直距离

图 3.3　高斯射线束法示意图

　　描述中心射线束轨迹的常微分方程组和初始条件已由式(3.6)、(3.7)给出。高斯射线束沿中心射线的能量分布(即声束幅值),可以通过如下射线动力方程(也叫作 p-q 方程)来求解。该方程在文献中有详细描述,这里只给出最后的表达式:

$$\frac{dq}{ds}=c(s)p(s)\tag{3.12}$$

$$\frac{dp}{ds}=-\frac{c_{nn}}{c^2(s)}q(s)\tag{3.13}$$

式中,c_{nn} 为声速在射线路径法线方向上的导数,即

$$\begin{aligned}c_{nn}&=c_{rr}\left(\frac{dr}{dn}\right)^2+2c_{rz}\left(\frac{dr}{dn}\right)\left(\frac{dz}{dn}\right)+c_{zz}\left(\frac{dz}{dn}\right)^2\\&=c_{rr}(N_{(r)})^2+2c_{rz}(N_{(r)})(N_{(z)})+c_{rr}(N_{(z)})^2\end{aligned}\tag{3.14}$$

式中,$(N_{(r)},N_{(z)})$ 是单位法线向量,且

$$(N_{(r)},N_{(z)})=\left(\frac{dz}{ds},-\frac{dr}{s}\right)=c(s)[\zeta(s),-\xi(s)]\tag{3.15}$$

　　单条高斯射线束对声场的贡献可以表示为

$$u(s,n)=A\sqrt{\frac{c(s)}{rq(s)}}\exp\left\{-i\omega\left[\tau(s)+0.5\left(\frac{p(s)}{q(s)}\right)n^2\right]\right\}\tag{3.16}$$

式中,A 为常数;n 为距离中心射线的垂直距离;ω 为声源角频率;$\tau(s)$ 为中心射线的相位延迟,满足式(3.8)。为了使式(3.16)完整地描述射线束声场,必须确定其中的平方根。平方根部分的确定要满足相位随射线弧长连续,因此这个平方根定义为

$$\sqrt{x} = (-1)^{m(s)} \text{sqrt}(x) \tag{3.17}$$

式中,$\text{sqrt}(x)$ 表示理论值;平方根项产生一个 $(-\pi/2, \pi/2)$ 的相位值;$m(s)$ 是一个整数。

根据高斯射线束法,给定射线束在源点处的初始束宽和曲率,允许射线束在离开源点向外传播时展宽、缩小,或者改变曲率。射线束的演变由射线动态方程组(3.12)、(3.13)中的参量 $p(s)$ 和 $q(s)$ 决定。p 和 q 为复数,p/q 的实部和虚部与束宽 W 和曲率 K 的关系为

$$W(s) = \sqrt{-2\omega \text{Im}\left\{\frac{p(s)}{q(s)}\right\}} \tag{3.18}$$

$$K(s) = -c(s) \text{Re}\left\{\frac{p(s)}{q(s)}\right\} \tag{3.19}$$

因此,射线动态方程组可以用代表初始束宽和曲率的复数初始条件求解。下面给出 p 和 q 的初始条件表达式:

$$p(s) = 1, \quad q(0) = \text{i}2c_0^2/[\omega(\delta\theta)^2] \tag{3.20}$$

式中,$\delta\theta$ 为相邻两条射线的夹角。

求解出射线束动态方程组后,把所有的射线束对声场的贡献叠加起来,即得复合声压。各个射线束的加权按照均匀介质中的标准点源问题确定,对于点源,声束的相应加权为

$$A(\theta) = \delta\theta \frac{1}{c_0} \sqrt{\frac{q(0)\omega\cos(\theta)}{2\pi}} e^{\text{i}\pi/4} \tag{3.21}$$

因此,整个高斯射线束法所得到的声场表达式如下:

$$u(s, n) = \sum \delta\theta \left(\frac{1}{c_0}\right) \exp\left(\frac{\text{i}\pi}{4}\right) \sqrt{\frac{q(0)\cos(\theta)}{2\pi}} \times$$

$$\sqrt{\frac{c(s)}{rq(s)}} \exp\left\{-\text{i}\omega\left[\tau(s) + 0.5\left(\frac{p(s)}{q(s)}\right)n^2\right]\right\} \tag{3.22}$$

基于高斯射线理论,Porter 开发了 BELLHOP 声场计算程序,可以高效处理随距离及方位变化的二维及三维环境下的声传播问题。该程序能够输出声线、本征声线、到达时间、声压或传播损失等结果,经常用来分析深海声场。

使用 BELLHOP 程序绘制一个典型深海环境的射线轨迹,如图 3.4 所示。其中环境参数为:典型深海 Munk 声速剖面,海深 5 000 m,单层液态海底,声速 1 600 m/s,声源位于 1 000 m 深度,频率 50 Hz。BELLHOP 程序可以处理水平变化环境中的声传播问题。图 3.5 给出了一个存在于海底山环境中的传播损失结果。

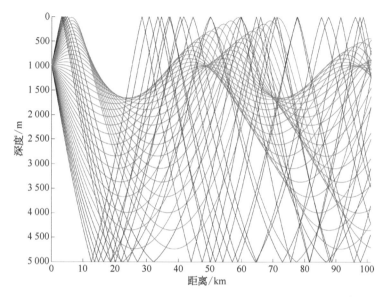

图 3.4　Munk 声速剖面的声线轨迹(Porter 等,1987)

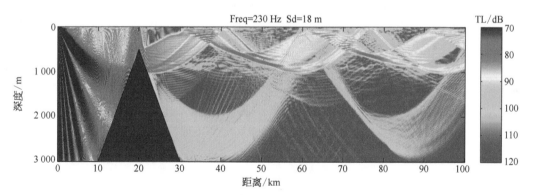

图 3.5　BELLHOP 计算的海底山环境声传播损失,频率 230 Hz,声源深度 18 m (Porter 等,1987)

3.2　简 正 波 理 论

简正波理论是一种广泛使用的海洋声场理论,简正波模型的计算精度高,适用于水平不变波导中点源激发的声场。但是在深海中当频率增高时,简正波阶数将会大幅度增加,从而使计算量急剧提升。本节除了介绍简正波的基本理论外,还将介绍水平不变和水平缓变海洋声道中的 WKBZ 简正波方法,可以快速求解深海中的声场。

3.2.1 基本理论

柱坐标系中的波动方程为

$$\frac{1}{r}\frac{\partial}{\partial r}\left(r\frac{\partial p}{\partial r}\right)+\rho(z)\frac{\partial}{\partial z}\left(\frac{1}{\rho(z)}\frac{\partial p}{\partial z}\right)+\frac{\omega^{2}}{c^{2}(z)}p=0 \tag{3.23}$$

式中,ω 为声源频率;p 为声压;ρ 为海水密度。利用分离变量的方法,将 $p(r,z)=\Phi(r)\Psi(z)$ 代入式(3.23),得到

$$\frac{1}{\Phi}\left[\frac{1}{r}\frac{d}{dr}\left(r\frac{d\Phi}{dr}\right)\right]+\frac{1}{\Psi}\left[\rho(z)\frac{d}{dz}\left(\frac{1}{\rho(z)}\frac{d\Psi}{dz}\right)+\frac{\omega^{2}}{c^{2}(z)}\Psi\right]=0 \tag{3.24}$$

两个方括号中分别是 r 和 z 的函数,使该式成立的唯一方法是令每个部分都为常数,用 k_{rm}^{2} 表示这一分离常数,可得到模式方程

$$\rho(z)\frac{d}{dz}\left(\frac{1}{\rho(z)}\frac{d\Psi_{m}(z)}{dz}\right)+\left[\frac{\omega^{2}}{c^{2}(z)}-k_{rm}^{2}\right]\Psi_{m}(z)=0 \tag{3.25}$$

其中 $\Psi_{m}(z)$ 表示用分离常数 k_{rm} 得到的本征函数 $\Psi(z)$。同时边界条件需要满足

$$\Psi(0)=0,\ B\big[\Psi(z)\big]\Big|_{z=H}=0 \tag{3.26}$$

其中广义算子 B 表示在海底边界 $z=H$ 上声压和质点振速的连续性条件。

波动方程(3.23)的解可以表示为各种简正波模态的累加:

$$p(r,z;\omega)\approx\frac{\mathrm{i}}{4\rho(z_{0})}\sum_{m}\Psi_{m}(z_{0},\omega)\Psi_{m}(z,\omega)H_{0}^{(1)}(k_{rm}r) \tag{3.27}$$

其中每个模式都是单独传播的,单号简正波可以近似认为是 3.1 节"射线理论"中从声源处上下出射的一对相同掠射角的两条声线相互干涉而成。在足够远的距离上,可使用汉克尔函数 $H_{0}^{(1)}(k_{rm}r)$ 的近似形式,则式(3.27)可写作

$$p(r,z;\omega)\approx\frac{\mathrm{i}}{\rho(z_{0})\sqrt{8\pi r}}\mathrm{e}^{-\mathrm{i}\pi/4}\sum_{m}\Psi_{m}(z_{0})\Psi_{m}(z)\frac{\mathrm{e}^{\mathrm{i}k_{rm}r}}{\sqrt{k_{rm}}} \tag{3.28}$$

下面给出一个典型深海环境的示例,采用 Munk 声速剖面,海底取密度为 $1\,\mathrm{g/cm^{3}}$、声速为 $1\,600\,\mathrm{m/s}$ 的均匀半空间,声源频率为 50 Hz。计算得到的模式如图 3.6 所示,其传播损失由图 3.7 给出。

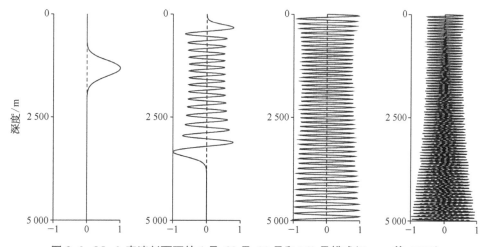

图 3.6　Munk 声速剖面下的 1 号、30 号、90 号和 150 号模式(Jensen 等,2011)

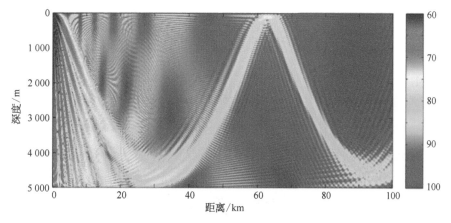

图 3.7　Munk 声速剖面下的传播损失(Jensen 等,2011)

3.2.2　水平不变海洋声道中的 WKBZ 简正波方法

常规简正波方法中式(3.25)通过有限差分求解,结合打靶法可求解简正波的本征值和本征函数。但是在深海中当频率较高的情况下,需要计算的简正波号数会很多,难以运用在宽带信号和脉冲声传播中,这样就推动了一些其他近似方法的提出。如 WKB 近似可用来计算水平分层海洋介质中的格林函数,但它存在格林函数在几何声线反转深度发散的严重缺点。张仁和提出一种广义相积分(WKBZ)简正波方法,用来计算水下声道中的平均声场和会聚区声场。利用本征函数的 WKBZ 近似和海面相移修正发展了一种新的声场数值计算方法,该方法具有形式简明、易于计算、精度满足实用要求等优点。

当声源频率高于声道临界频率时,点源声场主要由下列波导简正波决定:

$$P = \sqrt{\frac{8\pi}{r}}\, e^{i\frac{\pi}{4}} \sum_{l=0}^{L} \psi_l(z_1)\psi_l(z_2)\,\sqrt{v_l}\,\exp(iv_l r) \tag{3.29}$$

式中,L 为波导简正波的最大号数;z_1 和 z_2 分别为声源和接收深度;v_l 和 $\psi_l(z)$ 分别为简正波的本征值和本征函数。

为了克服传统的 WKB 近似在反转点发散的缺点,张仁和分别提出了单参数和双参数的广义相积分近似方法。在水下声道中,当反转深度远离海面和海底时,单参数的 WKBZ 本征函数可表示为

$$
\psi_l = \sqrt{\frac{2}{S_l}} \times \begin{cases}
\dfrac{\exp\left(-\displaystyle\int_z^{\eta_l} \sqrt{v_l^2 - k^2(y)}\,\mathrm{d}y\right)}{\sqrt{2}\left[Eb^{2/3} + 4v_l^2 - k^2(z)\right]^{1/4}}, & z < \eta_l \\[4mm]
\dfrac{\sin\left(\displaystyle\int_{\eta_l}^z \sqrt{k^2(y) - v_l^2}\,\mathrm{d}y + \dfrac{\pi}{4}\right)}{\left[Eb^{2/3} + k^2(z) - v_l^2\right]^{1/4}}, & \eta_l \leqslant z \leqslant \zeta_l \\[4mm]
\dfrac{(-1)^l \exp\left(-\displaystyle\int_{\zeta_l}^z \sqrt{v_l^2 - k^2(y)}\,\mathrm{d}y\right)}{\sqrt{2}\left[Eb^{2/3} + 4v_l^2 - k^2(z)\right]^{1/4}}, & \zeta_l < z
\end{cases}
\tag{3.30}
$$

式中,参数 $E = 0.875$,$k(z) = \dfrac{\omega}{c(z)}$,$b = \left|\dfrac{\mathrm{d}k^2(z)}{\mathrm{d}z}\right|$。$S_l$ 为声线跨度,可表示为

$$
S_l = 2\int_{\zeta_l}^z \frac{v_l}{\sqrt{k^2(y) - v_l^2}}\,\mathrm{d}y
\tag{3.31}
$$

这里 η_l 和 ζ_l 分别是位于声道轴之上与声道轴之下的反转深度,它们由 $k(\eta_l) = k(\xi_l) = v_l$ 确定。同样,含有双参数 B、D 的 WKBZ 本征函数可表示为

$$
\psi_l = \sqrt{\frac{2}{S_l}} \times \begin{cases}
\dfrac{\exp\left(-\displaystyle\int_z^{\eta_l} \sqrt{v_l^2 - k^2(y)}\,\mathrm{d}y\right)}{\sqrt{2}\left\{Bb^{4/3} - Db^{2/3}\left[k^2(z) - v_l^2\right] + 16\left[k^2(z) - v_l^2\right]^2\right\}^{1/8}}, & z < \eta_l \\[4mm]
\dfrac{\sin\left(\displaystyle\int_{\eta_l}^z \sqrt{k^2(y) - v_l^2}\,\mathrm{d}y + \dfrac{\pi}{4}\right)}{\left\{Bb^{4/3} - Db^{2/3}\left[k^2(z) - v_l^2\right] + \left[k^2(z) - v_l^2\right]^2\right\}^{1/8}}, & \eta_l \leqslant z \leqslant \zeta_l \\[4mm]
\dfrac{(-1)^l \exp\left(-\displaystyle\int_{\zeta_l}^z \sqrt{v_l^2 - k^2(y)}\,\mathrm{d}y\right)}{\sqrt{2}\left\{Bb^{4/3} - Db^{2/3}\left[k^2(z) - v_l^2\right] + 16\left[k^2(z) - v_l^2\right]^2\right\}^{1/4}}, & \zeta_l < z
\end{cases}
$$

$$
\tag{3.32}
$$

式中,$B = 2.152$,$D = 1.619$。从式(3.30)、(3.32)可知,当深度 z 离反转深度足够远时,带有参数 E、B 和 D 的修正项可忽略,式(3.30)、(3.32)将退化为传统的 WKB 近似。

WKBZ 近似适用于水下声道中声线反转深度远离海面和海底的情况,当位于声道轴之上的反转深度 η_l 靠近海面时,还需要考虑海面相移修正。根据本征声线是否接触海面

把波导简正波分为两类,将本征声线在海面之下反转的简正波称为反转简正波,将本征声线在海面反射的称为反射简正波。

对于反转简正波,有 $\eta_l > 0$ 和 $v_l > k(0)$,考虑海面相移修正后的单参数 WKBZ 近似本征函数为

$$\psi''_l = \sqrt{\frac{2}{S_l}} \times \begin{cases} \dfrac{\exp\left(-\int_z^{\eta_l} \sqrt{v_l^2 - k^2(y)}\, \mathrm{d}y - \gamma\right)}{[Eb^{2/3} + 4v_l^2 - 4k^2(z)]^{1/4}}, & 0 < z < \eta_l \\[4mm] \dfrac{\sin\left(\int_{\eta_l}^z \sqrt{k^2(y) - v_l^2}\, \mathrm{d}y + \dfrac{\pi}{2} - \dfrac{\varphi_s}{2}\right)}{[Eb^{2/3} + k^2(z) - v_l^2]^{1/4}}, & \eta_l \leqslant z \leqslant \zeta_l \\[4mm] \dfrac{(-1)^l \exp\left(-\int_{\zeta_l}^z \sqrt{v_l^2 - k^2(y)}\, \mathrm{d}y\right)}{\sqrt{2}\,[Eb^{2/3} + 4v_l^2 - 4k^2(z)]^{1/4}}, & \zeta_l < z < H \end{cases} \tag{3.33}$$

式中,H 为海深;$\gamma = -\ln\left(\cos\dfrac{\varphi_s}{2}\right)$;$\varphi_s$ 为海面相移。对于反射简正波,有 $\eta_l = 0$ 和 $v_l \leqslant k(0)$,单参数 WKBZ 近似本征函数修正为

$$\psi'_l = \sqrt{\frac{2}{S_l}} \times \begin{cases} \dfrac{\sin\left(\int_0^z \sqrt{k^2(y) - v_l^2}\, \mathrm{d}y + \dfrac{\pi}{2} - \dfrac{\varphi_s}{2}\right)}{[Eb^{2/3} + k^2(z) - v_l^2]^{1/4}}, & 0_l \leqslant z \leqslant \zeta_l \\[4mm] \dfrac{(-1)^l \exp\left(-\int_{\zeta_l}^z \sqrt{v_l^2 - k^2(y)}\, \mathrm{d}y\right)}{\sqrt{2}\,[Eb^{2/3} + 4v_l^2 - 4k^2(z)]^{1/4}}, & \zeta_l < z < H \end{cases} \tag{3.34}$$

同样,考虑到海面相移修正时,双参数反转简正波和反射简正波的 WKBZ 近似本征函数分别为

$$\psi'_l = \sqrt{\frac{2}{S_l}} \times \begin{cases} \dfrac{\exp\left(-\int_z^{\eta_l} \sqrt{v_l^2 - k^2(y)}\, \mathrm{d}y - \gamma\right)}{\{Bb^{4/3} - Db^{2/3}[k^2(z) - v_l^2] + 16[k^2(z) - v_l^2]^2\}^{1/8}}, & 0 < z < \eta_l \\[4mm] \dfrac{\sin\left(\int_{\eta_l}^z \sqrt{k^2(y) - v_l^2}\, \mathrm{d}y + \dfrac{\pi}{2} - \dfrac{\varphi_s}{2}\right)}{\{Bb^{4/3} - Db^{2/3}[k^2(z) - v_l^2] + [k^2(z) - v_l^2]^2\}^{1/8}}, & \eta_l \leqslant z \leqslant \zeta_l \\[4mm] \dfrac{(-1)^l \exp\left(-\int_{\zeta_l}^z \sqrt{v_l^2 - k^2(y)}\, \mathrm{d}y\right)}{\sqrt{2}\{Bb^{4/3} - Db^{2/3}[k^2(z) - v_l^2] + 16[k^2(z) - v_l^2]^2\}^{1/8}}, & \zeta_l < z \leqslant H \end{cases}$$

$$\tag{3.35}$$

$$\psi''_l = \sqrt{\frac{2}{S_l}} \times \begin{cases} \dfrac{\sin\left(\displaystyle\int_0^z \sqrt{k^2(y)-v_l^2}\,\mathrm{d}y + \dfrac{\pi}{2} - \dfrac{\varphi_s}{2}\right)}{\{Bb^{4/3} - Db^{2/3}[k^2(z)-v_l^2] + [k^2(z)-v_l^2]^2\}^{1/8}}, & 0 \leqslant z \leqslant \zeta_l \\[3mm] \dfrac{(-1)^l \exp\left(-\displaystyle\int_{\zeta_l}^z \sqrt{v_l^2 - k^2(y)}\,\mathrm{d}y\right)}{\sqrt{2}\{Bb^{4/3} - Db^{2/3}[k^2(z)-v_l^2] + 16[k^2(z)-v_l^2]^2\}^{1/8}}, & \zeta_l < z \leqslant H \end{cases}$$

$$(3.36)$$

从上述表达式可知,当上反转点 η_l 远离海面时,相移 φ_s 趋于 $\pi/2$,式(3.33)、(3.35)将退化为式(3.30)、(3.32)。

下面讨论本征方程和海面相移函数。考虑反转(或反射)相移后,WKB 近似的本征值方程可写为

$$2\int_{\eta_l}^{\zeta_l} \sqrt{k^2(y)-v_l^2}\,\mathrm{d}y - \varphi_s - \varphi_b = 2l\pi \quad (l=0,\,1,\,\cdots) \tag{3.37}$$

其中 φ_s 和 φ_b 分别为本征函数在反转(或反射)点的相移,对于波导简正波,假定下反转深度 ζ_l 远离海底,这样有 $\varphi_b = \pi/2$。

张仁和首先用 1/3 阶汉克尔函数给出了在软边界海面的相移修正,Murphy 和 Dvais 详细讨论了各种边界情况下的相移修正。海面相移函数可表示为如下形式:

$$\varphi_s = \begin{cases} \dfrac{\pi}{2} + 2\arctan\left(\dfrac{v(t_0)}{u(t_0)}\right), & t_0 \geqslant 0 \\[3mm] \dfrac{\pi}{2} + 2\arctan\left(\dfrac{v(t_0)}{u(t_0)}\right) - 2\omega_0, & t < 0 \end{cases} \tag{3.38}$$

这里 $t_0 = [v_l - k^2(0)]/b(0)$,$b(0) = \left|\dfrac{\mathrm{d}k^2(z)}{\mathrm{d}z}\right|_{z=0}$,$\omega_0 = \dfrac{2}{3}|t_0|^{3/2}$,$u(t)$ 和 $v(t)$ 分别为艾里函数,它们的级数表达式为

$$u(t) = \frac{\sqrt{\pi}}{3^{1/6}\Gamma(2/3)} \sum_{n=0}^{\infty} \frac{1 \cdot 4 \cdot 7 \cdots (3n-2)}{(3n)!} t^{3n} +$$
$$\frac{3^{1/6}\sqrt{\pi}}{\Gamma(1/3)} \sum_{n=0}^{\infty} \frac{1 \cdot 2 \cdot 5 \cdots (3n-1)}{(3n+1)!} t^{3n+1} \tag{3.39}$$

$$v(t) = \frac{\sqrt{\pi}}{3^{2/3}\Gamma(2/3)} \sum_{n=0}^{\infty} \frac{1 \cdot 4 \cdot 7 \cdots (3n-2)}{(3n)!} t^{3n} -$$
$$\frac{\sqrt{\pi}}{3^{1/3}\Gamma(1/3)} \sum_{n=0}^{\infty} \frac{1 \cdot 2 \cdot 5 \cdots (3n-1)}{(3n+1)!} t^{3n+1} \tag{3.40}$$

图 3.8 给出了海面附近本征声线和海面相移函数。从中可以看出,当 $-1 < t_0 < 1$ 时,相移 φ_s 随 t_0 变化很快;当 $t_0 \gg 1$ 和 $t_0 \ll -1$ 时,φ_s 分别趋于 $\pi/2$ 和 π。

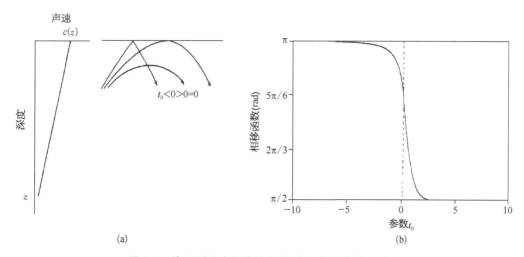

(a)

(b)

图 3.8　海面附近本征声线(a)和海面相移函数 φ_s (b)

利用式(3.37)、(3.38)可以方便地用迭代法求得本征值,这样波导简正波声场最终可由式(3.29)及式(3.30)～(3.36)求得。需要指出的是,海面相移对计算海面附近反转简正波的本征值和 WKBZ 本征函数非常重要。根据式(3.29)及 $I = |P|^2$,获得声强表示式为

$$I(r) = \frac{8\pi}{r}\Big[\,\Big|\sum_l \psi_l(z_1)\psi_l(z_2)\,\sqrt{v_l}\cos(v_l r)\Big|^2 +$$

$$\Big|\sum_l \psi_l(z_1)\psi_l(z_2)\,\sqrt{v_l}\sin(v_l r)\Big|^2\,\Big] \tag{3.41}$$

下面用一个典型水下声道中的声场对 WKBZ 简正波方法进行验证,并与传统的简正波方法进行比较。图 3.9 是北太平洋中一种典型水下声道的声速剖面,其声道轴位于 686 m,声道轴处最小声速为 1 478 m/s,近海面处声速为 1 507.2 m/s,近海底处声速为 1 523 m/s,海深 4 000 m。

图 3.10 是频率 100 Hz、接收深度 200 m 的传播损失随距离变化曲线,其中声源深度分别为 25 m 和 3 000 m。图中 WKBZ$_1$ 和 WKBZ$_2$ 分别代表用单参数和双参数 WKBZ 近似计算的曲线,NM 表示用传统有限差分法求解简正波本征方程计算的曲线,WKBZ$_1$ – NM 和 WKBZ$_2$ – NM 分别表示 WKBZ$_1$ 与 NM、WKBZ$_2$ 与 NM 的计算结果的差值。由于没有考虑海底反射简正波对声场影区的影响,因而图中只给出了传播损失在 100 dB 以内的计算结果差值。从比较结

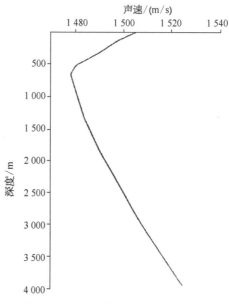

图 3.9　北太平洋中的一种声速剖面

果可以看出,由 WKBZ 简正波方法计算的会聚区结构与传统简正波方法计算的结果符合得很好,双参数 WKBZ 方法比单参数 WKBZ 方法的计算精度略高。WKBZ 简正波方法可用来对声道会聚区声场进行快速而精确的计算,如果采用绝热简正波理论,还可推广应用于水平缓变的声道。

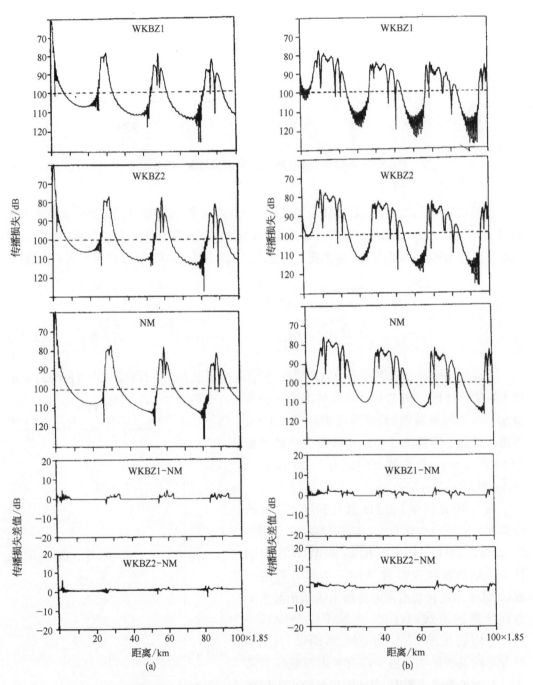

图 3.10　传播损失曲线比较。频率 100 Hz,接收深度 200 m,声源深度分别为
25 m(a)和 3 000 m(b)(张仁和等,1994)

3.2.3 水平缓变海洋声道中的 WKBZ 绝热简正波理论

大洋中的大部分区域,声速的垂直梯度是水平梯度的 1 000 倍左右,因此通常将大洋视为分层介质。然而在寒流和暖流交汇的区域,或许存在中尺度涡的海域,需要考虑声速的水平变化,积累效应会使水平微小变化对远距离声场产生影响。对水平变化的海洋介质,人们提出了如抛物方程近似、射线理论等声场计算方法,后来简正波理论也发展为适用于水平变化海洋环境。在简正波方法中,计算本征值、本征函数及耦合系数是最重要而往往又是最困难的问题。当水平变化缓慢、简正波耦合可忽略时,计算可得到极大简化。通过分段线性艾里函数解获得的绝热简正波理论,可用于水平缓变环境下的水声传播问题研究。

基于上一节提到的 WKBZ 近似,并考虑海底反射简正波的影响,张仁和提出了基于 WKBZ 的绝热简正波理论。根据耦合简正波理论,亥姆霍兹方程的解可表示为

$$P(r, z, z_1) = \sum_l \Phi_l(r) Z_l(z, r) \tag{3.42}$$

其中 $Z_l(z, r)$ 为本地本征函数,它满足

$$\frac{\partial Z_l}{\partial z^2} + [k^2(z, r) - v_l^2] Z_l = 0 \quad (l = 0, 1, 2, \cdots) \tag{3.43}$$

以及海面和海底的边界条件。这里本征值 v_l 通常是 r 的函数。假定本征函数满足正交归一条件,则可以获得耦合简正波微分方程

$$\frac{d^2}{dr^2}\Phi_m(r) + \frac{1}{r}\frac{d}{dr}\Phi_m(r) + v_m^2(r)\Phi_m(r)$$
$$= -\sum_{l \neq m}\left[A_{ml}\Phi_l(r) + B_{ml}\left(\frac{\Phi_l}{r} + 2\frac{d\Phi_l}{dr}\right)\right] \tag{3.44}$$

其中 B_{ml} 和 A_{ml} 为简正波耦合系数:

$$B_{ml} = \int Z_m(z, r)\frac{\partial}{\partial r}Z_l(z, r)dz \tag{3.45}$$

$$A_{ml} = \int Z_m(z, r)\frac{\partial^2}{\partial r^2}Z_l(z, r)dz \tag{3.46}$$

假定介质水平变化缓慢,满足绝热近似条件,这样关于距离的方程(3.44)可化简为

$$\frac{d^2}{dr^2}\Phi_m(r) + \frac{1}{r}\frac{d}{dr}\Phi_m(r) + v_m^2(r)\Phi_m(r) = 0 \tag{3.47}$$

类似于 WKB 近似,上式的近似解可表示为

$$\Phi_m(r) = \sqrt{\frac{2\pi}{rv_m(r)}} Z_m(z_1, 0)\exp\left[i\frac{\pi}{4} + i\int_0^r v_m(\rho)d\rho\right] \tag{3.48}$$

把式(3.48)代入式(3.42),绝热近似的解可表示为

$$P(r, z, z_1) = \sqrt{\frac{2\pi}{r}} e^{i\pi/4} \sum_l Z_l(z_1, 0) Z_l(z, r) [v_l(r)]^{-1/2} \cdot \exp\left(i \int_0^r v_l(\rho) d\rho\right)$$

(3.49)

令

$$Z_l(z, r) = \sqrt{2v_l(r)} \Psi_l(z, r) \tag{3.50}$$

式(3.49)就变为

$$P(r, z, z_1) = \sqrt{\frac{8\pi}{r}} e^{i\pi/4} \sum_l \Psi_l(z_1, 0) \Psi_l(z, r) \sqrt{v_l(0)} \cdot \exp\left(i \int_0^r v_l(\rho) d\rho\right)$$

(3.51)

当介质没有水平变化时,式(3.51)退化为上一节中的式(3.29)。从式(3.51)可以看出,声场预报关键问题就是计算简正波的本地本征值及本征函数。

近似绝热条件可表示为频率的约束条件:

$$f \ll f_{ad} = \frac{2\pi c^2}{S_l^2} \left| \int \frac{\partial c(z, r)}{\partial r} Z_l(z, r) Z_{l+1}(z, r) dz \right| \tag{3.52}$$

式中, S_l 为简正波跨距。

假定海底处的海水声速大于海面附近声速。在声道中,通常有两类简正波:波导简正波和海底反射简正波。对于波导简正波,相应的本征射线不碰及海底,当不考虑海水吸收时,本征值为实值,且由下列方程决定:

$$\int_{\eta_l}^{\zeta_l} \sqrt{k^2(y, r) - \mu_l^2(r)} dy = \left(l + \frac{1}{4}\right)\pi + \frac{1}{2}\varphi_s \quad (l = 0, 1, \cdots) \tag{3.53}$$

对于海底反射简正波,相应的本征射线与海底相触,本征值常为复数,即 $v_l = \mu_l + i\beta$。水平波数 μ_l 和衰减系数 β 分别由下列两式决定:

$$\int_0^h \sqrt{k^2(y, r) - \mu_l^2(r)} dy = \left(l + \frac{1}{2}\right)\pi + \frac{1}{2}\varphi_b \quad (l = L+1, L+2, \cdots) \tag{3.54}$$

$$\beta_l(r) = \frac{-\ln|V(\mu_l)|}{S_l}, \quad S_l = 2\int_0^h \frac{\mu_l(r)}{\sqrt{k^2(y, r) - \mu_l^2(r)}} dy \tag{3.55}$$

式中, $V(\mu_l)$ 为海底反射系数; $\varphi_b = -\arg V(\mu_l)$。 这里指出,本地简正波本征值很容易由式(3.53)~(3.55)用迭代法求出。

采用双参数的 WKBZ 来近似计算本地本征函数。对于波导简正波,本征函数 ψ_l 的近似表示与上一节的式(3.34)相同,只是将式中的 $k(z)$ 和 $k(y)$ 替换成 $k(z, r)$ 和 $k(y, r)$,且其中 $b = |\partial k^2(z, r)/\partial z|$。 对于海底反射简正波,本征函数近似表示为

$$\psi_l(z) = \sqrt{\frac{2}{S_l}} \times \frac{\sin\left(\int_0^z \sqrt{k^2(y,z) - \mu_l^2}\, \mathrm{d}y\right)}{\{Bb^{4/3} - Db^{2/3}[k^2(z,r) - \mu_l^2] + [k^2(z,r) - \mu_l^2]^2\}^{1/8}} \quad (0 < z \leqslant H)$$

$$(3.56)$$

波导简正波和海底反射简正波对声场的贡献是不同的。对于远距离声传播,会聚区声场主要由波导简正波决定,而影区的声场主要由海底反射简正波决定。由于存在大量海底反射简正波而且干涉周期又较短,海底反射简正波贡献的声场适合于采用平滑平均。将总声强表示为

$$I = I_w + I_B \tag{3.57}$$

式中,I_w 为相干叠加的波导简正波声强;I_B 为平滑平均的海底反射简正波声强。

张仁和将 WKBZ 绝热简正波方法用于菲律宾海的水下声道中声传播问题研究。图 3.11 给出其声速剖面,图中两条曲线分别为 0 km 和 250 km 处测量的声速剖面。在深度 500 m 以上,这两条声速剖面有明显的差别。在菲律宾海的一次声传播实验中,共发射频率为 109 Hz、300 Hz、640 Hz 和 860 Hz 的四种单频信号,拖曳声源位于水下 100 m,接收深度为 107 m。不考虑声速的水平变化时,根据两个声速剖面及平均剖面计算的传播损失存在着明显差别,所以声速剖面的水平变化影响必须予以考虑。

对于图 3.11 的声速剖面,使用 WKBZ 绝热简正波方法来计算菲律宾海的声场。图 3.12 给出频率 109 Hz 理论计算的传播损失曲线和实验测量获得的传播损失曲线。文献中对于 109 Hz、300 Hz、640 Hz 和 860 Hz 四种频率下的传播损失,将理论

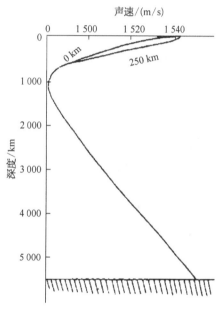

图 3.11 菲律宾海的声速剖面

值和实验值进行比较后显示了两者良好的一致性。所以,WKBZ 绝热简正波理论是一种预报水平缓变声道中声场的有效方法。

这里再给出一个海深 5 000 m 的深海 Munk 声道算例,使用 WKBZ 平滑平均简正波理论和高斯射线法计算传播损失,并与简正波模型 KRAKEN 进行比较,计算精度和速度分别如图 3.13 和表 3.1 所示。可见,三者预报的传播损失基本一致。但是利用 KRAKEN 计算传播损失时,为了能准确计算近距离(<25 km)影区的声场,必须计算较高的简正波号数,所以计算比较耗时。从表 3.1 可见,频率越高,KRAKEN 的计算速度比 WKBZ 方法和高斯射线法慢得越多;在低频时 WKBZ 方法有其速度优势,高频时由于简正波号数极大地增加,所以 KRAKEN 和 WKBZ 方法所需的内存会很大,计算速度也无法忍受,此时高斯射线法有其速度优势。

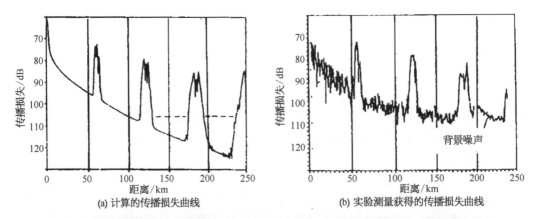

(a) 计算的传播损失曲线   (b) 实验测量获得的传播损失曲线

图 3.12　频率为 109 Hz、声源深度为 100 m、接收深度为 107 m 时用 WKBZ 绝热简正波理论计算的传播损失曲线(张仁和等,1994)

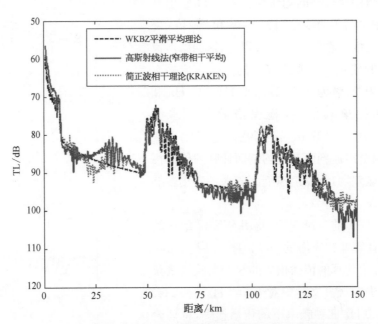

图 3.13　深海 Munk 声道中三种声传播理论模型计算的传播损失比较(声源频率 100 Hz,声源和接收器都在 500 m 深度)

表 3.1　三种不同算法计算时间比较

频率/Hz	机时/s		
	WKBZ 方法	高斯射线法	KRAKEN 算法
100	0.1	2.2	4.3
1 000	1.0	2.3	300.0
10 000	—	2.8	—

注:计算机主频 2.4 GHz,内存 1.0 GB。

3.3 抛物方程理论

抛物方程(PE)方法是预报海洋声场最常用的波动理论方法,其适用范围较广,可以处理水平变化的环境,但不能计算向后散射的声场。

在柱坐标系中,将亥姆霍兹方程写成如下形式:

$$\frac{1}{r}\frac{\partial}{\partial r}\left(r\frac{\partial p}{\partial r}\right)+\frac{\partial^2 p}{\partial z^2}+k_0^2 n^2(r,z)p=0 \tag{3.58}$$

式中,$k_0=\omega/c_0$ 为参考波数,ω 和 c_0 分别表示角频率和参考声速;$n(r,z)=c_0/c(r,z)$ 表示位置 (r,z) 的折射率,$c(r,z)$ 表示该位置的声速。假设方程的解为如下形式:

$$p(r,z)=\psi(r,z)H_0^{(1)}(k_0 r) \tag{3.59}$$

式中,包络函数 $\psi(r,z)$ 是随距离缓慢变化的。把上式代入(3.58),根据汉克尔函数的性质及远场假定 $(k_0 r \gg 1)$,可以得到简化的椭圆型波动方程

$$\frac{\partial^2 \psi}{\partial r^2}+2ik_0\frac{\partial \psi}{\partial r}+\frac{\partial^2 \psi}{\partial z^2}+k_0^2(n^2-1)\psi=0 \tag{3.60}$$

分别定义算子 P_{op} 和 Q_{op}:

$$P_{op}=\frac{\partial}{\partial r} \tag{3.61}$$

$$Q_{op}=\sqrt{n^2+\frac{1}{k_0^2}\frac{\partial^2}{\partial z^2}} \tag{3.62}$$

对式(3.60)进行因式分解,分解成前向波和后向波,即

$$(P_{op}+ik_0-ik_0 Q_{op})(P_{op}+ik_0+ik_0 Q_{op})\psi-ik_0[P_{op},Q_{op}]\psi=0 \tag{3.63}$$

其中最后一项

$$[P_{op},Q_{op}]\psi=P_{op}Q_{op}\psi-Q_{op}P_{op}\psi \tag{3.64}$$

若介质与距离无关,即 $n(r,z)\equiv n(z)$,则最后一项可以忽略。这里假设 $n(r,z)$ 随距离变化较弱,以至于可以忽略 $[P_{op},Q_{op}]\psi$ 项。只考虑式(3.63)中的前向波,则有

$$P_{op}\psi=ik_0(Q_{op}-1)\psi \tag{3.65}$$

将算子 P_{op} 和 Q_{op} 的表达式代入,即为抛物方程

$$\frac{\partial \psi}{\partial r} = \mathrm{i}k_0 \left(\sqrt{n^2 + \frac{1}{k_0^2}\frac{\partial^2}{\partial z^2}} - 1 \right)\psi \tag{3.66}$$

该方程仅表示波导中前向传播的声能量,且该方程是随距离演变的。抛物方程成立的近似条件为水平缓变的远场、$[P_{op}, Q_{op}]\psi$ 项可忽略及不计反向散射。

不同的模型对 Q_{op} 算子采用不同的近似。在最简单的标准 PE 近似中,

$$Q_{op} = \sqrt{1+q} \approx 1 + 0.5q \tag{3.67}$$

其中

$$q = n^2 - 1 + \frac{1}{k_0^2}\frac{\partial^2}{\partial z^2} \tag{3.68}$$

式(3.67)是一种小角度近似,可以认为仅对偏离水平方向 $10°\sim15°$ 的传播角度才是精确的。将式(3.67)应用于式(3.66),可以得到标准 PE 方程

$$2\mathrm{i}k_0\frac{\partial \psi}{\partial r} + \frac{\partial^2 \psi}{\partial z^2} + k_0^2(n^2-1)\psi = 0 \tag{3.69}$$

基于 Padé 近似的宽角抛物方程模型(range-dependent acoustic model,RAM)中

$$Q_{op} = \sqrt{1+q} \approx 1 + \sum_{j=1}^{m}\frac{a_{j,m}q}{1+b_{j,m}q} + O(q^{2m+1}) \tag{3.70}$$

式中,m 为展开式的项数,且

$$a_{j,m} = \frac{2}{2m+1}\sin^2\left(\frac{j\pi}{2m+1}\right) \tag{3.71}$$

$$b_{j,m} = \cos^2\left(\frac{j\pi}{2m+1}\right) \tag{3.72}$$

将式(3.70)应用于式(3.66),即可得到适合于大角度范围的抛物方程模型

$$\frac{\partial \psi}{\partial r} \approx \mathrm{i}k_0\left[\sum_{j=1}^{m}\frac{a_{j,m}\left(n^2-1+\frac{1}{k_0^2}\frac{\partial^2}{\partial z^2}\right)}{1+b_{j,m}\left(n^2-1+\frac{1}{k_0^2}\frac{\partial^2}{\partial z^2}\right)}\right]\psi \tag{3.73}$$

抛物方程近似的主要优势是将边界值问题转化为初始值问题进行求解,只要给定初始距离上沿深度分布的源场,就在距离方向按一定步长进行迭代步进求解。水声领域广泛应用的数值解法有分裂-步进傅里叶算法、有限差分/有限元方法和分裂-步进 Padé 近似解法。对于可忽略海底作用的长距离、窄角传播问题,分裂-步进傅里叶算法的计算效率很高。有限差分/有限元方法的计算精度更高、适用范围更广,可用于广角、有海底作用的情况。分裂-步进 Padé 近似解法是一种利用经典的分裂-步进傅里叶技术来高精度求

解大角度 PE 问题的方法,在 RAM 中得到应用。

　　RAM 能够很好地用于计算水平变化深海波导中的声场。例如,对于 3.1.2 节中图 3.5 的海底山环境,RAM 计算结果如图 3.14 所示,两者的声场能量分布较为一致,但 RAM 计算结果的精度更高。

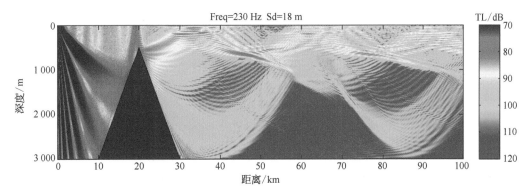

图 3.14　RAM 计算的海底山环境声传播损失,频率 230 Hz,声源深度 18 m(Porter 等,1987)

3.4　混合声场计算模型

　　对于水平变化剧烈的海洋环境,使用绝热近似方法计算声场会产生较大偏差。耦合简正波理论尽管计算精度很高,但是计算时间很长,不能广泛应用。抛物方程方法计算精度比耦合简正波方法稍差,只能计算远场,且处理向后散射有困难。因此本节介绍几种适用于处理水平变化海洋环境的混合声场计算模型,其中包括基于 WKBZ 理论的耦合简正波-抛物方程理论、三维耦合简正波-抛物方程理论和三维绝热简正波-抛物方程理论。

3.4.1　基于 WKBZ 理论的耦合简正波-抛物方程理论

　　Abawi 等将耦合简正波理论与抛物方程方法结合起来,提出了耦合简正波-抛物方程(CMPE)方法。CMPE 方法在垂直方向采用本地简正波分析,这就克服了抛物方程方法只能计算远场,且在频率较高时垂直网格划分必须加密,使得计算时间呈几何级数增加,因而很难用于高频问题的缺点。在水平方向采用抛物方程法求解简正波系数方程,可以克服耦合简正波理论中水平分段均匀近似带来的缺陷,耦合系数中考虑了海底倾斜的影响,可以加大水平步长。

　　用 CMPE 方法计算声传播问题的关键在于快速而精确地计算本地简正波本征值和本征函数,在水平变化声场分析中,尤其对于近场,需要计算高号简正波的本征值。基于

WKBZ 简正波理论,彭朝晖提出一种可以快速、精确地求解本地简正波高号本征值的算法,然后将改进的 WKBZ 理论应用于 CMPE 方法来计算声场。该理论具有以下优势:① 本征值计算速度快、计算精度高、适用范围广,只须做简单修改就可以应用于 WKBZ 理论;② 可以计算任意号数的本征值,能够计算近场和远场;③ 对二维声场的计算速度快、精度高,并容易推广到三维声场计算。

使用 CMPE 法求解波动方程,可得如下形式的级数解:

$$p(r, z, \theta) = r^{-\frac{1}{2}} \sum_{n=1}^{\infty} [k_n(r, \theta)]^{-\frac{1}{2}} u_n(r, \theta) \varphi_n(z; r, \theta) \tag{3.74}$$

式中,k_n 为本地本征值;$\varphi_n(z; r, \theta)$ 为相应的本征函数;u_n 为待求的简正波系数,满足

$$\frac{\partial \boldsymbol{u}}{\partial r} = -A_r \boldsymbol{u} + \mathrm{i} \left(\frac{1}{r^2} \frac{\partial^2}{\partial \theta^2} + K^2 \right)^{1/2} \boldsymbol{u} \tag{3.75}$$

式中,$\boldsymbol{u} = [u_0 \quad u_1 \quad u_2 \quad \cdots \quad u_M]^T$ 为简正波系数矩阵;A_r 为耦合系数矩阵;K^2 为本地简正波本征值矩阵。式(3.75)可用分裂-步进的抛物方程方法进行求解。

在计算本征值的方法中,一类算法假设本征值的虚部很小,其计算速度快、精度高,但不能应用于高号简正波,例如 KRAKEN 和 MOATL 等算法;另一类算法直接在复数域内求解本征方程,能够处理任意号数的本征值,但是其计算速度较慢,例如 KRAKENC。

彭朝晖在上述第二类方法的基础上进行了改进。在求解本征方程时,考虑了本征值虚部对本征方程的贡献。另外,对线性分段的声速剖面,推导出了相积分及其导数的解析表达式,这样解耦后的超越方程采用解析形式表示,可以直接在实数域内求解,从而大大提高了计算速度。

简正波理论的本征值方程可写为

$$2 \int_{\xi_l}^{\eta_l} \sqrt{k^2 - k_l^2} \, \mathrm{d}z + \varphi_s(k_l) + \varphi_b(k_l) - \mathrm{i} \ln |V_s(k_l) V_b(k_l)| = 2l\pi \quad (l = 0, 1, 2, \cdots) \tag{3.76}$$

式中,l 为简正波号数。η_l、ξ_l 分别为第 l 号简正波的上、下反转点。$k_l = R_l + \mathrm{i} I_l$,为第 l 号简正波的本征值,其中 R_l 为简正波水平波数、I_l 为简正波的衰减、i 为虚数单位。k 为波数。φ_s、φ_b 分别为本征值为 k_l 时的海面和海底反射相移。V_s、V_b 分别为海面和海底反射系数。设

$$k_l^2 = (R_l + \mathrm{i} I_l)^2 = a + \mathrm{i} 2b \tag{3.77}$$

式中,$a = R_l^2 - I_l^2$,$b = R_l I_l$。应该注意的是,当虚部比较大、实部较小时,上式中的 a 为负值。波数与本征值的平方差函数为 $k^2 - k_l^2 = k^2 - a + \mathrm{i} 2b$。一般情况下,其虚部相对于实部来说为一小量。可设

$$2b \ll |k^2 - a| \tag{3.78}$$

则有

$$\sqrt{k^2-k_l^2} \approx \sqrt{k^2-a} - \frac{\mathrm{i}b}{\sqrt{k^2-a}} \qquad (3.79)$$

这里的复函数 $\sqrt{k^2-k_l^2}$ 为一多值函数,采取 Pekeris 分支能够计算高号简正波本征值。

假设式(3.78)成立,可以得出

$$\ln|V_s(k_l)V_b(k_l)| \approx \ln|V_s(a)V_b(a)| + 2b\delta(a) + \mathrm{i}[\varphi_s(a)+\varphi_b(a)] \qquad (3.80)$$

式中,$\delta(a)=a[\varphi s(a)+\varphi b(a)]$。 将式(3.78)、(3.79)代入式(3.76),可以将方程(3.76)解耦为

$$2\int_{\xi_l}^{\eta_l}\sqrt{k^2-a}\,\mathrm{d}z + \varphi_s(a) + \varphi_b(a) = 2l\pi \qquad (3.81)$$

$$\int_{\xi_l}^{\eta_l}\frac{2b}{\sqrt{k^2-a}}\,\mathrm{d}z + \ln|V_s(a)V_b(z)| + 2b\delta(a) = 0 \qquad (3.82)$$

当声速为分段线性时,式(3.81)、(3.82)中的相积分表达式 $\int_{\xi_l}^{\eta_l}\sqrt{k^2-a}\,\mathrm{d}z$ 及其导数 $\int_{\xi_l}^{\eta_l}\frac{1}{\sqrt{k^2-a}}\,\mathrm{d}z$ 可以用严格的解析表达式给出。式(3.81)、(3.82)可以在实数域内求解,超越方程(3.81)只与 a 有关。解此超越方程求出 a 的值,再将 a 代入式(3.82),就可以求出

$$b = a\beta \qquad (3.83)$$

式中

$$\beta = -\frac{\ln|V_s V_b|}{\int_{\xi_l}^{\eta_l}\frac{2a}{\sqrt{k^2-a}}\,\mathrm{d}z + 2a\delta(a)} \qquad (3.84)$$

将 a 和 b 代入式(3.77),可以得出

$$R_l = \sqrt{\frac{a+|a|\sqrt{a+4\beta^2}}{2}} \qquad (3.85)$$

$$I_l = a\beta/R_l \qquad (3.86)$$

从上面的推导中可以看出,整个计算过程只需要在实数域内求解一个超越方程,其余的只须代入相应的公式即可求出。这样就可以大大简化本征值的计算,提高计算速度。

当 $4\beta^2 \ll 1$ 时,式(3.85)、(3.86)分别为

$$R_l^2 = a \qquad (3.87)$$

$$I_l = R_l\beta = -\frac{\ln|V_sV_b|}{S_l(R_l) + \delta_l(R_l)} \tag{3.88}$$

式中，$S_l = \int_{\xi_l}^{\eta_l} \frac{R_l}{\sqrt{k^2 - R_l^2}}\mathrm{d}z$，为本征值等于 k_l 所对应的本征声线在上、下反转点内一个循环的水平距离（即跨度）；$\delta_l = \frac{\partial}{\partial R_l}(\varphi_s + \varphi_b)$ 为声线在上、下界面处的波束位移之和。式 (3.88)表明，当本征值的虚部不大 $(4\beta^2 \ll 1)$ 时，本方法与张仁和等提出的方法等价。然后，采用 WKBZ 近似来计算本征函数，可以大大提高计算速度，计算方法已在 3.2 节给出。

计算图 3.15 所示典型声速剖面条件下的本征值，将计算结果与 WKBZ 理论及简正波模型 KRAKENC 的计算结果进行比较，以检验本方法的计算精度和速度。计算频率为 100 Hz 时的前 1 000 号简正波本征值，其中的前 29 号简正波为波导简正波。表 3.2 给出了三种方法对部分号数简正波本征值的计算结果和计算时间比较，其中 WKBZ 算法的计算时间为前 300 号（所能计算的最大号数）本征值的计算时间。图 3.16 给出该方法与 KRAKENC 算法计算的部分本征值的比较。从图 3.16 和表 3.2 可以看出，本方法的计算速度与 WKBZ 算法相当，比 KRAKENC 算法要快一到两个数量级，而计算精度三者基本相当。

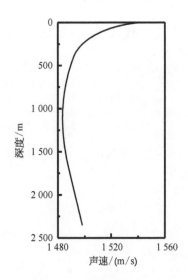

图 3.15 深海典型声速剖面

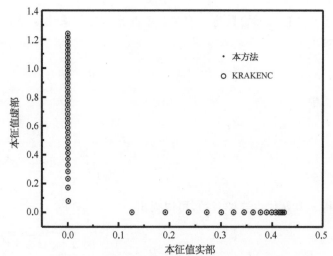

图 3.16 频率为 100 Hz 时部分本征值比较图（彭朝晖等，2001）

表 3.2 三种不同算法本征值计算结果比较

号 数	本方法		WKBZ 算法		KRAKENC 算法	
	实部 $\times 10^{-3}$	虚部 $\times 10^{-3}$	实部 $\times 10^{-3}$	虚部 $\times 10^{-3}$	实部 $\times 10^{-3}$	虚部 $\times 10^{-3}$
1	423.439	0.000 00	423.439	0.000 00	423.437	0.000 00
2	423.306	0.000 00	423.306	0.000 00	423.304	0.000 00

号　数	本方法		WKBZ 算法		KRAKENC 算法	
	实部×10^{-3}	虚部×10^{-3}	实部×10^{-3}	虚部×10^{-3}	实部×10^{-3}	虚部×10^{-3}
3	423.153	0.000 00	423.153	0.000 00	423.157	0.000 00
100	399.493	0.064 55	399.493	0.064 55	399.494	0.064 19
200	325.984	0.181 16	325.984	0.181 16	325.985	0.181 13
298	138.683	0.717 91	138.682	0.717 92	138.684	0.717 85
299	134.789	0.741 59	134.787	0.741 60	134.790	0.741 53
300	130.765	0.767 44	130.762	0.767 45	130.766	0.767 37
998	0.285 620	1 265.24	—	—	0.285 619	1 265.24
999	0.285 592	1 266.64	—	—	0.285 591	1 266.64
1 000	0.285 565	1 268.05	—	—	0.285 564	1 268.05
时间/s	2.42		0.49		233.11	

注：表中的"—"表示无法计算；WKBZ 计算时间为前 300 号简正波计算时间。

3.4.2　三维耦合简正波-抛物方程理论

基于 WKBZ 理论的耦合简正波-抛物方程理论不仅可以计算二维问题，而且可以推广到三维海洋环境，彭朝晖等提出了三维耦合简正波-抛物方程理论（CMPE3D），并对其算法实现进行了研究。CMPE3D 在垂直方向上采用 3.4.1 节所提出的方法，利用 WKBZ 理论和 BDRM 理论进行简正波计算，在水平与方位角方向采用与抛物方程模型 FOR3D 类似的方法来求解简正波幅度系数方程。数值计算结果表明，在精度相当的情况下，计算速度比抛物方程算法提高了约两个数量级，具有计算精度高、速度快的优点。

假设波动方程有如下形式的解：

$$p(r, \theta, z) = \rho^{L/2} \sum_{n=1}^{\infty} (k_n r)^{-1/2} \phi_n \varphi_n e^{i\int_0^r \mu_n dr} \tag{3.89}$$

式中，n 为简正波的号数；k_n 为本地简正波的本征值；$\varphi_n(z; \theta, r)$ 为本征函数；$\phi_n(\theta, r)$ 为简正波幅度函数。将式（3.89）代入波动方程，忽略简正波的水平导数 $\partial k_n/\partial r$、$\partial u_n/\partial r$ 和高阶耦合项，并利用简正波的正交性，可得

$$\frac{\partial^2 \phi_m}{\partial r^2} + \frac{1}{r^2} \frac{\partial^2 \phi_m}{\partial \theta^2} + 2i\mu_m \frac{\partial \phi_m}{\partial r} + (k_m^2 - \mu_m^2)\phi_m +$$

$$\sum_{n=1}^{\infty} \left(2B_{r, mn} \frac{\partial \phi_n}{\partial r} + 2i\mu_n B_{r, mn} \phi_n + 2B_{\theta, mn} \frac{\partial \phi_n}{\partial \theta} \right) = 0 \tag{3.90}$$

式中，$B_{r, mn}$ 和 $B_{\theta, mn}$ 为简正波的耦合系数，定义如下：

$$B_{r, mn} = \int_0^{\infty} \varphi_m \frac{\partial \varphi_n}{\partial r} dz, \quad B_{\theta, mn} = \int_0^{\infty} \varphi_m \frac{\partial \varphi_n}{\partial \theta} dz \tag{3.91}$$

方程(3.90)即为简正波幅度函数方程,可以将其写为矩阵形式:

$$\frac{\partial^2 \boldsymbol{\Phi}}{\partial r^2} + 2\mathrm{i}\boldsymbol{\mu}\frac{\partial \boldsymbol{\Phi}}{\partial r} + (\boldsymbol{k}^2 - \boldsymbol{\mu}^2)\boldsymbol{\Phi} + 2\boldsymbol{B}_r\frac{\partial \boldsymbol{\Phi}}{\partial r} + \frac{1}{r^2}\frac{\partial^2 \boldsymbol{\Phi}}{\partial \theta^2} + 2\boldsymbol{B}_\theta\frac{\partial \boldsymbol{\Phi}}{\partial \theta} = 0 \quad (3.92)$$

式中,$\boldsymbol{\Phi}$ 是元素为 ϕ_n 的向量;$\boldsymbol{k}$、$\boldsymbol{\mu}$ 分别是对角元素为 k_m 和 μ_m 的对角矩阵;矩阵 $\boldsymbol{B}_r$、$\boldsymbol{B}_\theta$ 的元素分别为 $B_{r,mn}$ 和 $B_{\theta,mn}$。假设简正波幅度函数随距离变化缓慢,忽略高阶项,采用抛物方程法对式(3.92)进行算子分解,并忽略向后传播的能量,可得

$$\left[\frac{\partial}{\partial r} + \boldsymbol{B}_r - \mathrm{i}\left(\frac{1}{r^2}\frac{\partial^2}{\partial \theta^2} + 2\boldsymbol{B}_\theta\frac{\partial}{\partial \theta} + \boldsymbol{k}^2\right)^{1/2}\right]\boldsymbol{E}\boldsymbol{\Phi} = 0 \quad (3.93)$$

式中,$\boldsymbol{E}$ 为对角元素为 $\exp\left(\mathrm{i}\int_0^r \mu_i \mathrm{d}r\right)$ 的对角矩阵。假设方位角变化不太大,简正波沿方位角方向的耦合相对于水平方向弱,即简正波在方位角方向的耦合可以忽略,于是由方程(3.93)可得

$$\frac{\partial \boldsymbol{\Phi}}{\partial r} = \boldsymbol{D}\boldsymbol{\Phi} - \mathrm{i}\boldsymbol{\mu}\boldsymbol{\Phi} + \mathrm{i}\left(\frac{1}{r^2}\frac{\partial^2}{\partial \theta^2} + \boldsymbol{k}^2\right)^{1/2}\boldsymbol{\Phi} \quad (3.94)$$

式中矩阵 $\boldsymbol{D}$ 的元素可以按下式计算:

$$d_{mn} = -B_{r,mn}\,\mathrm{e}^{\mathrm{i}\int_0^r (\mu_n - \mu_m)\mathrm{d}r} \quad (3.95)$$

$$B_{r,mn} = \frac{-(N_{mn} + S_{mn})}{k_m^2 - k_n^2} \quad (3.96)$$

$$N_{mn} = \frac{\partial H}{\partial r}\left[\varphi_{m1}\varphi_{n1}\left(\gamma_{n1}^2 - \frac{\rho_1}{\rho_2}\gamma_{n2}^2\right) + \frac{\partial \varphi_{m1}}{\partial z}\frac{\partial \varphi_{n1}}{\partial z}\left(1 - \frac{\rho_1}{\rho_2}\right)\right] \quad (3.97)$$

$$S_{mn} = \int_0^\infty \frac{\partial k^2}{\partial r}\varphi_m\varphi_n \mathrm{d}z \quad (3.98)$$

式(3.97)中,下标 1、2 分别代表海底界面上下处的参数值;$\gamma_{n1} = \sqrt{k^2 - k_{n1}^2}$,$\gamma_{n2} = \sqrt{k^2 - k_{n2}^2}$,分别为海底界面上下处的垂直波数。式(3.94)可用数值方法求解,将求解后得出的简正波幅度函数 ϕ_n 与本地简正波参数 $k_n(\theta, r)$、$\varphi_n(z; \theta, r)$ 代入式(3.89),即可得到声压场的解。

把 CMPE3D 算法与抛物方程法 FOR3D 计算结果进行对比,以检验其计算精度和效率。针对抛物方程法的特点设计了一个算例,计算如图 3.17 所示带有凸出高地的楔形海区的声场。图 3.18 给出了频率为 30 Hz,方位角分别为 0°、30°、60° 和 90° 时的传播损失比较,其中实线为 CMPE3D 计算结果,点画线为 FO3RD 计

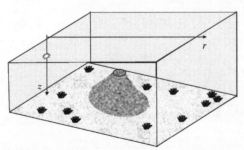

图 3.17　带有凸出高地的楔形海区三维示意图

算结果,可以看出计算结果符合很好。表 3.3 给出了两种方法所用的计算时间和时间比,可见 CMPE3D 计算速度比 FOR3D 要快很多。对 100 Hz 频率,FOR3D 的计算时间是 CMPE3D 的 400 倍。

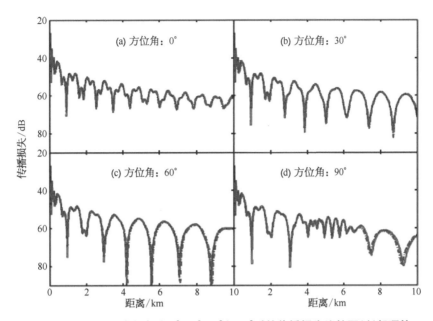

图 3.18　频率为 100 Hz,方位角为 0°、30°、60°和 90°时的传播损失比较图(彭朝晖等,2005)

表 3.3　两种方法计算时间比较

频率/Hz	计算时间/s		时 间 比
	CMPE3D	FOR3D	
100	51.30	20 539.11	1/400
60	31.42	2 921.05	1/93
30	11.64	1 493.15	1/128

3.4.3　三维绝热简正波-抛物方程理论

　　声波在存在海底地形变化和中尺度过程等复杂海洋环境中传播通常会发生水平折射,呈现出三维效应。由于实际海洋环境的空间尺度较大,当声源频率较高时,简正波和抛物方程等三维模型处理深海环境中的声传播问题十分困难。Katsnelson 等提出了三维绝热简正波-抛物方程理论,为了处理深海斜坡和海底山等环境中的三维声传播问题,秦继兴等在该理论基础上进行三维声场建模,垂直方向上使用标准简正波模型 KRAKEN 求解本征值和本征函数,水平方向上使用宽角抛物方程模型(RAM)求解简正波幅度。该模型物理意义清晰,计算效率高,但由于使用了绝热近似,忽略各号简正波之间的耦合,主要适用于环境参数水平变化缓慢的问题。在处理环境参数水平变化剧烈的问题时,计算精度会有一定程度的下降,但是对于发现和分析水平折射效应具有重要的应用价值。

考虑声学参数在水平平面内缓慢变化的三维海洋波导,海深用 $H(r)$ 表示,其中水平位置向量 $r=(x,y)$,声速剖面用 $c(r,z)$ 表示,密度剖面用 $\rho(r,z)$ 表示。声源置于 $r=(x_s,y_s)$、$z=z_s$ 处,发射一个频谱为 $S(\omega)$ 的信号 $f(t)$。频域声压满足三维亥姆霍兹方程(省略角频率 ω)

$$\left[\nabla^2+\frac{\partial^2}{\partial z^2}+k^2(r,z)\right]P(r,z)=0 \tag{3.99}$$

其中 $\nabla=(\partial/\partial x,\partial/\partial y)$,$k(r,z)=\omega/c(r,z)$。将声压表示成各号简正波相加的形式:

$$P(r,z)=\sum_l a_l(r)\,\Psi_l(r,z) \tag{3.100}$$

式中,$a_l(r)$ 代表简正波幅度;$\Psi_l(r,z)$ 为 Sturm-Liouville 问题的本征函数,满足下列方程和边界条件:

$$\frac{\partial^2\Psi_l(r,z)}{\partial z^2}+\left[k^2(r,z)-q_l^2(r)\right]\Psi_l(r,z)=0 \tag{3.101}$$

$$\Psi_l(r,z)\Big|_{z=0}=0 \tag{3.102}$$

$$\left[\Psi_l(r,z)+g(q_l(r))\frac{\partial\Psi_l(r,z)}{\partial z}\right]_{z=H(r)}=0 \tag{3.103}$$

上面式子中,$q_l(r)$ 为本征值,$g(q_l(r))$ 由海底参数确定。使用标准简正波模型 KRAKEN 计算得到 $\Psi_l(r,z)$ 和 $q_l(r)$。将式(3.100)代入式(3.99),并应用本征函数的性质,可以得到

$$\nabla^2 a_l(r)+q_l^2(r)a_l(r)=\sum_m\left[B_{lm}(r)\,\nabla a_m(r)+D_{lm}(r)a_m(r)\right] \tag{3.104}$$

式中,$B_{lm}(r)$ 和 $D_{lm}(r)$ 为耦合系数。

当波导中环境参数水平变化缓慢时,式(3.104)等号右侧部分的值很小,可以将其忽略,认为各号简正波之间是绝热的。绝热近似的适用条件为

$$\left|\frac{2S_{lm}\sqrt{q_l q_m}}{q_l^2-q_m^2}\right|\ll 1 \tag{3.105}$$

其中

$$S_{lm}=\int\Psi_l(r,z)\,\nabla\Psi_m(r,z)\mathrm{d}z \tag{3.106}$$

式(3.104)的绝热近似表达式为

$$\nabla^2 a_l(\boldsymbol{r}) + q_l^2(\boldsymbol{r})a_l(\boldsymbol{r}) = 0 \tag{3.107}$$

式(3.107)的形式是一个二维亥姆霍兹方程,它描述第 l 号简正波幅度在水平平面内的分布。可以使用多种方法求解该二维亥姆霍兹方程,如果使用抛物方程法求解,将简正波幅度 $a_l(\boldsymbol{r})$ 写作如下形式:

$$a_l(\boldsymbol{r}) = A_l(\boldsymbol{r})\exp(iq_l^0 y) \tag{3.108}$$

式中,q_l^0 为参考值;$A_l(\boldsymbol{r})$ 为 y 方向缓慢变化的函数。将 $a_l(\boldsymbol{r})$ 代入式(3.107),可以得到关于 $A_l(\boldsymbol{r})$ 的抛物方程:

$$2iq_l^0 \frac{\partial A_l(\boldsymbol{r})}{\partial y} + \frac{\partial^2 A_l(\boldsymbol{r})}{\partial x^2} + [q_l^2(\boldsymbol{r}) - (q_l^0)^2]A_l(\boldsymbol{r}) = 0 \tag{3.109}$$

使用分裂-步进傅里叶(SSF)算法对上式求解。

这里使用宽角抛物方程模型(RAM)中的分裂-步进 Padé 近似算法直接求解式(3.107)。分解式(3.107)中的算子,得到前向传播方程

$$\frac{\partial a_l}{\partial y} = iq_l^0 (1+X)^{1/2} a_l \tag{3.110}$$

其中

$$X = (q_l^0)^{-2}\left(\frac{\partial^2}{\partial x^2} + q_l^2 - (q_l^0)^2\right) \tag{3.111}$$

方程(3.110)的解为

$$a_l(x, y+\Delta y) = \exp[iq_l^0 \Delta y(1+X)^{1/2}]a_l(x, y) \tag{3.112}$$

使用 n 项有理函数近似指数函数,得到

$$a_l(x, y+\Delta y) = \exp(iq_l^0 \Delta y)\prod_{j=1}^{n} \frac{1+\alpha_{j,n}X}{1+\beta_{j,n}X}a_l(x, y) \tag{3.113}$$

式中,复系数 $\alpha_{j,n}$ 和 $\beta_{j,n}$ 控制有理函数的精度和稳定性。使用自初始条件提供初始场,这是一个基于抛物方程法的精确、高效方法。

时域声压可以通过傅里叶变换写成如下形式:

$$p(\boldsymbol{r}, z, t) = 2\int_0^\infty S(\omega)P(\boldsymbol{r}, z, \omega)e^{-i\omega t}d\omega \tag{3.114}$$

将式(3.100)代入上式,可得

$$p(\boldsymbol{r}, z, t) = 2\int_0^\infty S(\omega)\sum_l a_l(\boldsymbol{r}, \omega)\Psi_l(\boldsymbol{r}, z, \omega)e^{-i\omega t}d\omega \tag{3.115}$$

在分析脉冲传播问题时,如果发射信号的频率范围足够窄,在该频带内可以忽略本征函数随频率的变化。将本征函数 Ψ_l 从式(3.115)积分中提出,取声源谱的中心频率 ω_0,那么

时域声压的形式变为

$$p(\boldsymbol{r},z,t)=2\sum_l \Psi_l(\boldsymbol{r},z,\omega_0)\int_0^\infty S(\omega)a_l(\boldsymbol{r},\omega)\mathrm{e}^{-\mathrm{i}\omega t}\mathrm{d}\omega=\sum_l \Psi_l(\boldsymbol{r},z,\omega_0)p_l(\boldsymbol{r},t)$$

$$(3.116)$$

式(3.116)中，$p_l(\boldsymbol{r},t)$ 可以认为是第 l 号简正波在水平平面内的脉冲幅度，即

$$p_l(\boldsymbol{r},t)=2\int_0^\infty S(\omega)a_l(\boldsymbol{r},\omega)\mathrm{e}^{-\mathrm{i}\omega t}\mathrm{d}\omega \qquad (3.117)$$

在实际海洋中，大陆架海域无论对于科学研究还是实际问题都十分重要。为了验证该模型的有效性，首先考虑大陆架楔形问题。如图 3.19 所示的典型的大陆坡环境，假设声传播区域为楔形波导，楔形顶点（即海岸线）与 y 轴平行，x 轴表示与海岸线的距离，指向深海方向，z 轴方向垂直向下。海深线性变化 $H(x)=\varepsilon x$，其中 ε 的值为 7.5×10^{-3}。假设声速剖面水平不变（但会被海深截断），在图中给出。声源位置坐标为：$x_s=10\text{ km}$，$y_s=0\text{ km}$，$z_s=H(x_s)=75\text{ m}$。

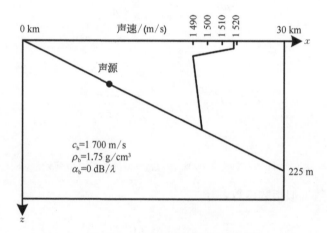

图 3.19　大陆架楔形问题模型

在不同的频率和模式下，图 3.20 给出了声强在水平平面内的分布，其中图 3.20a、d 是同一幅图，为了便于比较给出两次，该图与 Katsnelson 等给出的射线结构非常相近。用射线理论解释，可以将平面内的声场分为三类不同区域：影区、多路径区域（扇区）和单路径区域。从图 3.20 可以看出，声强分布与垂直模式的号数和频率有关；声强与频率和模式的依赖关系会导致信号的频谱变化，以及声场的时空扰动。

实际海洋中除了海底地形的变化，还存在内波等各种中尺度动力过程引起的环境扰动。非线性孤立子内波会导致环境参数的非平稳各向异性，因此会对声信号的传播产生很大影响。水平平面内声场的时空变化将导致很多三维声学效应，这里使用三维绝热简正波-抛物方程模型对其进行分析。

孤立子内波可以由等密度面描述为空间和时间的函数，一个常用的近似方法是将密

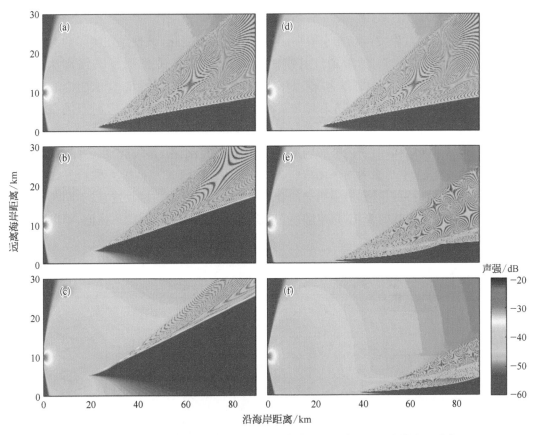

图 3.20 大陆架楔形问题在不同模式和声源频率下水平平面内的声强分布

(a) 频率 100 Hz,模式 1;(b) 频率 100 Hz,模式 2;(c) 频率 100 Hz,模式 3;
(d) 频率 100 Hz,模式 1;(e) 频率 300 Hz,模式 1;(f) 频率 500 Hz,模式 1

度表面值用一阶重力模式和包络函数的乘积形式表示:

$$\zeta(\boldsymbol{r},z,T)=\Phi(z)\zeta_{s}(\boldsymbol{r},T) \tag{3.118}$$

式中,$\Phi(z)$ 为归一化的一阶重力模式;$\zeta_{s}(\boldsymbol{r},T)$ 为内波的包络函数。用大写字母 T 表示"慢时",描述孤立子内波的移动。假设孤立子内波的波阵面为平面,平行于 y 轴,以速度 V 在 x 轴方向移动,即

$$\zeta_{s}(\boldsymbol{r},T)=\zeta_{s}[\boldsymbol{r}_{R},T+(x-x_{R})/V] \tag{3.119}$$

这里 $\boldsymbol{r}_{R}=(x_{R},y_{R})$,是接收器在水平平面内的坐标。另外,假设内波的形状短时间内不发生变化,记为 $\zeta_{s}(x,T)$。 这里分析的内波是两个 KdV 孤立子内波叠加的形式:

$$\zeta_{s}(x,T)=\frac{A_{1}}{\cosh^{2}[(x-x_{0}+VT)/\Lambda]}+\frac{A_{2}}{\cosh^{2}[(x-x_{0}-x_{12}+VT)/\Lambda]} \tag{3.120}$$

式中,x_{12} 为两个孤立子内波的峰值间距;x_{0} 为对应 $T=0$ 时刻声源到内波第一个峰值的

距离。

考虑内波移动过程中声场在水平平面内干涉结构的变化,该现象在实际的海洋环境中可以通过水平接收阵观测到。用模式幅度的对数形式表示声场强度大小,即 $20\lg|a_l(r,\omega)|$。当声源频率为 100 Hz 时,考虑第 3 号模式,图 3.21 给出内波在三个不同位置(具体位置在每组图的左侧给出,不同位置对应不同的时间 T)时声场在水平平面内的分布。在每个子图中,声场分布分为不同的区域,呈现出不同的结构:未受内波影响正常的声场干涉结构、由于内波影响形成的多路径干涉结构、声场会聚区及影区。随着内波位置的改变,水平平面内的声场结构会发生变化。在图 3.21c 中,声源恰好处于内波两个峰值之间,此时可以看到声强明显的会聚现象。对于特定的接收位置,不同时刻接收的信号能量会发生明显的变化,每组图的右侧给出了水平阵接收到的声强值,可以看出不同时刻差别很大。

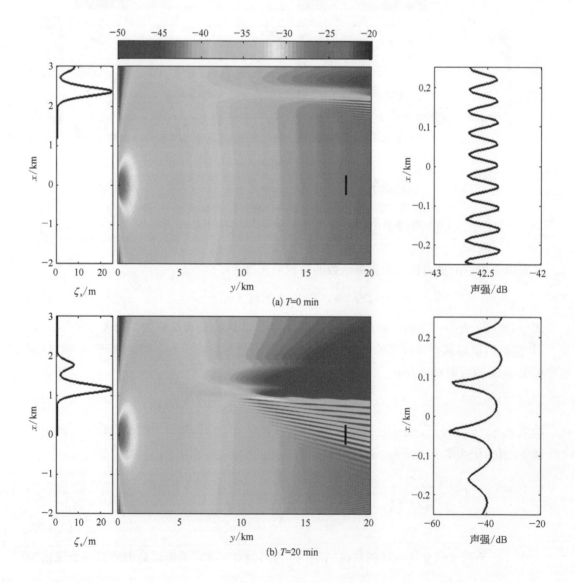

(a) T=0 min

(b) T=20 min

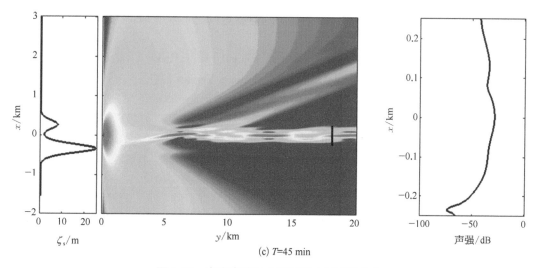

(c) $T=45$ min

图 3.21　存在内波时水平平面内的声强分布

在每个子图中,内波位置在左侧给出,水平阵在中间用黑色实线标出,水平阵接收的声强在右侧给出

参考文献

[1]　张仁和,何怡,刘红.水平不变海洋声道中 WKBZ 简正波方法[J].声学学报,1994,19(1):1 - 12.

[2]　张仁和,刘红,何怡.水平缓变声道中的 WKBZ 绝热简正波理论[J].声学学报,1994,19(6):
　　　408 - 417.

[3]　Zhang Renhe, Wang Qin. Range and depth-averaged fields in underwater sounde channels [J]. J.
　　　Acoust. Soc. Am., 1990, 87(2):633 - 638.

[4]　张仁和.水下声道中的反转点会聚区:(Ⅰ)简正波理论[J].声学学报,1980(1):28 - 42.

[5]　Zhang Renhe, Lu Zhengfeng. Attenuation and group velocity of normal mode in shallowwater
　　　[J]. Journal of Sound and Vibration, 1989(128):121 - 130.

[6]　Jensen F B, Kuperman W A, Porter M B, et al. Computational ocean acoustics [M]. 2nd ed.
　　　New York:Springer, 2011.

[7]　Brekhovskikh L M, Lysanov Yu P. Fundamentals of ocean acoustics [M]. 3rd ed. New York:
　　　Springer-Verlag, 2003.

[8]　Porter M B, Bucker H P. Gaussian beam tracing for computing ocean acoustic fields [J]. J.
　　　Acoust. Soc. Am., 1987, 82(4):1349 - 1359.

[9]　Porter M B. The KRAKEN normal mode program [R]. La Spezia:SACLANT Undersea
　　　Research Centre, 1991.

[10]　彭朝晖,张仁和.三维耦合简正波-抛物方程理论及算法研究[J].声学学报,2005,30(2):
　　　97 - 102.

[11]　秦继兴,Katsnelson Boris,彭朝晖,等.三维绝热简正波-抛物方程理论及应用[J].物理学报,
　　　2016,65(3):034301 - 1 - 034301 - 9.

[12]　秦继兴,骆文于,张仁和,等.水平变化波导中多声源问题的耦合简正波解[J].中国科学:物理
　　　学　力学　天文学,2015,45(1):014301 - 1 - 014301 - 10.

[13] Tolsoy J. Note on the propagation of normal modes in inhomogeous media [J]. J. Acoust. Soc. Am. , 1955(27): 274 - 278.

[14] Tappert F D. The parabolic approximation method [M]//Keller I B, Papadakis J. Wave propagation and underwater acoustics. Berlin: Springer-Verlag, 1977.

[15] Akuliehev V A. Acoustics investigations in Pacific and Indian oceans [M]. [S. l.]: Far Easter Branch of USSR Academy of Sciences, 1990.

[16] Evans R B. A coupled mode solution for acoustic propagation in a waveguide with stepwise depth variations of a penetrable bottom [J]. J. Acoust. Soc. Am. , 1983, 74(1): 188 - 195.

[17] Abawi A T, Kuperman W A, Collins M D. The coupled mode parabolic equation [J]. J. Acoust. Soc. Am. , 1997, 102(1): 233 - 238.

[18] Lee D, Pierce A D. Parabolic equation development in recent decade [J]. J. Comp. Acoust. , 1995, 3(2): 95 - 173.

[19] Lee D, Sehultz M H. Numerical ocean acoustic propagation in three dimensions [M]. Singapore: World Scientific Publishing Co. Ltd. , 1995.

[20] Katsnelson B G, Pereselkov S A. Low-frequency horizontal acoustic refraction caused by internal wave solitons in a shallow sea [J]. Acoust. Phys. , 2000, 46(6): 684 - 691.

[21] Collins M D. A split-step Padé solution for the parabolic equation method [J]. J. Acoust. Soc. Am. , 1993, 93(4): 1736 - 1742.

第 4 章　典型深海环境下声传播现象

深海中除了大面积的深海平原之外，还广泛存在海底斜坡、海底山、海沟等复杂地形，同时也会存在中尺度涡旋等海洋动力过程。在这些典型深海环境中，海底地形与海水声速结构的双重作用会对声传播产生重要影响，声波在每一种环境下传播都具有特定的规律及其特殊现象。认识并掌握典型深海环境下的声场特性，对深海中的声呐设计、探测性能评估及其应用方式选择等都具有重要意义。本章介绍几种典型深海环境下的声传播现象，并对深海声场空间相关特性进行阐述。

4.1 深海远程声传播

对于海底地形不随距离变化的深海平原，按照海深不同，可将深海声道(sound fixing and ranging，SOFAR)分为完全声道和不完全声道，其定义在 2.1 节中已经做了说明。在深海声道中声波一般可传播至数百公里至上万公里，深海远程传播现象在很多文献中都有描述，这里主要介绍近年来的一些成果。

4.1.1 北太平洋远程声传播

由于深远海实验的代价较大，因此数值模拟是分析深海远程声传播的一个重要手段。如前文所述，WKBZ 方法是一种精确、快速的声场数值模拟方法，这里使用 WKBZ 方法计算北太平洋典型深海声道中远距离传播时的信号波形、到达时间和到达幅度。

4.1.1.1 深海脉冲声传播数值实现

在海洋信道中，点声源激发的单一频率的声压场 $P(r, z, \omega)$ 可以通过第 3 章的 WKBZ 方法快速、准确地计算出来，然后通过傅里叶变换(FFT)求解出脉冲波形 $p(r, z, t)$：

$$p(r, z, t) = \frac{1}{2\pi} \int_{-\infty}^{+\infty} S(\omega) P(r, z, \omega) e^{-i\omega t} d\omega \tag{4.1}$$

式中，ω 为角频率；$S(\omega)$ 为声源的频谱。对于有特定带宽和时间展宽的信号，FFT 算法要求计算出 N 个频点的分量，频点数 N 由下式决定：

$$N = \Delta f T \tag{4.2}$$

式中，Δf 和 T 分别为信号的带宽和时间展宽。

在很多实际问题中，脉冲信号能量的计算尤为重要，将脉冲信号的能量定义为

$$E(r, z) = \int_{-\infty}^{\infty} p^2(r, z, t) dt \tag{4.3}$$

根据 Parseval 定理，信号能量 $E(r, z)$ 可以表示为

$$E(r, z) = \frac{1}{2\pi} \int_{-\infty}^{\infty} |S(\omega) P(r, z, \omega)|^2 d\omega \tag{4.4}$$

因此,脉冲信号的传播损失由下式给出:

$$TL = 10\lg\left[\frac{E(1, z)}{E(r, z)}\right] \qquad (4.5)$$

另一方面,连续信号的声强由下式给出:

$$I(r, z, z_0) = |P|^2$$
$$= \frac{8\pi}{r}\sum_{l=m}\Psi_l^2(z_0)\Psi_m^2(z)v_l +$$
$$\frac{8\pi}{r}\sum_{l\neq m}\Psi_l(z_0)\Psi_l(z)\Psi_m(z_0)\Psi_m(z)\sqrt{v_l v_m}\exp[i(v_m - v_l)r] \qquad (4.6)$$

上式等号右边第一个求和项随距离 r 变化缓慢,而第二个求和项由于含有交叉项随 r 快速振荡。注意到 $(v_m - v_l) \approx 2\pi(l-m)/S_l$,其中 S_l 是本征声线的跨度。如果将声强在距离上求平均,且平均间隔 Δr 大于 S_l,则等式右边第二个求和项可以被舍去。那么,由式(4.6)中可以得出

$$\bar{I}(r, z) = \frac{1}{\Delta r}\int_r^{r+\Delta r} I(x, z, z_0)\mathrm{d}x = \frac{8\pi}{r}\sum_l \Psi_l^2(z_0)\Psi_l^2(z)v_l \qquad (4.7)$$

式(4.7)可以用于计算连续信号的距离平均声强。

为了明确信号带宽对脉冲传播的影响和脉冲信号能量与连续信号距离平均声强之间的关系,考虑一种典型的北极表面声道。声道内的声速从海表面附近的 1490 m/s 线性增加到海底附近的 1498 m/s,海深 500 m。用 WKBZ 近似计算得出连续信号和中心频率同为 150 Hz、带宽不同的几种脉冲信号的传播损失曲线,结果如图 4.1 所示。从图中可以看

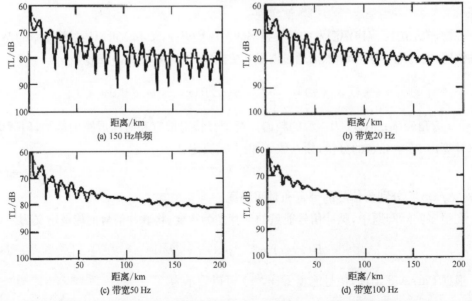

(a) 150 Hz单频

(b) 带宽20 Hz

(c) 带宽50 Hz

(d) 带宽100 Hz

图 4.1　用 WKBZ 方法计算得到的北极声道环境下,中心频率为 150 Hz,声源深度和接收深度均为 50 m 时的信号能量(实线)和距离平均强度(虚线)分别对应的传播损失曲线(Zhang 等,1995)

出,随着带宽的增加,信号能量的传播损失曲线逐渐平滑,而且越来越接近其中心频率的距离平均强度对应的结果。这个结果表明,在带宽足够大、距离足够长的条件下,连续信号的距离平均强度与有限带宽信号的频率平均强度是等价的。

4.1.1.2　北太平洋声道脉冲声传播

首先,考虑如图 4.2 所示的一种北太平洋典型深海完全声道条件下的脉冲声传播。一般地,随着纬度升高,声道轴深度会变浅,该剖面的声道轴位于 686 m,海深为 4 000 m,海底附近的声速大于海面处声速,对于完全声道中远程声传播可以不用考虑海底影响。

1) 第一会聚区脉冲信号波形

首先,将 WKBZ 理论计算的脉冲波形与基于差分算法的简正波(CNM)方法计算结果进行比较,分别计算第一会聚区 44～60 km 范围内 9 个不同距离下的脉冲波形,结果如图 4.3 所示,其中频率范围 100～150 Hz,声源深度 200 m,接收深度

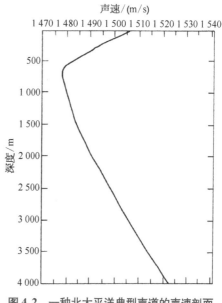

图 4.2　一种北太平洋典型声道的声速剖面

300 m。在相邻一对曲线中,上面是用 WKBZ 方法计算得到的结果,下面是用 CNM 方法的计算结果。可以看出,用 WKBZ 方法计算得到的脉冲波形与 CNM 方法得到的结果吻合良好。

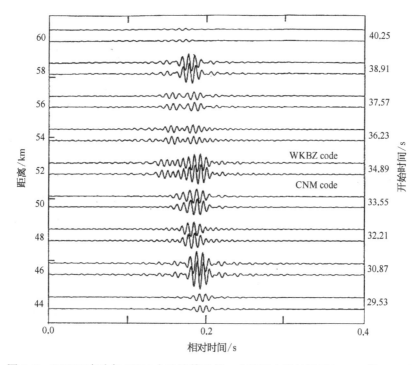

图 4.3　WKBZ 方法与 CNM 方法计算的第一会聚区内脉冲波形(Zhang 等,1995)

2）声道轴脉冲声传播

当声源和接收器均位于声道轴附近时,主要声能量将被束缚在深海声道中,以较小的传播损失实现远程传播,这对远程水声通信及远程警戒探测等应用具有重要意义。对于图 4.2 所有的声速环境,当声源和接收器都位于 686 m 声道轴深度时,用 WKBZ 方法分别计算了距离为 250 km、500 km、750 km 和 1 000 km 的完整信号波形,结果如图 4.4 所示。为了方便对比信号到达幅度,4 个距离处的脉冲波形都分别与对应距离的平方根相乘。可以看出,最后一个峰的到达时间与距离成正比,幅度与对应距离的平方根成反比。根据最后一个峰的到达时间,可以计算出传播速度为 1 478.2 m/s,接近声道轴的声速 1 478 m/s,比声道轴声速略高。这个结果是合理的,因为最小号数简正波对应的反转深度偏离了声道轴,所以最低传播速度比声道轴声速略高。同样可以看出,随着距离的增加,可分辨的到达结构增多。

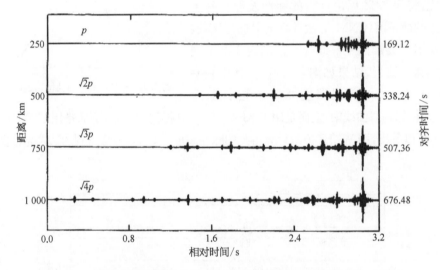

图 4.4 北太平洋声道轴脉冲远程声传播特性(频率 100～150 Hz,声源和接收器深度均为 686 m)(Zhang 等,1995)

3）深海远程多途到达结构

海洋声层析一般只利用脉冲多途到达时间来获取声速场和温度场,如果将到达幅度一并利用可进一步提升反演精度。通常当声源和接收器均被放置在声道轴附近时,可以获得更多的多途到达结构。将声源和接收器均放置在 686 m 的声道轴深度,图 4.5 给出了距离为 1 000 km 和 4 000 km 时,用 WKBZ 方法和 CNM 方法计算得到的信号波形和时间到达结构。计算中所分析的孔径角度仅限于 ±8°～±14°,以便分离出较早的可分辨到达。从图中可以看出,WKBZ 方法具有非常高的计算精度,但是计算效率还比 CNM 方法提高了 100 倍,计算效率提高对层析等逆问题研究至关重要。

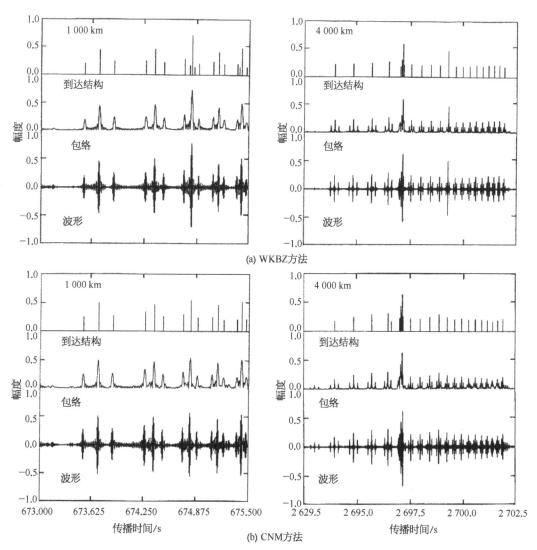

图 4.5 用 WKBZ 方法(a)和 CNM 方法(b)计算得到的 1 000 km(左)和 4 000 km(右)距离处信号波形和时间到达结构(Zhang 等,1995)

4.1.2 西太平洋远程声传播

美国、俄罗斯和欧洲国家等海洋强国在大洋远程声传播方面做了大量的理论与实验研究。我国于 2013 年首次在西太平洋深海环境下完成了千公里级的声传播实验,最远传播距离达 1 028 km,下面将以此为基础,介绍深海远程声传播特性。

声传播方向的海深随距离变化如图 4.6 所示。实验海区的海深在 900 km 以内基本在 5 500 m 左右起伏,属于完全声道(声速剖面如图 4.7 所示),在 900 km 以后深度变浅到 3 700 m。声传播数据分为两种:第一种信号为吊放换能器声源在 150 m 深度上定点发射 260~360 Hz 的编码信号,并使用水平拖曳阵在不同距离下移动接收,拖曳接收深度约

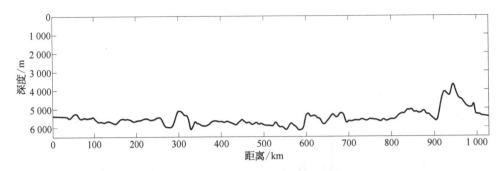

图 4.6　实验传播路径上的海深变化

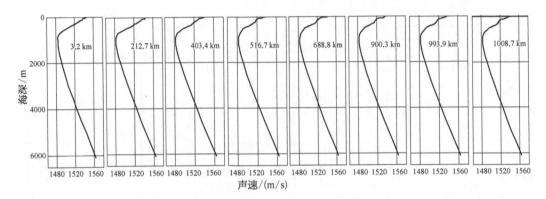

图 4.7　传播路径上的海水声速剖面

125 m;第二种为大深度潜标垂直阵定点接收不同距离上投放 1 000 m 深度爆炸的宽带声源,潜标垂直阵接收器深度范围在 350~1 300 m。

　　1) 深海会聚区声传播特性

　　将水平阵列接收的换能器发射的编码信号,经波束形成和脉冲压缩后信号标记为 $x(t)$,对于宽带脉冲信号,不用进行脉冲压缩和波束形成,在单水听器也具有较高的信噪比,可以直接进行频谱分析。$x(t)$ 经过离散傅里叶变化得到信号频谱 X_i,在中心频率 f_0 的 1/3 倍频程内取平均,得到窄带信号的平均能量

$$E(f_0) = \frac{2}{F_s^2} \frac{1}{nf_2 - nf_1 + 1} \sum_{i=nf_1}^{nf_2} | X_i |^2 \tag{4.8}$$

式中,F_s 为采样率;nf_1 和 nf_2 分别为频率下限和频率上限对应的频点数。则声传播损失可表示为

$$\text{TL}(f_0) = SL(f_0) - \left[10\lg(E(f_0)) - b - F \right] \tag{4.9}$$

式中,SL 为声源级;b 为水听器灵敏度;F 为经波束形成及脉冲压缩获得的总增益,对单水听器接收的宽带脉冲信号 $F=0$。

　　声传播最远距离 1 028 km 总共覆盖了 17 个会聚区,但是受实验时间限制,拖曳

阵接收换能器信号主要集中在 34～220 km、610～640 km 和 926～1 028 km 三段距离。结合实验结果和模型计算结果,分析西太平洋深海远程会聚区传播的一般特性,实验结果如图 4.8 所示。可以看出,在 220 km 以内,会聚区峰值的强度基本按 r^{-2} 规律衰减,前三个会聚区的会聚增益约 20 dB;接收距离大于 400 km,会聚区峰值的强度比 r^{-2} 规律衰减快,610 km 附近的会聚增益约 14 dB;在 34～220 km 和 610 km 附近,海深水平不变和海深水平变化环境下的数值模拟结果均能精确预报会聚区的位置和强度。但是,在 900～1 000 km 处有一座海底山,使得其附近两个会聚区的位置发生偏移,海深水平不变环境下的数值结果与实验结果相差较大,此时海底地形对声传播产生了较大影响。如果使用随距离水平变化的海深时,理论计算的传播损失与实验结果符合较好,所以在深海大洋中进行远程通信及指挥控制时,应该特别考虑海深对传播的影响。

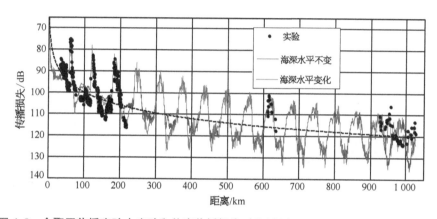

图 4.8　会聚区传播实验中实验和仿真传播损失对比(频率 260～360 Hz)(吴丽丽,2017)

2)深海声道轴声传播特性

对于第二种远程声传播实验中用到的 1 000 m 宽带爆炸声源,其深度在声道轴附近,所激发的声场多途明显(图 4.5),会聚区展宽使得传播损失随距离的变化不再像图 4.8 那么明显。图 4.9 给出 3 个不同接收深度的传播损失实验结果和数值结果,从中可以看出,接收深度较小时,近距离声能量起伏还比较大,当接收深度越靠近声道轴附近时,声场起伏越小。图 4.10 给出 5 个典型收发距离下的传播损失随接收深度变化结果,从中可以看出,传播损失随接收深度的变化出现一定起伏,总体上接收深度越靠近声道轴深度,传播损失越小,声道轴处的传播损失比较浅接收深度处(384 m)的传播损失最大可减小约 10 dB。从图 4.10 的理论计算结果可见,由于图 4.8 所示的会聚区和影区随距离交替出现的情况,在图 4.10b、c 两个距离上,当接收深度在 300 m 以浅时对应声影区,声传播损失会比大深度接收增大 10～20 dB。

3)深海远程脉冲到达结构

脉冲多途到达结构是由于声波在海洋波导中传播时走过的路径不同,导致传播速度

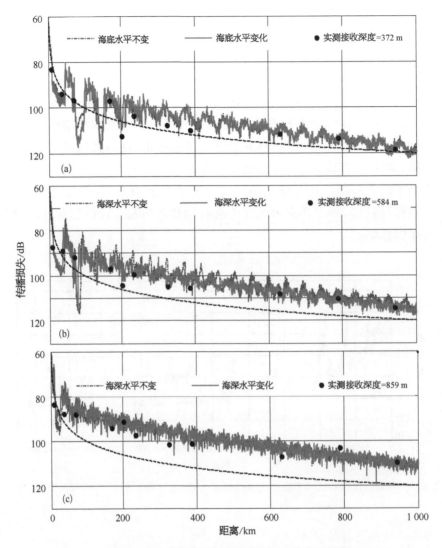

图 4.9　声源在深海声道附近时的声传播损失(其中心频率 350 Hz)

不同,使得即使声源发出一个脉冲,在接收端也会出现一组间隔不同的脉冲信号(图 4.4、图 4.5)。这种脉冲多途到达结构中含有声源目标位置及海洋环境信息,曾被人们用于海洋声层析,进行大洋测温。在浅海中常用的匹配场定位方法,本质上也是用的这种多途结构信息导致的信号在频谱上出现差异。但是,深海远程的脉冲多途结构不但使声能量在时间上分散、不利于远程传播,多途结构展宽对深海远程水声通信的速率、误码率等也都会有较大影响。所以,了解脉冲到达结构是水声探测和通信等应用的基础。图 4.11 给出 943 km 距离处实测脉冲的时间到达结构,其中,声源为 1 000 m 深度的宽带爆炸声源,潜标垂直接收阵的水听器覆盖深度范围 384～872 m。从图 4.11 可以看出,爆炸信号展宽约为 4 s,信号具有复杂的多途结构,不同深度主脉冲的到达时间不同,越靠近声道轴接收,最后到达的脉冲信号越强。如果将来要发展类似于全球定位系

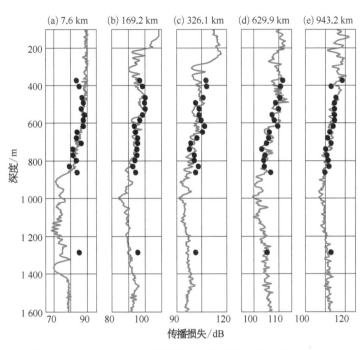

图 4.10 声源在深海声道附近时声传播损失随接收深度变化

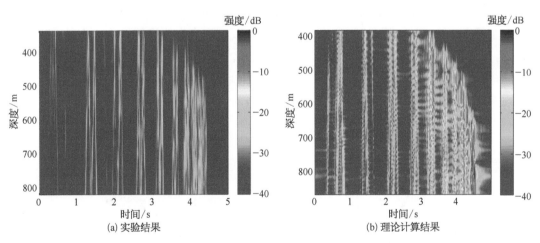

图 4.11 实测 943 km 距离处脉冲的时间到达结构(吴丽丽,2017)

统(GPS)的基于水声通信的深海水下导航与定位系统,应考虑脉冲到达深度结构。此外,在深海远程声传播中,声速剖面的水平变化、海底地形的水平变化及海底深层声学特性等海洋环境因素都会对脉冲时间到达结构产生影响,应当对这些因素给予足够的重视。

4.2　深海斜坡环境声传播

大陆斜坡广泛存在于过渡海域,是浅海和深海的连接部分,声波在该类海域的传播具有特殊的声学效应,包含大陆坡向深海的声传播。在深海中海底地形复杂多变,斜坡的种类也不尽相同,与之对应的声传播现象也变得复杂。下面通过两个例子,说明典型深海声速深度结构与斜坡及起伏地形共同作用下的声传播现象。

4.2.1　大陆坡向深海声传播

声波从浅海经过大陆坡向深海的传播,以及与之对应的深海向浅海的传播,其中的一些特有声学现象对水下目标探测以及水声通信都具有重要影响。关于声波沿向下斜坡的传播规律,一些学者做了很多工作,包括"斜坡增强效应"和"泥流效应"等。大陆坡向深海的声传播规律,对于探测声呐工作模式以及广域网水声通信基站的选取等,都具有重要指导意义。

2012 年在南海大陆坡外海的一次实验中,观测到从浅海声源发射的信号能量经过大陆坡传播到深海后在深度方向上有一定的分布规律,声道轴深度附近能量较大,远离声道轴深度能量很快减小,这是大陆坡向深海声传播问题中的一个典型现象。

实验海域的地形如图 4.12a 所示,实验过程中观测到来自浅海区域的地震勘探气枪信号,由于为非合作目标,声源准确位置与深度均未知。各个深度接收到的气枪信号幅度明显不同,图 4.12b 给出 150～200 Hz 频带内各个阵元接收信号的能量级,可以看出,接收信号能量在声道轴深度附近较大,远离声道轴深度处接收的信号能量少 15 dB 以上。

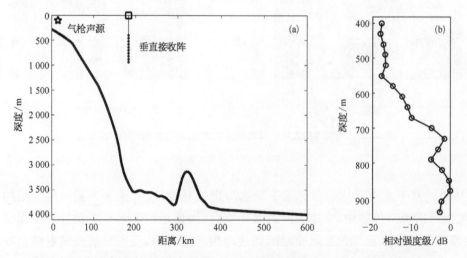

图 4.12　实验海域地形与收发位置(a)和不同深度接收声信号的相对能量级(b)

当声源布放在浅海斜坡上方时,深海声道轴深度附近的传播损失会小于水平不变海底情况,传播损失减小的多少与以下几个因素有关：海水中的声速剖面、海底底质软硬程度、斜坡角度及声源位置等。声源的布放位置不同,斜坡对整个声场的影响则不同。图 4.13 给出使用抛物方程模型计算的存在斜坡和深海平海底两种环境下的传播损失比较,其中大陆坡环境中声源位于图 4.12a 中的 50 km 距离处,声源深度 50 m,声源中心频率 175 Hz,带宽 50 Hz。从中可以看出,当有斜坡存在时,大部分声波能量首先沿着斜坡向下传播,直到声道轴深度附近,开始不与斜坡发生作用,进而主要能量被束缚在声道轴深度附近一定范围内不断折射并向远距离传播,传播过程中不再触碰海底,相应的传播损失较少。所以,会出现图 4.12b 中在较浅深度处接收声信号能量变小的现象。而在水平不变的深海不完全声道中,当声源距海面较近时,能量分散在整个水体中,且声波频繁与海底发生作用,导致声传播损失随距离衰减较快,无法远距离传播。

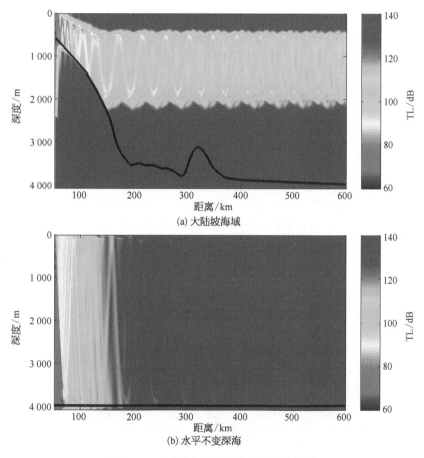

(a) 大陆坡海域

(b) 水平不变深海

图 4.13　有/无大陆坡时声传播损失比较

对于声源在斜坡表面的情况,如图 4.14 所示。假设斜坡角度恒定,为 θ_0,大陆坡的角度一般很小,此时 $\tan\theta_0 \approx \theta_0$,那么距离 r 处的海深 $z_b \approx z_0 + \theta_0 r$。对于在 $r=0$、$z=z_0$ 以掠射角 $\theta(\theta < \theta_0)$ 发射的声线,在向下弯曲的过程中不断在斜坡上反射,每次反射掠

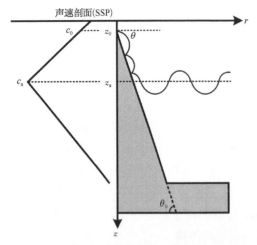

图 4.14　声源置于斜坡表面时声线轨迹示意图

射角减小 $2\theta_0$，直到声速极小值位置，即声道轴。最终使具有小掠射角的声线在声道轴深度附近反转，不会再触碰海底，声波能量可以远距离传播。如 Tappert 等所述，在这个过程中，声线与斜坡的最大距离是一个常数，近似为

$$h \approx \frac{c_0}{2\,|\,g\,|}(\theta_0 - \theta)^2 \qquad (4.10)$$

上式表明，在到达声道轴之前，小掠射角声线是在斜坡表面附近进行传播的。另外，声线从声源经过数次反射到达声道轴深度所需要的时间近似为

$$t \approx \frac{r_a}{c_0}\left[1 - \frac{1}{6}(\theta_0 - \theta)^2\right] \qquad (4.11)$$

式中，r_a 为声道轴与斜坡交点处的水平距离。一般情况下，$|\,\theta_0 - \theta\,| \ll 1$，因此可以得出结论：在向下斜坡声传播中，虽然很多声线经过多次斜坡反射到达声道轴，物理过程较为复杂，但各声线间的相对时间延迟很小，也就是说脉冲展宽很小。

当然这种斜坡声传播现象也可以用简正波理论进行解释：在水平不变的深海不完全声道中，海面附近声源位置处的声速大于海底处海水声速时，不能激发波导简正波，只能激发衰减较快的海底反射简正波；当存在向下斜坡时，不同简正波在传播过程中发生耦合，海底反射简正波的能量会耦合到波导简正波中去，进而实现远距离传播。

这里假设声源深度为 10 m（一般地震勘探气枪声源的工作深度），分析不同声源距离下的声传播特点。图 4.15 给出声源分别位于图 4.12a 中斜坡的 10 km 和 40 km 时的声传播损失，可以看出，声源距深海越远，大陆坡对声场的影响越大。当声源置于 10 km 时，声波在斜坡区域中传播距离较远，海底反射造成的能量损失会较大，但是声能量在声道轴

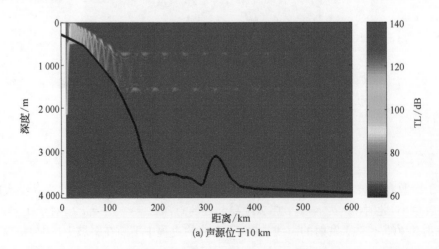

(a) 声源位于10 km

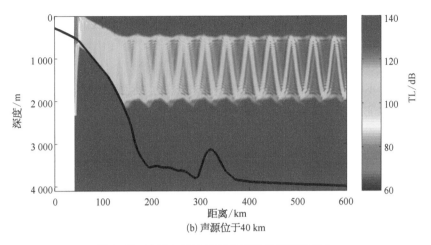

(b) 声源位于40 km

图 4.15　声源在两个不同位置时的声传播损失

附近的会聚现象更为明显。对于图 4.15b 的情况,声波能量在垂直方向上的分布范围变宽。图 4.16 给出声源置于 10 km 时理论计算的声场强度与实验接收信号的相对能量级比较,可以看出,不同深度上的能量差异基本吻合。大陆斜坡导致的这种垂直方向上的能量分布现象,以及声波经大陆坡向深海的传播特性,对指导舰艇探测与隐蔽等战术应用具有指导意义。

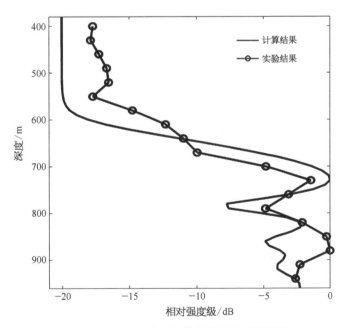

图 4.16　不同深度上接收信号的相对能量级

4.2.2　深海斜坡环境声传播

除 4.2.1 节中的大陆斜坡环境外,深海中斜坡或起伏海底地形也十分常见,如果在声波第一次入射海底位置处的海深不平坦,则会对其反射区位置的声场产生显著影响。2014 年在南海中部的一次深海声学实验中观测到了斜坡海底环境和平坦地形下声传播损失的明显差异,在这里予以介绍并给出理论解释。实验以一套垂直接收潜标为中心,用拖曳声源在两个不同方向上发射线性调频信号,以获得随距离较为连续的声传播数据,拖曳换能器发射深度在 131 m 左右。图 4.17 给出两个不同方向上的海底地形变化,可见其中一个方向海底平坦,平均海深约为 4 300 m,另一方向沿斜坡海底,从 4 300 m 变浅到小于 3 000 m,在 17 km 附近存在一个小山丘。

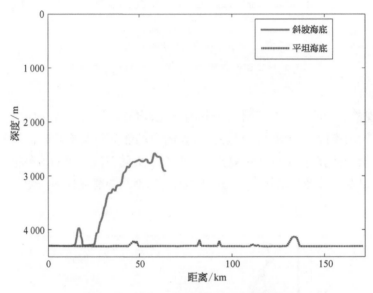

图 4.17 两个不同传播方向上的海深

实验获取的两个不同传播方向传播损失由图 4.18 给出。从图 4.18a 可见,平坦海底方向的每个会聚区内,随着接收深度增加出现会聚区分裂现象,即向上折射和经海面反射后向下折射形成的高声强区。把斜坡海底方向传播损失与平坦海底方向 64 km 范围内结果对比,发现有三处差别:① 图 4.18c 在 32 km 距离附近有一个随着深度增加逐渐变窄的倒三角声影区;② 在 43 km 距离附近的海表面深度处出现海底反射声增强区;③ 第一会聚区内经海面反射在水体中向下折射部分高声强区消失。图 4.19 给出了图 4.18 b 和图 4.18c 中接收器在 144 m、865 m 和 1 677 m 三个不同深度上两个传播方向的声传播损失对比,可更清楚地看到前面提到的三处差别:① 在斜坡海底方向 28~36 km 距离处的传播损失明显高于平坦海底方向的结果,当接收深度为 144 m 时传播损失增大约 8 dB,随着接收深度的增加差异逐渐变小;② 在较浅深度范围内,斜坡海底方向 41~45 km 距离处的传播损失比平坦海底方向减少约 5 dB;③ 在 52 km 距离处,斜坡海底的传播损失出现类似平坦海底方向第一会聚区,但随后没有出现会聚区双峰结构。

为解释深海斜坡造成的传播损失差异,根据声学互易性原理,将声源置于 865 m 深

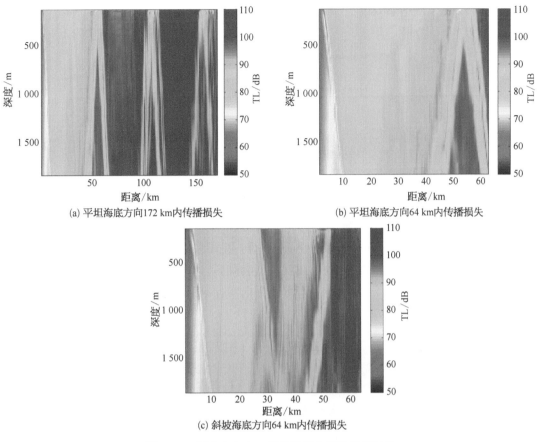

(a) 平坦海底方向172 km内传播损失

(b) 平坦海底方向64 km内传播损失

(c) 斜坡海底方向64 km内传播损失

图 4.18　两个方向上二维传播损失实验结果对比

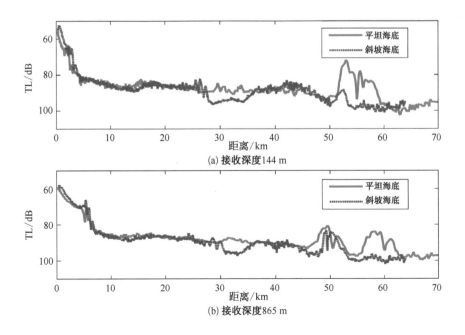

(a) 接收深度144 m

(b) 接收深度865 m

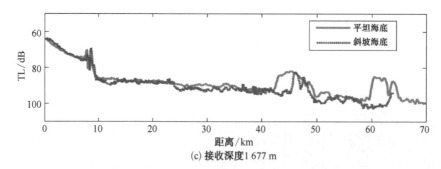

(c) 接收深度1 677 m

图4.19　平坦海底和斜坡海底两个声传播方向上不同接收深度上的传播损失对比

度,分别给出平坦海底和斜坡海底方向全海深的传播损失图及声线图,如图4.20所示。图中0 km处黑色圆点表示声源,黑色横虚线表示互易后的接收深度131 m,黑色竖线分别表示接收距离50 km和60 km处。从图4.20a和图4.20c看出,平坦海底方向分别在距离50 km和60 km的接收深度处形成反转点会聚区,这两个区域附近的声场强度较高,即传播损失较小,这与图4.18中的平坦海底方向实验结果吻合。由图4.20b和图4.20d

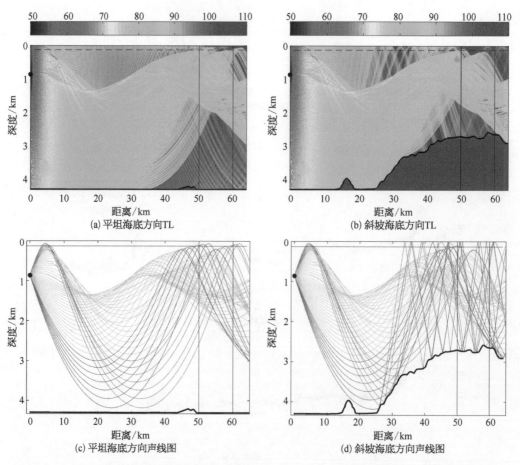

(a) 平坦海底方向TL

(b) 斜坡海底方向TL

(c) 平坦海底方向声线图

(d) 斜坡海底方向声线图

图4.20　两个不同传播方向上声传播损失计算结果与声线轨迹(声源深度865 m, 声源频率310 Hz)

可见,斜坡海底方向只在收发距离 50 km 处形成类似平坦海底方向较高声强的反转点会聚区,而海底斜坡对图 4.20d 中红色虚线标注的声线的反射阻挡影响,使得在距离 60 km 的接收深度处没有形成反转点会聚区,该接收区域附近传播损失增大。

对于斜坡方向在 32 km 附近出现的倒三角影区,由图 4.20b 理论计算的结果也可清晰看出,其是由于 17 km 处小山丘反射导致出现高损失的声影区。进一步从射线理解分析,图 4.21 给出了平坦海底和斜坡海底方向声源从 32 km 传播到垂直接收阵 865 m 深度处的本征声线和时间到达结构,为了直观说明不平海底环境对不同掠射角声线的影响,将 0~10°、10°~20°、20°~40° 和大于 40° 掠射角范围的本征声线分别标记为青色、红色、蓝色和绿色。从图 4.21a、c 看出,平坦海底方向红色较小掠射角声线只与海底发生一次反射,首先到达接收点,声压幅度最大,即对接收点附近的声场贡献最大;较大掠射角声线(蓝色)与海底海面发生多次反射,到达时间较晚,在第一影区因多途产生的时间展宽较大,声压幅度较小。对比平坦海底方向,从图 4.21b、d 可见,斜坡海底方向小海底山丘的阻挡作用使得较小掠射角声线(红色)与海底海面多次反射,其能到达接收点附近的声线数量与幅度均大幅减少,到达时间比大掠射角声线晚;而部分大掠射角声线由于在 28 km 附近经

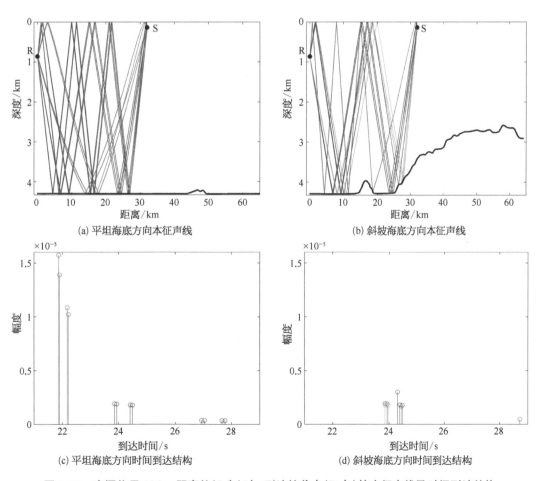

(a) 平坦海底方向本征声线　　　　　　　　(b) 斜坡海底方向本征声线

(c) 平坦海底方向时间到达结构　　　　　　(d) 斜坡海底方向时间到达结构

图 4.21　声源位于 32 km 距离处(S 点)时,到达接收点(R 点)的本征声线及时间到达结构

过海底斜坡第一次反射后掠射角减小,与海底海面反射次数减少,提前到达接收点附近(绿色),对该处声场的贡献增大。可见,图 4.18 中斜坡海底方向 32 km 距离处靠近海面附近的传播损失增大,主要由于在与海底斜坡作用前受 14～18 km 距离处的小海底山对 10°～20°范围内小掠射角声线反射阻挡作用引起,使得接收阵位置从海表面到 1 500 m 深度上接收声能量较小,形成了实验结果中的倒三角声影区。可见在深海环境中,如果地形起伏恰好位于声波入射海底的位置,它会引起反射区距离和深度上的传播损失增大 8 dB 左右。

4.3 海底山环境声传播

即使在深海平原中,也经常会遇到大小不同的海底山,当声波在传播过程中经过海底山附近时会产生反射增强效应、遮挡效应及三维水平折射等复杂的声传播现象,对水声探测及远程水声通信具有重要影响。在 4.1.2 节中已经观察到了深海远程传播时地形变化对会聚区位置的影响。这里介绍当海底山位于第一声影区范围内时对声传播的影响。

2014 年,我国在南海中南部的一次深海声学实验中,特意选择在一个较为规则的海底山附近,设计了穿过海底山二维声传播和绕海底山的三维实验(图 4.22)。在 O2 中心位置放置的潜标垂直阵接收声信号,在 O1T1(平海底方向)、O1T2(正穿海底山)、O1T9(侧穿海底山)、O1T11(穿海底山边缘)及以 O2 为圆心以第一会聚区距离为半径(55 km)转圈(O2T3T3)等几个不同方向上发射声信号,以获取海底山环境三维声传播数据。实

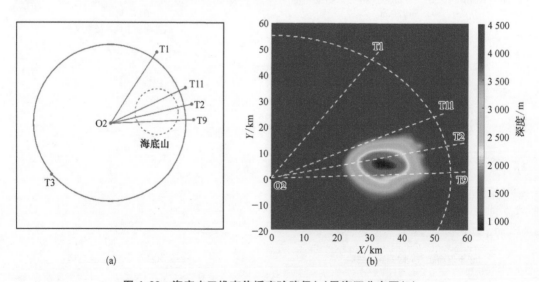

图 4.22 海底山三维声传播实验路径(a)及海深分布图(b)

验期间通过深水多波束和单波束测深仪测量了海深,并用声速仪和 XBT 获取了同步海洋环境数据(图 4.23),使用采样器测量了海底底质资料。第一个海山最高处距离海面809 m,距离接收潜标 32 km,在 O2T2 延长线上还有第二座海底山相对比较低,最高处距离海面约为 2 500 m。

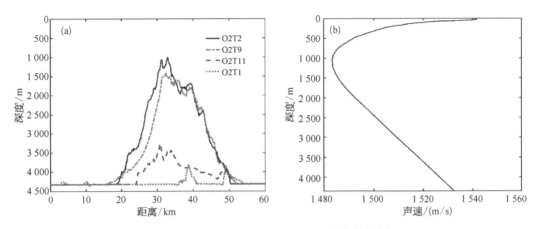

图 4.23　不同方向海深变化(a)及实验期间海水声速剖面(b)

当海底山位于第一声影区范围内时,海底山对低频声波有反射增强的物理机制,声源靠近海底山之前及海底山顶(32 km)附近的反射使低频声波的传播损失减小近 8 dB,增强效应的影响深度可以从海面到海底。这就从理论上解释了海底山遮挡效应的物理机制。实验发现声波与海底山的作用会破坏典型深海环境下常见的会聚区结构,经海底山的顶部与海面多次反射及大角度入射等机制阻挡了大部分的声能量,使得声波经过海底山后的传播损失比无海底山条件下(参考方向 O2T1)增大 30 dB 以上(图 4.24)。而在第一个海底山之后的第二个海底山高度和位置对声波反射效应影响较少,使得在第一个海底山顶部之后形成较为明显的"次生"会聚区和影区结构,且"次生"会聚区位置处不同深度的声传播损失变化较少,等效于将海底山顶作为次生声源向后传播。而图 4.24b 中第二个海底山恰好位于从海底山位置开始的影区距离,所以对声传播的影响可以忽略。

通过以 O2 为圆心、以第一会聚区距离为半径转圈(O2T3T3)的实验结果,观测到了由于海底山三维水平折射引起的异常声传播现象,与 N×2D 的二维模型结果相比,海底山引起声场水平折射效应可引起 10 dB 的声传播损失,并使得海底山后声影区变宽(图4.25),这种情况下使用三维声场模型(3D)可给出与实验结果相同的结果,而 N×2D 模型给出的传播损失大小和海底山引起的声影区宽度均偏小。可见,在一定方位角范围内声波经海底山作用后改变了深海会聚区结构,导致传播损失增大。其中,74°~90°范围内海底山对声传播影响更为明显,形成了海底山引起的方位角声影区,方位角 68°~74°与90°~97°范围内形成了介于会聚区与方位角影区之间的水平折射区。在方位角声影区与水平折射区之间存在明显边界,声影区内传播损失比水平折射区内的声传播损失大 10~

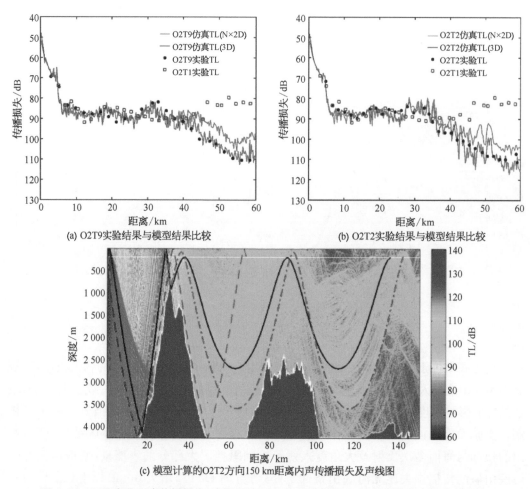

(a) O2T9实验结果与模型结果比较

(b) O2T2实验结果与模型结果比较

(c) 模型计算的O2T2方向150 km距离内声传播损失及声线图

图 4.24 不同方向上声传播损失(声源深度 200 m,接收深度 525 m,声源中心频率 300 Hz)

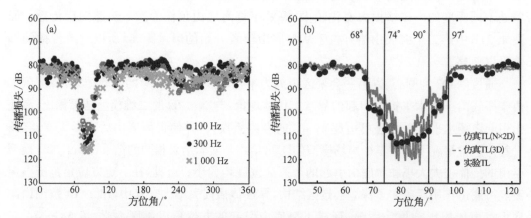

图 4.25 第一会聚区距离不同方位传播损失(a)和海底山后会聚区距离上不同方位的传播损失实验与理论结果比较(b)(声源中心频率 300 Hz,声源深度 200 m,接收深度 525 m)

15 dB,比会聚区内声传播损失大 30 dB 以上。

　　为研究由深海海底山引起的三维声传播规律及其形成机理,图 4.26 给出三维射线模型计算的,存在海底山时接收深度在 525 m 平面上不同距离和方位上的声传播损失,其中声源深度为 200 m,中心频率为 300 Hz。从中可以清晰地看出,海底山后形成明显的方位角影区和强声水平折射区,影区范围内的声传播损失与强声水平折射区内的声传播损失相差 10~15 dB。对比图 4.26a 和图 4.26b 可以看出,两者明显的差异在于海底山后影区的宽度及强声水平折射区的声场结构,N×2D 模型的计算结果要比 3D 模型计算得到的方位角影区窄,强声水平折射区恰好相反,其余位置上的差别较小。结合实验传播路径可以发现,在图 4.26a 中,O2T9 测线穿过强声水平折射区;而在图 4.26b 中,由于 3D 模型计算的影区范围变宽,O2T9 测线穿过声影区,两者的声传播损失相差大约 10 dB。对比图 4.25 和图 4.26 可知,通过 3D 模型得到的声影区及强声水平折射区的范围与实验结果一致,均说明海底山环境下存在三维声传播效应。

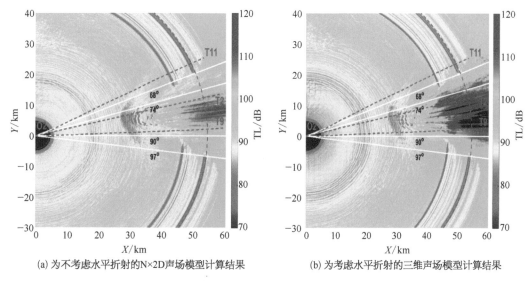

(a) 为不考虑水平折射的N×2D声场模型计算结果　　　　(b) 为考虑水平折射的三维声场模型计算结果

图 4.26　绕海底山二维和三维声传播模型计算结果

　　为了更形象地说明海底山引起的水平折射机理,图 4.27a 给出 O2 接收位置出发 60°~100°方位内覆几个典型方位声线经海底山引起传播方向水平折射情况。可见,由于海底山的存在,会使得一定角度范围内的声线偏离原来的方向,所以海底山后的影区范围变宽。图 4.25a 中转圈的 O2T3T3 测线上 68°和 69°方向实验的传播损失差别将近 15 dB。因为恰好处于水平折射区,图 4.27b、c 中给出两个方向上本征声线,可见 69°方向的本征声线数量少很多,因此传播损失也更大。可以解释图 4.25 中方位角 68°~74°以及 90°~97°范围的声水平折射区内,由实验和 3D 模型得到的声传播损失比 N×2D 模型的结果大 10 dB 左右的原因,所以海底山三维声传播效应对水平折射区内声场的影响相对较大。

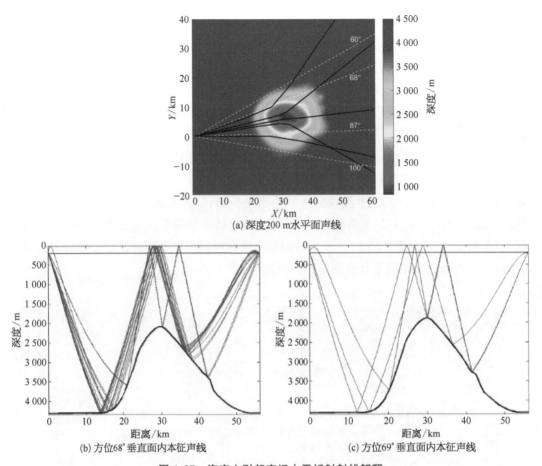

(a) 深度200 m水平面声线

(b) 方位68°垂直面内本征声线

(c) 方位69°垂直面内本征声线

图 4.27　海底山引起声场水平折射射线解释

4.4　跨海沟声传播

海沟和海盆一般是指横穿大陆架之间或大陆架与海岛之间的海域,我国南海北部大陆架与南海岛屿之间广泛存在海沟地形,海沟也是水团交换的重要通道。跨海沟声传播相当于在海洋波导中从浅到深、再从深到浅两个传播过程,其中一些特殊的声传播现象,可用来实现岛礁区的水声探测与信息传输。

2018 年,在南海北部的一个海沟环境中进行了一次声传播实验。声传播实验时的海沟海底地形和声速剖面如图 4.28 所示,传播路径上是先从浅变深、后逐渐变浅的陡峭海沟环境。虽然海沟的水平跨度不大,但是最深处达 2 500 m 以上,40~100 km 范围内具有典型深海不完全声道特点,所以在该海沟中的声传播特征非常具有代表性。实验时,将潜

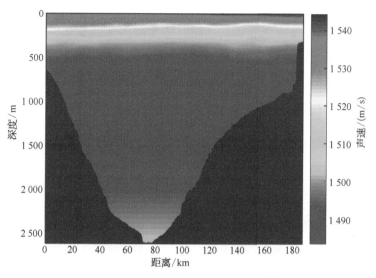

图 4.28　海沟地形变化及实验期间声速剖面

标垂直接收阵布放在距离原点,实验船使用 200 m 定深爆炸声源,在不同距离上发射宽带脉冲声信号。图 4.29a 中给出了实验获取的 540 m 接收深度上不同距离处声传播损失,其中声源中心频率为 300 Hz,从传播损失随距离变化可看到三个明显的现象:

(1) 0～80 km 范围内声传播损失整体呈逐渐增大趋势;

(2) 在 120 km 之后出现传播损失极小值,然后又开始增加;

(3) 180 km 之后,传播损失又开始迅速减小 10 dB 以上。

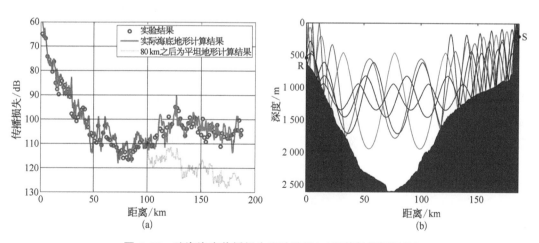

图 4.29　跨海沟声传播损失实验结果(a)及其射线解释(b)

如果以 100 dB 的传播损失为基准参考线,声波在跨海沟环境传播时,120 km 和 180 km 两处的传播损失与 40 km 距离处接近,说明完全有可能实现跨海沟声传播。

为了解释跨海沟声传播,理论计算了本征声线(图 4.29)及全海深的传播损失(图

4.30)。从图 4.29b 的本征射线路径可见,在海沟复杂地形环境下,由于负梯度声速剖面和海底地形的共同作用,导致声能量在开始时随着海沟深度变化向更深层弯曲传播,到 20 km 后时,海深大于声道轴深度 1 150 m,声波能量主要束缚在声道轴附近传播,在较浅深度形成声传播损失较大的声影区,在黑线标出的 200 m 深度上,声传播损失在 80 km 附近达到最大,可达 115 dB。

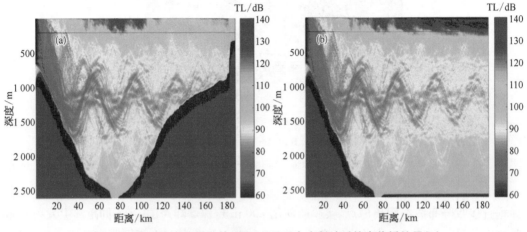

图 4.30　跨海沟声传播计算结果(a)及只存在斜坡时的声传播结果(b)

在声道轴附近向前传播的声能量,再次遇到海沟逐渐变浅的上坡地形作用时,由于海底反射使得声能量逐渐会聚,声传播损失比单纯陆坡变到深海环境下要减小 20 dB 以上。当海深变浅的会聚效果小于扩散和海底反射等引起的损失时,声传播损失到达最小,之后随着距离增大而传播损失整体呈增大趋势。声波到达海沟上坡阶段后,地形会使得声线每反射一次掠射角变大,更多的声能量可以到达较浅水深,进而导致该深度能量会聚。所以,在 180 km 以后,由于海深骤然变浅,声场能量逐渐会聚效果凸显,传播损失减小 10 dB。作为对比,假设后半段距离没有海岛形成的变浅地形,则与 4.2.1 节大陆坡向深海的声传播规律类似,在 200 m 以浅深度上传播损失增大 30 dB。所以,声波在跨海沟传播时,由于海底地形的变化,使得跨过海沟后的声传播损失呈现出与深海中水体折射相类似的声场会聚效应,对跨海沟及海盆远程声信息传输及探测具有重要利用价值。

4.5　中尺度涡环境下声传播

中尺度涡属于海洋中的一种可以平移、旋转的水体,类似于大气中的气旋、反气旋和台风,通常伴随着大的洋流产生。海洋涡旋占了整个海洋中 90% 以上的海流动能。单纯就海洋声学而言,中尺度涡可引起空间范围几十千米至几百千米,深度方向影响从数十米到上千米,时间尺度几周到几个月的海水声速非均匀性,使得声波经过涡旋时的声传播规律存在差异,尤其对水下远程水声通信影响较大。

为了弄清深海中尺度涡旋引起的水体起伏对声场影响规律及其作用机理,一般可以利用遥感数据与全球再分析数据,结合涡旋探测和追踪方法中尺度涡旋的参数特征和分布情况,对涡旋中心位置、大小、极性、强度、移动速度及生命期等特征进行统计,并给出适用于研究海区的涡旋模型,以实现声速场空间分布的重构。然后根据存在涡旋条件下的海洋环境特征,选择合适的二维或三维海洋声场传播模型,从传播损失、脉冲传播时间、到达角度等方面分析中尺度涡旋引起的声场起伏特性。基于第 3 章的简正波和射线理论可以对中尺度涡引起声场时空变化机理进行解释。

涡旋探测和追踪方法得到的涡旋在其不同生长阶段的形状变化较大,从声学研究角度,涡旋及其附近声速分布可以通过简单的高斯涡旋模型实现参数化,不失一般性,描述涡旋特征参数主要包括涡旋中心位置、水平空间尺度、温度变化特征(中心的温度和边缘温度)、分布深度范围等四大部分。知道涡旋特征参数后,采用恰当的插值方法例如线性插值,就可以得到涡旋存在区域的整个声速分布特性:

$$c(x, y, z) = c_0(z) + \delta c(x, y, z) \tag{4.12}$$

$$c_0(z) = 1\,500 \times \{1 + 0.005\,7[e^{-\eta} - (1 - \eta)]\} \tag{4.13}$$

$$\delta c(x, y, z) = DC \times \exp\left[-\left(\frac{r - R0}{DR}\right)^2 \left(\frac{z - Z0}{DZ}\right)^2\right] \tag{4.14}$$

式中,$\eta = 2 \times (z - 1\,000)/1\,000$;$DC$ 为涡旋强度 (m/s),表示冷涡旋时 DC 是负的,而暖涡旋是正的;DR 为涡旋的水平半径(km);DZ 为涡旋的垂直半径(m);$R0$ 为涡旋中心的水平位置(km);$Z0$ 为涡旋中心的垂直位置(m)。

这里简单给出一个例子,说明暖涡旋对深海声传播的影响。图 4.31 给出一个传过暖

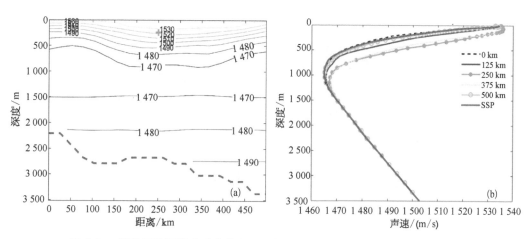

图 4.31　涡旋环境下等声速曲线(a)(绿色"十"字表示涡旋中心的垂直位置)和不同距离上的声速剖面曲线(b)

涡 500 km 范围内的声速分布。从图 4.32 可以看到有无暖涡条件下的声传播差异：由于暖涡引起的声速扰动是声场能量起伏的关键因素，实际上，暖涡引起时空上的声速场增大，使得声线向声速小的方向弯曲。所以，当声线进入暖涡旋后，声能会逐渐从边缘处向涡旋中心发散，通过涡旋中心区域后，声速场扰动逐渐较小直至无扰动，声线再逐渐"汇聚"，导致暖涡旋整体具有声能发散作用，类似于光学中"凹透镜"的作用，且声场的影响主要存在于涡旋所在上层区域，会使得浅深度上的声场能量变小。图 4.33 给出三个典型接收深度下（320 m、560 m 和 2 000 m）有/无涡旋时的传播到达角度随距离的变化及声线解释。可见，随着传播距离增加，无涡旋情况下的传播到达角度逐渐减小，到达一定距离后只存在少部分水体中的反转声线，到达角度基本保持不变。当有涡旋时，部分能量从上层向下弯曲，使得涡旋所在距离上，在 560 m 深度上出现了更多的小到达角声线。而在 2 000 m 接收深度，则超出暖涡影响范围，传播到达角度变化很小。同时，由于声线被下压过程中会与海底发生反射，引起声能被海底反射衰减，会聚区位置与宽度也随之发生变化。根据涡旋引起声速场变化特点，系统分析了涡旋水平半径、涡旋的垂直影响半径、涡旋中心的所处深度和涡旋中心与声源的相对位置和涡旋类型等主要特征参数对声场的影响，并分析了涡旋生命周期三个不同时期（涡旋产生期、涡旋成熟期和涡旋终止期）内的声场和到达时间等起伏特性。发现与没有涡旋存在情况相比，涡旋使得声场能量起伏高达 30 dB，能量起伏对涡旋与声源的相对水平位置更为敏感，在 500 km 距离上的脉冲传播时间起伏最大可达 520 ms（图 4.34）。涡旋能够引起的声场三维水平折射效应与地形相比相对有限。使用高斯涡旋模型结合涡旋追踪与历史数据用于增强背景声速的预测，可以提高传播到达时间的估测精度，建立起卫星遥感数据、海洋模型和声学信息之间耦合的桥梁，促进声学-海洋学耦合模型的发展，为海洋声场逐步向四维动态快速预报发展奠定基础。

总之，涡旋的存在可使得会聚区的宽度与位置、会聚区反转深度、传播到达时间、传播到达角度以及能量传播路径都发生相应的变化，对深海远程水下声通信和导航等应用具有重要影响。

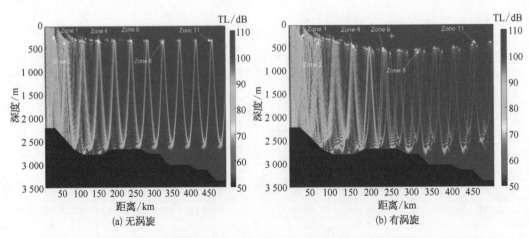

(a) 无涡旋　　　　　　　　　　　　(b) 有涡旋

图 4.32 有/无涡旋时的传播损失比较（绿色"十"字表示涡中心位置，声源频率 160 Hz，声源深度 300 m，"Zone *i*"表示会聚区数）

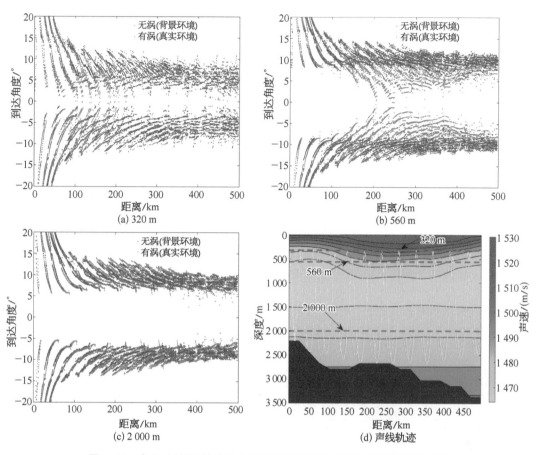

图 4.33　有/无涡旋环境在三个不同接收深度的到达角度及其射线解释

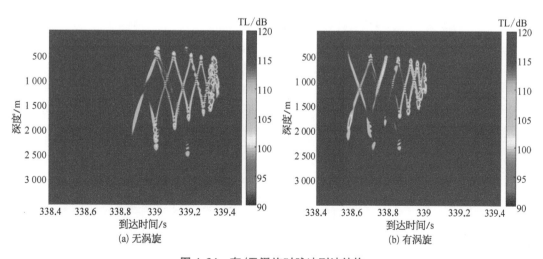

图 4.34　有/无涡旋时脉冲到达结构

4.6 深海声场空间相关特性

人们通常多采用大孔径声呐或长时间积分来提高声呐的空间和时间增益。而声场空间相关是影响声呐阵列增益的重要物理量,声场空间相关半径直接影响着声呐阵列设计最大可用的孔径与最长累积时间,所以,声场空间相关特性是衡量声呐阵列增益的一个重要物理参数。研究声场空间相关特性,有利于提高水下弱目标的探测能力。所以,将在本节介绍一些深海声场空间相关特性规律。

4.6.1 声场空间相关与声呐时空增益

1) 声场空间相关

深海环境下,声场在空间上可划分为直达声作用区、影区及会聚区,如图 4.35 所示。

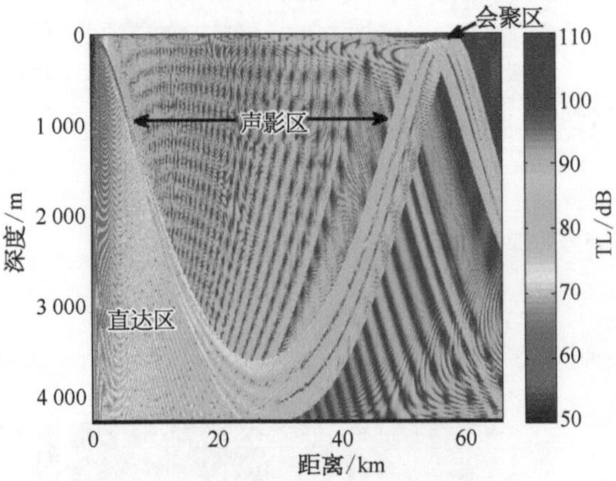

图 4.35 深海声场区域划分示意图

在每一个区域里,声场的空间相关特性都具有不同的特点。

声场空间相关描述了在水平或垂直方向上两个不同位置声信号的相似程度,通常用两点接收到同一声源发射信号之间的互相关系数来表征。在实际信号处理中,由于两点的接收信号时间不同,通常使用延时相关系数。声场的水平纵向相关性刻画了在同一接收深度、不同水平距离处两个接收点的声场相似程度。设水听器分别位于相同深度并有一定纵向间隔的 (r, Zr) 和 $(r + \Delta r, Zr)$ 两点,则这两个水听器同时接收到的信号波形之间的归一化互相关系数为水平纵向相关系数,定义为

$$\rho(\Delta r) = \max_{\tau} \frac{\int_{-\infty}^{\infty} p_r(t) p_{r+\Delta r}(t + \tau) dt}{\sqrt{\int_{-\infty}^{\infty} |p_r(t)|^2 dt \int_{-\infty}^{\infty} |p_{r+\Delta r}(t)|^2 dt}} \quad (4.15)$$

式中,$p_r(t)$ 和 $p_{r+\Delta r}(t)$ 分别为两点接收到的声信号声压时域波形;τ 为时延;Δr 为水平纵向间隔,满足 $\Delta r \ll r$。利用傅里叶变换可得频域内的水平纵向相关系数表达式

$$\rho(\Delta r) = \max_{\tau} \frac{\mathrm{Re}\left[\int_{\omega_0 - \frac{\Delta\omega}{2}}^{\omega_0 + \frac{\Delta\omega}{2}} P_r(\omega) P_{r+\Delta r}^*(\omega) \mathrm{e}^{\mathrm{i}\omega\tau} \mathrm{d}\omega\right]}{\sqrt{\int_{\omega_0 - \frac{\Delta\omega}{2}}^{\omega_0 + \frac{\Delta\omega}{2}} |P_r(\omega)|^2 \mathrm{d}\omega \int_{\omega_0 - \frac{\Delta\omega}{2}}^{\omega_0 + \frac{\Delta\omega}{2}} |P_{r+\Delta r}(\omega)|^2 \mathrm{d}\omega}} \tag{4.16}$$

式中，$P_r(\omega)$ 和 $P_{r+\Delta r}(\omega)$ 分别为两点接收到的声信号频谱；上标 * 表示复数共轭；ω 为角频率；ω_0 和 $\Delta\omega$ 分别为发射信号的中心角频率和带宽；τ 为时延。水平纵向相关半径定义为水平纵向相关系数第一次下降到 $\sqrt{2}/2$ 时对应的距离间隔 Δr。水平纵向相关系数一般随着水平间隔的增大而减小或振荡。而声场水平横向相关则是指当目标位于阵列垂直方向时，由于声信号从声源到不同接收器走过传播路径不同，海洋波导水平各向异性引起的声场相关性下降。

声场的垂直相关性描述的是与声源在同一水平距离、处于不同深度两个接收点的声场相似程度。与浅海声场不同，深海中不同深度上信号到达时间也不同，所以，也可直接参考水平相关处理进行延时相关，只是把不同距离的声场改为不同深度声场。

2) 声呐时空增益

在声呐设计时首先是根据声呐方程的优质因子来估计探测的范围，其中假设目标和平台噪声确定时，声呐阵列处理增益和利用环境效应就成为提高探测能力的主要途径。声呐的处理增益主要包括空间处理增益和时间处理增益两部分。对于离散阵，声呐阵列处理增益 GA 用下式估算：

$$GA = 10\lg N + 10\lg(T/t)^{1/2} \tag{4.17}$$

式中，第一项为空间增益，第二项为时间处理增益。N 为声呐阵元数（阵元间隔假定满足半波长）。如果基元间隔小于半波长，则实际的空间增益要小于由式（4.17）计算的结果。T 为声呐信号处理的积分时间。t 为输入目标噪声的等效时间相关半径。一般地，考虑工程误差和声传播畸变引起的去相关性产生的增益损失时，通常认为时间增益的实际值比理论估算值小 5～10 dB。

信号相干性的损失会导致理想相干信号空域协方差矩阵的退化，那些远离主对角线的元素会逐渐减小，如果距离足够远，这些元素最终会减小到 0。为了定量分析信号相干性损失带来的影响，采用指数幂律模型来描述信号的相干特性，设均匀水平线列阵第 i 号阵元和第 j 号阵元接收信号的相关系数 σ_{ij}、第 k 时刻和第 h 时刻接收信号的相关系数 σ_{kh}，则声呐时间-空间处理增益可以表示为

$$GA = GS + GT = 10\lg\left(\sum_{i=1}^{N}\sum_{j=1}^{N} \sigma_{ij}/N\right) + 5\lg\left(\sum_{k=1}^{M}\sum_{h=1}^{M} \sigma_{kh}/M\right) \tag{4.18}$$

式中，GS 为空间处理增益；GT 为时间处理增益；N 为声呐阵元数；M 为声呐时间积分的快拍数。如果阵列不同阵元之间空间相关都为 1，则空间增益达到最大 $GS = 10\lg N$。如果在声呐积分时间段内，目标径向移动距离在声场纵向相关半径范围内，且海洋环境起伏可忽略不计，则时间相关近似为 1，$GT = 5\lg M$，则退化为式（4.17）。但是由于随机起伏

环境导致声场时空相关下降,则相应的处理增益会在 $0 \sim (10\lg N + 5\lg M)$ 之间起伏。

4.6.2 会聚区声场水平纵向相关

第 4.2 节的图 4.18a 中提到,在南海中南部 4 300 m 的深海用拖曳声源获得三个会聚区内的声传播数据。实验海区的海底平坦,为不完全深海声道,这里用此次实验数据分析会聚区和第一影区内的水平纵向相关特性。

直接取图 4.18a 中三个会聚区开始位置作为参考声场,让随后距离内的声信号与其相关,得到如图 4.36 所示三个会聚区内的声场纵向相关系数,其中接收深度 167 m,声源深度 131 m,声源频率 310 Hz。可以看出,在会聚区内的水平纵向相关系数基本上都大于 $\sqrt{2}/2$,第一会聚区的相关半径达 6.5 km,第二会聚区相关半径和第三会聚区的相关半径都约为 10 km,各会聚区的水平纵向相关长度基本与会聚区宽度一致。除了各会聚区内的水平纵向相关系数在个别距离上会出现小幅下降,而会聚区以外声场的水平纵向相关系数较低。

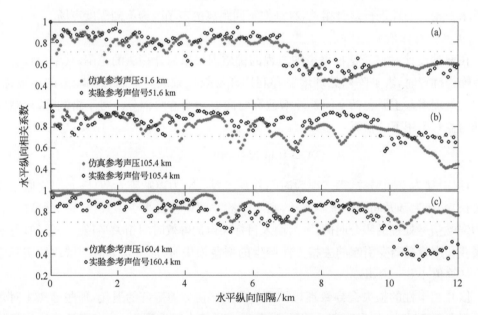

图 4.36　三个会聚区内声场的水平纵向相关实验结果与模型计算结果比较,其中参考声信号的距离分别为 51.6 km(a)、105.4 km(b)和 160.4 km(c)

深海会聚区内声场水平纵向相关系数较高的主要原因是会聚区内声场能量主要是由在水中传播的与海底没有相互作用的折射路径声线组成的,这部分声线携带的能量最大,并保持了良好的相位一致性,所以,不仅使得整个会聚区内的相关性很高,而且不同会聚区内声场之间的相关性依然很高。图 4.37 给出射线模型计算的第一会聚区内参考声压位置处主要声线到达轨迹、声线到达时间和相对幅度,可见两条红色折射路径声线相对幅度最大,而经海底反射声线携带的能量相对较小。从简正波的角度看,图 4.37 中红色的两条折射路径声线和相对幅度最大的两条声线,对应于图 4.38 中第 200~210 号简正波,它们具有相近的相位,为主要在水中传播的模态。第二簇相位相近的简正波模态位于模态 334 附近,对应图 4.37 中蓝色经过一次海底反射的四条声线,能量相对较小。同样,可以看出第三簇相位相近的简正波模态位于模态 560 附近,对应图 4.37 中黑色的经过两次海底反射一次海面反射或者两次海底反射两次海面反射的声线,声能量也较小。第二、第三会聚区内声场纵向相关高的原因与第一会聚区类似。

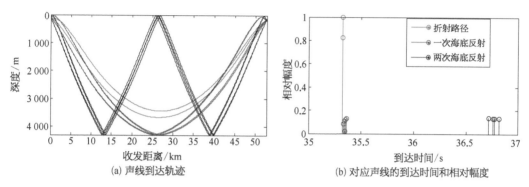

(a) 声线到达轨迹　　　　　　　(b) 对应声线的到达时间和相对幅度

图 4.37　第一会聚区内参考声压位置处声线及到达时间

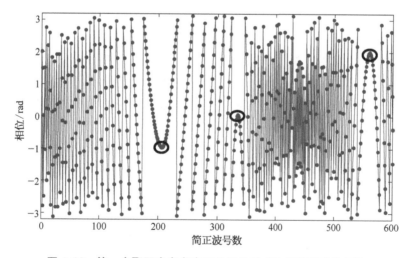

图 4.38　第一会聚区内参考声压位置处前 600 号简正波的相位

　　其实,不只是会聚区内声场纵向相关性好,如果选取图 4.18a 中第一会聚区内的声信号(收发距离 51.6 km,接收深度 167 m)作为参考信号,让其与其他距离和深度上声场进行相关,得到更为一般的声场空间相关特性,空间相关系数随接收距离和接收深度的分布情况如图 4.39 所示。可以看出,深海声场各会聚区信号之间的空间相关系数都较大,会聚区信号与直达声区信号的空间相关系数也基本上大于 $\sqrt{2}/2$,但会聚区信号与声影区信号的空间相关系数较小,距离深度结构与图 4.18a 中传播损失的空间分布基本一致。这意味着会聚区声场与直达声等整个高声强区声场都具有相似性,这种特性可以用于长时间累积获取高的声呐时间处理增益,但是不利的一面是会带来深海目标定位的距离模糊问题,声呐在深海中探测到一个强目标,可能会分不清目标到底来自哪个会聚区。

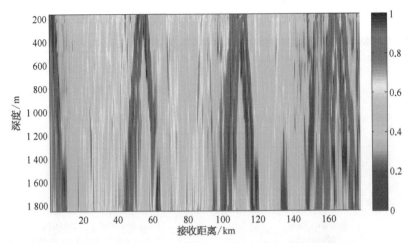

图 4.39 参考声信号位于第一会聚区时的声场空间相关

4.6.3 直达声区声场水平纵向相关

深海直达声区声场水平纵向相关特性,对基于岸基海底水平阵探测、自主式水下航行器(autonomous under water vehicle,AUV)拖曳阵探测、潜标探测等深海大深度水声探测技术的阵形设计和相应的信号处理技术具有重要意义。随着我国深海声学实验技术发展(参见第 8 章),2016 年在我国南海中南部 4 300 m 深海靠近海底附近的 4 152 m 位置布放了自容式水听器,用拖曳声源获得了大深度声传播数据(图 4.40),直达声区主要能量来自水体中的直达路径和海面反射两条路径,其距离范围随着接收深度增加而增大。从

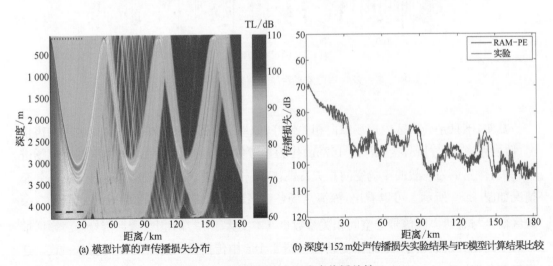

(a) 模型计算的声传播损失分布   (b) 深度 4 152 m 处声传播损失实验结果与 PE 模型计算结果比较

图 4.40 南海深海大深度声传播特性

图 4.40 的传播损失结果可见,对应的传播损失相对较小,20 km 范围内实验的传播损失
小于 80 dB。所以,当接收器位于大深度时,有利于水声目标的探测。本节将用图 4.40b
中距离在 30 km 内的声信号研究深海直达声
区声场水平纵向相关。

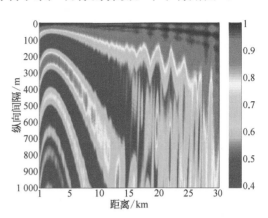

图 4.41 是直达声区声场水平纵向相关
随距离变化的数值仿真结果,其中信号中心
频率 300 Hz,声源深度 120 m。可见直达声
区声场水平纵向相关系数随纵向间隔增加存
在振荡结构,随着收发距离增加,声场纵向相
关长度变长。其主要原因是直达声区能量主
要来自两条声线路径:直达路径和海面反射
路径。两者的声程差会随距离增加逐渐变
小,相位周期性变化,使得声场纵向相关出现
周期性振荡结构。到了直达声区距离最远

**图 4.41 直达声区声场水平纵向相关实验
数据与理论计算结果比较**

处,两条路径的到达时间差变小,纵向相关性增加。图 4.42 给出参考水平距离为 10 km
和 29 km 时的水平纵向相关系数实验结果,可见直达声区远距离声场水平纵向相关半径
明显大于近距离的结果。

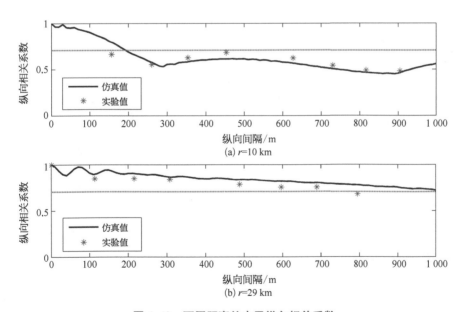

(a) r=10 km

(b) r=29 km

图 4.42 不同距离处水平纵向相关系数

为进一步掌握深海直达声区声场水平纵向相关特性,首先分析声源频率的影响。声源
深度为 120 m,接收深度为 4 152 m,不同频率下的声场水平纵向相关系数如图 4.43 所示。
可以看出,声场水平纵向相关系数存在振荡结构,而且当声源深度和接收深度不变时,声源

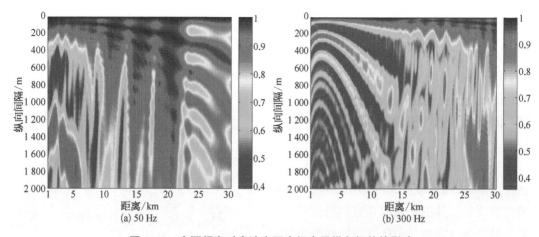

(a) 50 Hz
(b) 300 Hz

图 4.43　声源频率对直达声区声场水平纵向相关的影响

频率增大导致声场水平纵向相关系数的振荡周期减小。由于第一个振荡周期的大小决定了声场水平纵向相关半径的大小,所以声源中心频率越大,声场的水平纵向相关半径越小。

当声源频率为 50 Hz、接收深度为 4 152 m 时,不同声源深度下的声场水平纵向相关系数二维图如图 4.44 所示。对比图 4.44 和图 4.43a 可知,当声源频率和接收深度一定时,声场在近距离的水平纵向相关半径随声源深度变大而减小。此外,关于接收深度变化对深海直达声区大深度声场水平纵向相关性的影响,从数值仿真结果来看,接收深度的变化对水平纵向相关系数的振荡结构影响不大,对相关半径的影响也很小。其原因在于,接收深度的数值相对声源深度很大,几百米的变化从相对值来看仍然是一个小量。

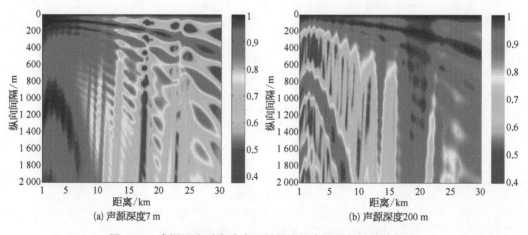

(a) 声源深度7 m
(b) 声源深度200 m

图 4.44　声源深度对直达声区低频声场水平纵向相关的影响

4.6.4　声影区声场水平纵向相关

在深海中,对于拖曳阵及舷侧阵声呐而言,由于水下目标所处深度一般较浅(多数小于 300 m),经常会遇到目标处于图 4.35 中声影区内的情况,所以有必要分析声影区声场的水平纵向相关特性。深海影区实际上是直达声线与反转声线不能到达的区域,其主要对应的是海底反射声到达区,假设多次海底反射声线由于能量衰减大而对声场的贡献可以忽略不计,其声场主要声能量由一次海底反射声线贡献。受声呐可探测范围限制,这里重点分析第一影区内的声场纵向相关性以及海底地形对其影响。

图 4.45 给出了接收深度为 167 m 时第一影区内的水平纵向相关系数随水平纵向间隔的变化情况,参考信号位于 29.1 km,声源中心频率 300 Hz。可见与 4.6.2 节的会聚区声场水平纵向相关相比,影区内水平纵向相关系数较低,相关半径小于 200 m,而且对于平坦海底环境,水平纵向相关系数随水平纵向间隔有周期性振荡现象。其中的物理机理是,在南海典型深海条件下,当声源和接收水听器位于海水表层时,一次海底反射声线主要包括如图 4.46 所示的 4 条声线路径,它们分别是:① 声源-海底-接收器;② 声源-海面-海底-接收器;③ 声源-海底-海面-接收器;④ 声源-海面-海底-海面-接收器。图 4.47 分别给出这 4 条声线的声源掠射角和时间到达结构。声源深度和接收深度都较浅时,由这 4 条声线贡献的声场声压的理论表达式如下:

$$P(r, z; \omega) = A_r(\omega) e^{i\omega t_1} (1 - e^{i\omega \Delta t_1})(1 - e^{i\omega \Delta t_2}) \tag{4.19}$$

其中

$$A_r(\omega) = \frac{S(\omega) \sqrt{W}}{4\pi} \frac{\sqrt{F_i}}{R_i} V_{bi} \tag{4.20}$$

式中,$S(\omega)$ 为声源频谱;W 为单位立体角的辐射声功率;F_i 为第 i 条声线的聚焦因子;R_i 为第 i 条声线的斜距;V_{bi} 为第 i 条声线的海底声压反射系数。

式(4.19)中,t_i 表示第 i 条声线的传播时间,其中 $\Delta t_1 = t_2 - t_1$,$\Delta t_2 = t_3 - t_1$。令每条声线的出射掠射角表示为 α_i,可求出

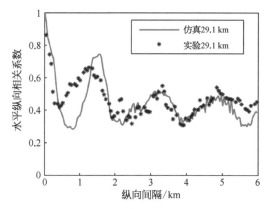

图 4.45　第一影区水平纵向相关系数随水平纵向间隔的变化(参考距离 29.1 km,接收深度 167 m,声源频率 300 Hz)

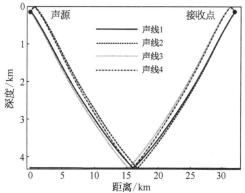

图 4.46　第一影区内经一次海底反射到达区接收点对声场起主要贡献的 4 条声线路径图(声源深度 131 m,接收深度 167 m)

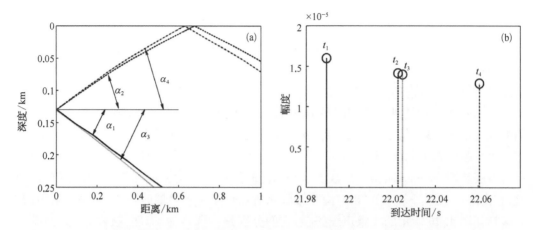

图 4.47 第一会聚区内经一次海底反射到达接收点对声场起主要贡献声线对应的声线掠射角(a)和声线时间到达结构(b)(声源深度 131 m,接收深度 167 m)

$$\Delta t_1 \approx 2\int_0^{z_s} \sqrt{n^2(z)-\cos^2\alpha_2}\, dz/c_0, \quad \Delta t_2 \approx 2\int_0^{z_r} \sqrt{n^2(z)-\cos^2\alpha_3}\, dz/c_0 \quad (4.21)$$

由上式可以明显看出,Δt_1 随声源深度 z_s 的增大而增大,而 Δt_2 随接收深度 z_r 的增大而增大。此外,Δt_1 和 Δt_2 都随接收距离的增大而减小,当参考点位置选定后,随着水平纵向间隔的增大 Δt_1 和 Δt_2 都减小。如果将 (r, z) 作为参考点,则 $(r+\Delta r, z)$ 与 (r, z) 两个位置处的声压互相关就可简单表示为

$$\rho(\Delta r) \approx \max_{\tau} \frac{\mathrm{Re}\left[\int_{\omega_0-\frac{\Delta\omega}{2}}^{\omega_0+\frac{\Delta\omega}{2}} e^{i\omega(t_1-t_1'+\tau)}(1-e^{i\omega\Delta t_2})(1-e^{i\omega\Delta t_1})(1-e^{-i\omega\Delta t_2'})(1-e^{-i\omega\Delta t_1'})d\omega\right]}{\sqrt{\int_{\omega_0-\frac{\Delta\omega}{2}}^{\omega_0+\frac{\Delta\omega}{2}} |e^{i\omega t_1}(1-e^{i\omega\Delta t_2})(1-e^{i\omega\Delta t_1})|^2 d\omega \int_{\omega_0-\frac{\Delta\omega}{2}}^{\omega_0+\frac{\Delta\omega}{2}} |e^{i\omega t_1'}(1-e^{i\omega\Delta t_2'})(1-e^{i\omega\Delta t_1'})|^2 d\omega}}$$

$$(4.22)$$

在南海 4 300 m 的深海条件下,出射掠射角 α_2 和 α_3 都随接收距离的增加而减小,时延 τ 可以使得 $e^{i\omega(t_1-t_1'+\tau)}$ 项实部近似最大值 1,故式(4.22)中相关系数的相位变化主要取决于 $\omega\Delta t_1'$ 和 $\omega\Delta t_2'$。图 4.48 给出接收深度为 167 m 时,参考点处 Δt_1 和 Δt_2 及相位差 $\omega_0\Delta t_1'$ 和 $\omega_0\Delta t_2'$ 随着水平纵向间隔的变化情况。可见,两个相位项都在 $[0, 2\pi]$ 内周期性变化,这就是第一影区内 4 条声线干涉叠加后导致水平纵向相关系数出现周期性振荡的原因。

显而易见,声影区内声场的水平纵向相关周期振荡现象并非始终存在。对于图 4.18 所示那种海底存在起伏时,由于海底不平整性反射,使得到达接收点声场出现异常的距离或深度上,声线到达路径将不再是图 4.46 所示的 4 条主要路径,相关系数的相位差 $\omega_0\Delta t_1'$ 和 $\omega_0\Delta t_2'$ 也就不存在周期变化结构(图 4.49)。

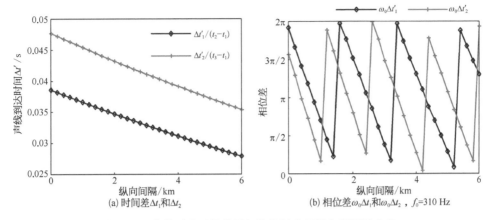

图 4.48　声线到达时间差及相位差随水平纵向间隔的变化

4.6.5　深海声场垂直相关特性

在深海环境下,可以直接利用潜标垂直阵列接收的声信号经过波束形成或互相关处理,实现对近海面目标的测距及测深(参见第7章的内容)。所以,这里也简单分析下深海直达区、影区和会聚区等不同位置下的声场垂直相关特性。

影响深海声场垂直相关性的物理原因基本上与 4.6.2~4.6.4 节的理论分析类似,感兴趣的读者可参阅李整林等的相关论文,这里直接给出三个主要结论:

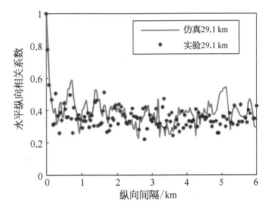

图 4.49　海底不平坦方向声场水平纵向相关
(参考距离点 29.1 km,接收深度
167 m,声源频率 300 Hz)

(1)在直达声区,一般具有较好的垂直相关性。这是因为在直达声区相关系数随着深度间隔增加,由于两个到达路径时间差增大,而相关性略微降低(图 4.50)。

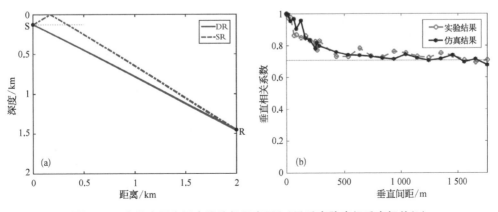

图 4.50　直达声区主要声线路径示意图(a)及垂直阵声场垂直相关(b)

(2) 在会聚区,声场垂直相关性出现随深度起伏的现象,随深度变化规律基本上与声场强度相似(图 4.51)。原因是在会聚区对声场起主要贡献的是两组水体内反转的声线,其幅度相当,随着深度的增加,到达时间差增大,使得相位差在[0,2π]内周期性变化。在同相相干的深度范围内,它们的多途到达结构简单;而在反相相干的深度范围内,两组反转声线干涉相消,海底反射声线对声场的作用不能忽略,此时多途干涉变得复杂,导致垂直相关性有所下降。两组水体反转声线的周期性干涉导致了垂直相关曲线和归一化声能量在垂直方向上相似的振荡结构。

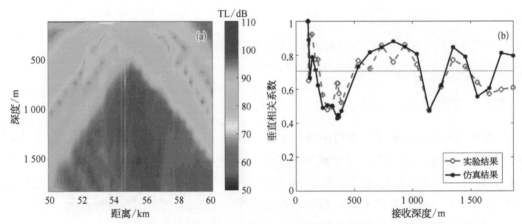

图 4.51　会聚区传播损失(a)及声场垂直相关随间距的变化(b,其中参考距离 50 km、参考深度 102 m 处)

(3) 在声影区内,声场垂直相关性较差(图 4.52)。随着收发距离增加,两条海底反射路径的到达时间间隔逐渐变小(图 4.53),所以垂直相关性随影区内收发距离增加有所提高。

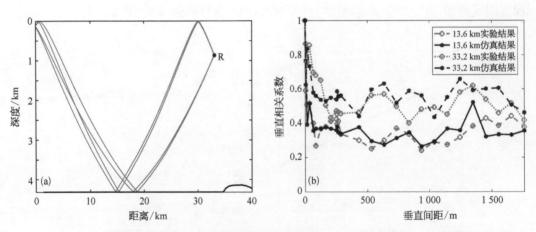

图 4.52　声影区收发距离 33.2 km 时的 4 条主要声线轨迹(a)及距离在 13.6 km 和 33.2 km 两个不同距离处声场垂直相关(b)

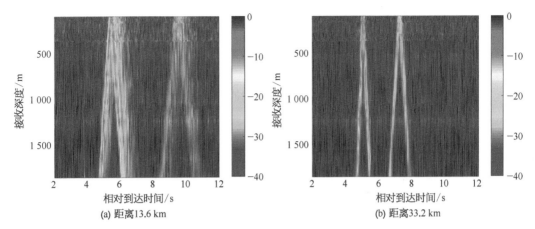

图 4.53　第一影区垂直阵覆盖深度范围内多途到达结构实验结果比较

参考文献

[1]　Ewing M, Worzel J L. Long-range sound transmission [J]. Geological Society of America Memoirs, 1948, 27.

[2]　张仁和, 刘红, 何怡. 水平缓变声道中的 WKBZ 绝热简正波理论[J]. 声学学报, 1994, 19(6): 408 - 417.

[3]　Zhang Renhe, He Yi. Long range pulse propagation in ocean channels [J]. Journal of Sound and Vibration, 1995, 179(2): 313 - 325.

[4]　Boden L, Bowlin J B, Spiesberger J L. Time domain analysis of normal mode, parabolic and ray solution of wave equation [J]. J. Acoust. Soc. Am. , 1991, 90(2): 954 - 958.

[5]　Weston D E, Focke K C. Caustics in range-averaged ocean sound channels [J]. J. Acoust. Soc. Am. , 1985(77): 1800 - 1812.

[6]　Boyles C A. Acoustic waveguides [M]. New York: John Wiley, 1984.

[7]　Northrop J, Loughridge M S, Werner E W. Effect of near-source bottom conditions on long-range sound propagation in the ocean [J]. J. Geophys. Res. , 1968, 73(12): 3905 - 3908.

[8]　Dosso S E, Chapman N R. Measurement and modeling of downslope propagation loss over a continental slope [J]. J. Acoust. Soc. Am. , 1987, 81(2): 258 - 268.

[9]　Tappert F D, Spiesberger J L, Wolfson M A. Study of a novel rangedependent propagation effect with application to the axial injection of signals from the Kaneohe source [J]. J. Acoust. Soc. Am. , 2002, 111(2): 757 - 762.

[10]　Heaney K D. Measurement and modeling of downslope effects on longrange propagation[C]// Proceedings of IEEE Oceans, San Diego, CA, USA, 2003: 251 - 254.

[11]　秦继兴, 张仁和, 骆文于, 等. 大陆坡海域二维声传播研究[J]. 声学学报, 2014, 39(2): 145 - 153.

[12]　Qin J X, Zhang R H, Luo W Y, et al. Sound propagation from the shelfbreak to deep water [J]. Sci. China-Phys. Mech. Astron. , 2014(57): 1031 - 1037.

[13]　吴丽丽. 深海远程脉冲声传播特性研究[D]. 北京: 中国科学院声学研究所, 2017.

[14]　胡治国, 李整林, 张仁和, 等. 深海底斜坡环境下声传播[J]. 物理学报, 2016, 65 (1): 014303.

[15] Li Wen, Li Zhenglin, Zhang Renhe, et al. The effects of seamounts on sound propagation in deep water [J]. Chinese Physics Letters, 2015, 32(6): 064302.

[16] 李晟昊,李整林,李文,等.深海海底山环境下声传播水平折射效应研究[J].物理学报,2018,67(22):224302.

[17] 张青青,李整林,秦继兴,等.南海海域跨海沟环境的声场会聚特性[J].声学学报,2020,45(4):458-465.

[18] Xiao Yao, Li Zhenglin, Li Jun, et al. Influence of warm eddies on sound propagation in the Gulf of Mexico [J]. Chin. Phys. B, 2019, 28(5): 054301.

[19] 翁晋宝.深海声场干涉结构分析与海底声参数反演研究[D].北京:中国科学院声学研究所,2015.

[20] 李整林,董凡辰,胡治国,等.深海大深度声场垂直相关特性[J].物理学报,2019,68(13):134305.

[21] Li Jun, Li Zhenglin, Ren Yun, et al. Horizontal-longitudinal correlations of acoustic field in deep water [J]. Chin. Phys. Lett., 2015, 32(6): 064303.

[22] 胡治国,李整林,张仁和,等.深海不平海底对声场水平纵向相关性的影响[J].声学学报,2016,41(5):758-767.

第 5 章　深海环境声学反演

海水和海底作为海洋声信道的主要媒介,其海水声速剖面、海底底质声学特性(密度、声速、吸收系数及分层结构等)对海洋中的声传播和环境噪声等有重要影响,进而影响探测和通信声呐的应用效能。如何准确反演获得海洋环境参数一直是人们关注的问题,大体上可将声学反演分为海洋声层析(ocean acoustic tomography,OAT)和海底参数反演两大类。美国曾发展深海声层析用于大洋测温,而我国也开展了很多浅海声层析研究,并尝试用于水声环境保障。在海底声学参数反演方面,大量工作集中在浅海环境,而在深海海底反演方面的研究相对较少。本章简要介绍深海环境中的声学层析和海底参数反演。

5.1　海洋声学反演概述

海洋声学的基本任务是研究声波和海洋波导的相互作用,包括两方面的内容:正演问题探索包括海面波浪、海水非均匀性以及海底结构在内的海洋环境时空变化对声场的影响规律,反演问题探究用声波探测海中目标的位置和特性以及海洋环境信息,这两方面内容密切联系(图5.1)。本书第2章提到了海洋声学环境,可见水深、海面、海水声速剖面和海底底质等构成复杂的海洋环境,通过本书第3章和第6章的海洋声场模型,便可正演计算出不同海洋环境下的海洋声场及其空间-频率相关特性,与声呐接收信号结合,通过第7章的一些定位方法能够实现水下声学目标的探测,也可利用声呐方程评估出声呐探测性能和最优参数。反过来,海洋中传播的声信号也携带了海洋环境信息,如果已知声源和接收器空间几何位置,则可以利用接收的声信号反演出海洋环境参数,所以环境参数反演与水声目标探测都属于"反演问题"。

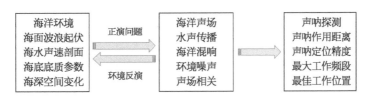

图5.1　海洋声学正演问题与反演问题

获取海洋环境信息的方法总的来讲可分为直接测量法和间接测量法两种。直接测量法是指利用海洋环境测量仪器进行海洋环境参数现场分析,如通过单波束或多波束测量海深,波浪仪测量波浪起伏,海底采样获取测量海底声学参数,用声速仪、温盐深仪(CTD)和自容式温深传感仪(TD)等测量海水声速剖面等。直接测量法可以较为准确地获得海洋环境参数,随着全球Argo和滑翔机等无人自主平台的广泛应用,海洋水文环境的同步获取手段也越来越先进。间接测量法主要是指通过声学反演方法来获取海洋环境参数,这主要得益于人们对海洋中声传播机理的认识深入、水声信号处理技术的发展和数字计算能力提高。声学反演为研究和认识海洋内部的变化规律提供了新的方法和途径,可以改善和提高水声设备的工作性能。

深海中使用海洋声层析技术实现大洋测温已不再是一个好办法,其主要原因是:一方面海洋声层析系统的研制与实施代价昂贵;另一方面海洋声层析涉及大量的后置信号处理,导致便利性成问题。此外,水温反演精度易受其他噪声干扰因素影响。但是,海洋声层析技术可以用于岸基声呐的水声环境保障,这样通过声呐系统接收到的声信号即可实现海水声速剖面反演,进而用于声呐探测和定位,就省去了在岸基声呐长期值守过程中经常测量声速剖面的麻烦。

海底底质数据是世界各国海军数据库中最不完善的一项,仅有的少量海底采样数据,多是较为离散的海底底质类型,从海底底质采样实验室测量的声速和吸收系数等声学参数多以高频测量结果为主,缺乏有效的低频声学参数。近年来,通信和探测声呐均在向着低频方向发展,所以海底参数的声学反演可大范围获取特定底质类型下低频等效的海底参数,对声呐应用具有重要意义。我国在浅海海底参数反演方面做了较为系统的工作,总结了各种不同底质类型对应的海底声学参数经验关系。在深海环境下,海底采样测量相对更为困难,利用深海声传播数据可反演典型深海平原环境下的声学参数,对声呐应用及探测性能分析具有重要意义。

无论是海洋声层析或是海底声学参数反演,实际上都是一个多维参数空间的最优化问题(图 5.2),需要遵守以下五大原则:

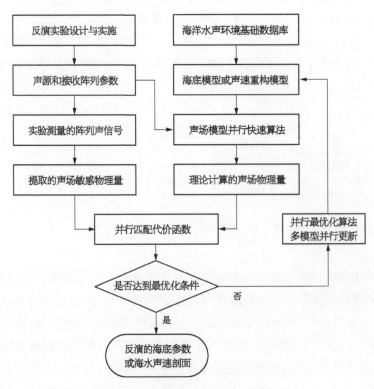

图 5.2　海洋声学反演基本流程

（1）尽量选择一组对待反演参数最为敏感的声场物理量，来构造合理的代价函数。这是最为核心的思想，也是反演能否成功的关键。

（2）尽可能精确掌握声源和接收器的位置，并要消除声源特性的影响，最好只留下信道特征，以免因为声源位置和频谱特性掌握不准而影响反演结果的准确性。

（3）清楚海洋环境对声场的影响机理，特别掌握海洋环境中多维参数之间的耦合关系，一般海深和海底声速的耦合比较严重，需要通过多物理量联合反演，根据参数的敏感性决定反演次序，消除不同参数之间的相互耦合。

（4）避免把待反演的海洋环境模型设计得太复杂，尽可能突出主要矛盾，以降低待反演参数的维数。提高反演效率的同时，避免受反演多值性影响，陷入最优化问题的局部最小化。

（5）选择合适的声场计算模型和全局最优化算法，特别是多核并行计算和搜索策略很值得尝试，以保证反演效率和精度。

5.2　深海声层析

海洋声层析最初是由 Munk 和 Wunsch 受到医学 CT 和地球物理反演方法的启示在 1979 年所提出的，主要是指在射线理论的基础上，通过已知声信号的传播时间数据来反演海水声速分布。如果围绕一处海域布设多套声学收发系统（图 5.3），则海洋声层析可监测关注海域中海水温度和流速等海洋学参数的时空变化，如有 N 个发射和接收点，则会有 $N(N-1)/2$ 条路径。发射接收点越多，获取海洋环境信息量的空间分辨率也就越高。1991 年，著名的赫德岛实验验证了利用深海超远程声传播信号这一个声学"积分探头"监测全球气候变化的可行性，为海洋气候声学测温计划（以下简称"ATOC 计划"）奠定了良好基础。1992 年国际海洋研究协会正式提出了海洋气候声学测温计划，全球一些主要海洋大国均参与了此项计划。该计划的提出使得声层析技术的理论研究得到了快速发展（图 5.4）。美国、日本和欧洲一些国家的声层析重点是对全球许多关键海域或海峡通道的海洋中尺度过程、海水流速、海水温度变化、热交换和极地冰的变化等进行观测，进而研究全球气候变化。

随着海洋声学、物理海洋学以及卫星遥感、AUV 和滑翔机等水下无人自主平台等高新技术的发展，对海洋环境要素的感知向多站/多传感器/同时基、静态与动态联合、多维信息精细化同步观测方向发展，应运而生的海洋声层析技术为长时、立体、大范围监测海洋提供了重要途径。比如，北太平洋实验室（NPAL）于 2009—2012 年间在菲律宾海实验（PhilSeaEx）中利用垂直阵列结合水下滑翔机开展了声层析实验。

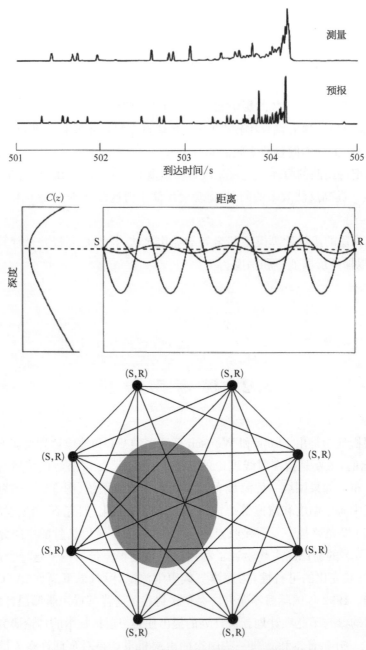

图 5.3　基于射线到达时间的深海声层析原理示意图

5.2.1　基于海底水平阵列的海洋声层析方法

　　海洋声层析除了用于海洋监测外,另外一个关键用途是可以给声呐应用提供其所在海区的水文环境保障。所以,这里将我国与海水声速反演相关的一些声层析工作予以简单介绍。需要说明的是,这里重点强调声层析原理,不会具体深入到各种方法的细节,感兴趣的读者可参考相关文献。

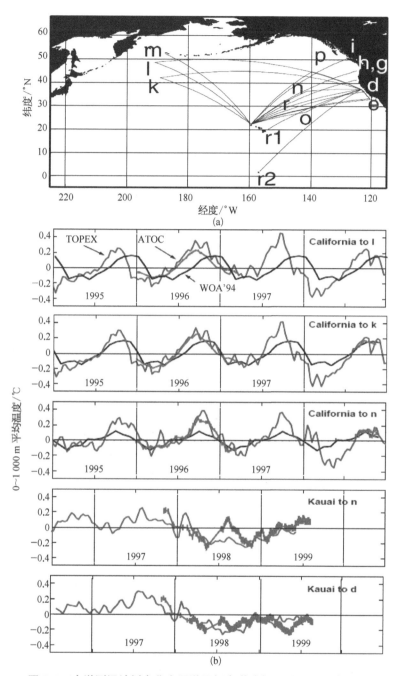

图 5.4　大洋测温计划在北太平洋层析声学路径(a)和不同路径上的
层析结果(b)(Dushaw 等,2001)

　　一般声呐都要用水平阵列来获得足够的阵列处理增益,这对声呐探测至关重要,这里
主要讨论基于水平阵列的声层析方法。实际上在 ATOC 计划中,部分也用到了美国海军
SOSUS 岸基声呐的数据进行声学层析。根据接收信号的不同,将图 5.2 细化为如图 5.5
所示的水平阵海洋声层析的流程图。

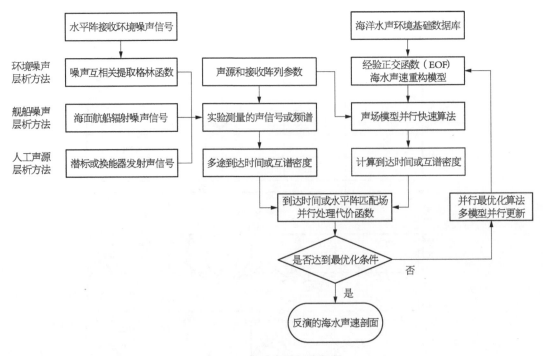

图 5.5　海洋声层析流程图

在图 5.5 的水平阵层析流程中,参考了海洋环境反演需要遵守的五大原则中的第 4 条,通过经验正交函数(EOF)来有效降低待反演参数维数。声速剖面的 EOF 表示一定程度上类似数学或信号处理中的傅里叶级数展开(即任意的复杂信号均可用一系列的单频正弦或余弦函数展开)。海水声速剖面在垂向深度的变化不会太大,经过实验验证,一般 2～3 阶的 EOF 基本可以较好地表示一个海域任意时刻的声速剖面。所以,声速剖面的 EOF 表示形式为

$$c(z) = c_0(z) + \sum_k \alpha_k f_k(z) \qquad (5.1)$$

式中,$c_0(z)$ 为平均声速剖面;k 为对应的 EOF 的阶数;$f_k(z)$ 为第 k 阶 EOF 函数在深度 z 处的值;α_k 为第 k 阶 EOF 系数;$c_0(z)$ 和 $f_k(z)$ 均可从历史水文数据中提取,这样反演声速剖面 $c(z)$ 就变成反演少数几个 EOF 系数 α_k。

从图 5.5 可以看出,能够用于声层析的信号大致可分为三大类:海洋环境噪声、舰船辐射噪声、人工发射的声信号。如果能有人工发射的声信号最为理想,因为其发射声源级较高,可保证信号的信噪比。但是,人工声源会使得层析系统变得复杂,实施的可行性会变差,因为要专门布放发射潜标或用实验船吊放声源。所以,一般人工声源多用于水平阵声学层析的原理检验。我国曾经开展了基于水平阵的海洋声层析实验,采用海底水平阵列结合第 8 章研发的自主式声学发射潜标组成收发系统(图 5.6),实现了 40 km 距离范围内平均声速剖面的声学层析,并与温度链连续观测数据进行了反演精度检验。总计 9 h 的实验结果表明(图 5.7):声层析的海水声速剖面精度小于 1 m/s(对应的海水温度小于

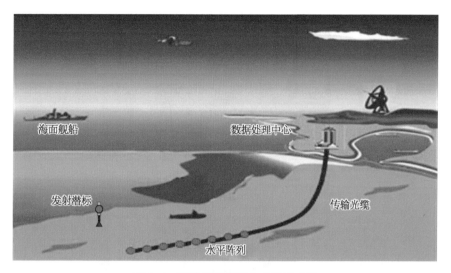

图 5.6　海洋声层析海上实验示意图

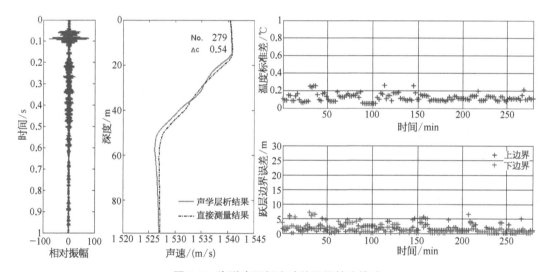

图 5.7　海洋声层析实验结果及精度检验

0.25℃),为我国水平阵海洋声层析技术发展奠定了重要理论基础。

　　如果能发展出只有接收系统的声学层析方法,层析系统将大大简化,层析技术的可用性将增加。实际上,声呐阵列周围经常会有大量过往行船,舰船辐射噪声信号到达声呐水平阵后经波束形成合成后可获得较高的信噪比,而行船的坐标位置可由船舶自动识别系统(AIS)给出,这样可以将舰船辐射噪声当作人工声源使用。通过将人工声源或舰船辐射噪声的阵列互谱密度构建式(5.2)的匹配场处理器,让其与不同待反演模型参数下声场模型计算的互谱密度进行相关处理,经最优化搜索出海水声速剖面。将舰船辐射噪声用于声学层析的优点是:舰船吃水深度靠近海面(10 m 以浅),海面声源能够激发穿透温跃层的高阶简正波(图 5.8),当声信号被海底水平阵接收,便携带更多的海水声速剖面信

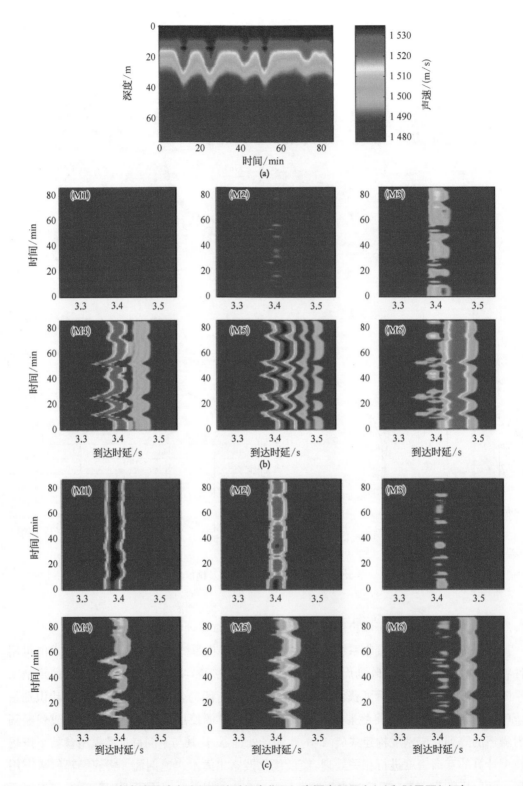

图5.8　有内波活动声速剖面随时间变化(a),声源在跃层上(b)和跃层下(c)时
　　　　激发的简正波到达时间变化

息,更利于海洋声层析的实现。但是,也有不利的一面,就是 AIS 给出的声源位置可能会有一定的延时偏差,处理不得当会对层析精度有一定影响。

从图 5.8 可以看到,温跃层的变化会导致不同路径到达时间发生变化。如果把这种多途到达信号简单表示为如图 5.9a 所示的 $y(t) = x(t) + ax(t+\tau)$,将其经过傅里叶变换到频谱域后,得到如图 5.9b 所示的频谱 $Y(\omega) = \mathrm{FFT}(y(t))$,就会发现频谱随时间的变换实际上反映了这种多途到达时间的变化。所以,在图 5.5 的反演流程中,可用通过匹配场处理方法来进行海水声速剖面反演,利用最优化算法(如并行 GA 算法)在参数域中快速寻找一组 EOF 系数 $\boldsymbol{\alpha}_0$,使得下面的代价函数达到最小:

$$\mathrm{Costf}(\boldsymbol{\alpha}) = 1 - \Big| \sum_{p=1}^{N} \sum_{q=p+1}^{N} \sum_{j=1}^{M_f} \boldsymbol{D}_{pq}(f_j) \boldsymbol{M}_{pq}^*(\boldsymbol{\alpha}, f_j) \Big| K^{-1} \tag{5.2}$$

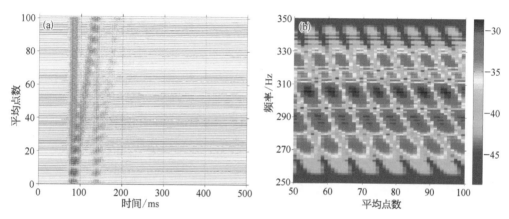

图 5.9　温跃层变化引起多途到达时间变化模拟(a)及其引起声场频谱的变化(b)

在式(5.2)中,$\boldsymbol{D}_{pq}(f)$ 为两个阵元实际接收声信号归一化互功率谱,表示为

$$\boldsymbol{D}_{pq}(f) = \boldsymbol{D}_p(f) \boldsymbol{D}_q^*(f) / | \boldsymbol{D}_p(f) \boldsymbol{D}_q(f) | \tag{5.3}$$

通过式(5.3)可消除声源谱的影响,$\boldsymbol{D}_p(f)$ 为第 p 个水听器接收的复声压。$\boldsymbol{M}_{pq}(f)$ 为根据海洋环境参数计算出的两个阵元接收声信号归一化互功率谱,可以表示为

$$\boldsymbol{M}_{pq}^*(f) = \boldsymbol{M}_p^*(\boldsymbol{\alpha}, f) \boldsymbol{M}_q(\boldsymbol{\alpha}, f) / | \boldsymbol{M}_p(\boldsymbol{\alpha}, f) \boldsymbol{M}_q(\boldsymbol{\alpha}, f) | \tag{5.4}$$

式中,$\boldsymbol{M}_p(\boldsymbol{\alpha}, f)$ 为第 p 个水听器处的理论计算复声压;$\boldsymbol{\alpha}$ 为待反演的参数组 $(\alpha_1 \quad \alpha_2 \cdots \alpha_m)$;$N$ 为水听器阵的阵元个数;M_f 为频率点数;上标 $*$ 表示复共轭。

式(5.2)中,K 是归一化系数,并满足

$$K = \Big(\sum_{p=1}^{N} \sum_{q=p+1}^{N} \sum_{j=1}^{M_f} | \boldsymbol{D}_{pq}(f_j) |^2 \Big)^{1/2} \Big(\sum_{p=1}^{N} \sum_{q=p+1}^{N} \sum_{j=1}^{M_f} | \boldsymbol{M}_{pq}(f_j) |^2 \Big)^{1/2} \tag{5.5}$$

图 5.7 给出的水平阵声学层析实验结果就是利用匹配声场反演原理完成的。

5.2.2 基于海洋环境噪声的被动声层析方法

图 5.5 提到基于海洋环境噪声的声层析方法,其基本原理是:两点间的海洋环境噪声长时间互相关处理,物理上等同于保留了两点之间连线方向上的声源发射经过两个接收点的相干噪声。所以,可提取出两接收点之间的等效格林函数,这相当于获得了从一个接收点到另外一个接收点的海洋信道传输特性。但是一般用两个接收器进行格林函数提取,需要噪声信号长度足够长才有可能。这对于海洋声层析来说是不利的,相当于得到的是长时间平滑信道传输特性,反映不了海水声速剖面随时间的变化。Leroy 等提出通过阵列波束形成加快格林函数的提取速度。如果声呐阵列两个子阵的水平间隔足够大,则通过阵列对准两子阵连线方向合成信号后再进行互相关处理,可大幅缩短格林函数提取所需时间(图 5.10),基本上时间量级从 2 d 可以降到 2 h。而且两子阵之间的距离精确已

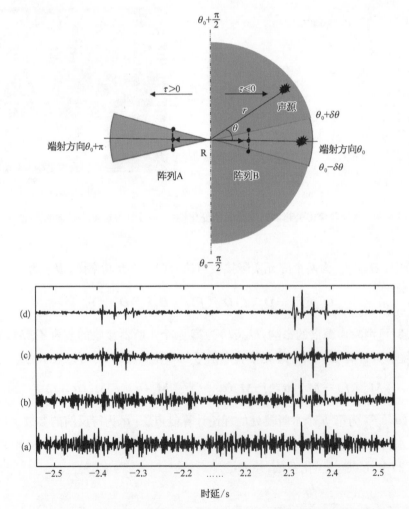

图 5.10　两阵列对准其连线方向波束形成(上图),以及两接收器和两条阵列噪声相关处理结果比较(下图)。其中:(a)为两接收器 2 h 相关;(b)为两接收器 24 h 相关;(c)为两条阵列 2 h 相关;(d)为两条阵列 24 h 相关(Li 等,2019)

知,两点之间直达路径与海面一次和二次反射路径的时间差便可较为准确地获得,这种时间差与海水声速剖面相关(图 5.11),可通过模型计算的时间差与实验数据提取的时间差进行匹配,求得最优声速剖面。

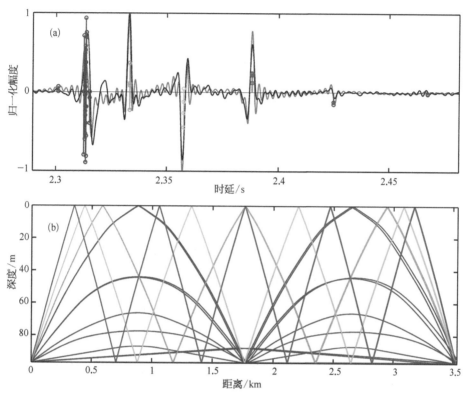

图 5.11　某时刻噪声互相关提取的格林函数实验与理论计算结果比较(a)及其对应的射线路径(b)(Li 等,2019)

为了系统验证基于海洋环境噪声的水平阵声层析方法,用该方法处理了 3 个月的噪声数据。图 5.12 给出用两个阵列提取的格林函数随时间的变化,可以看到多途到达时延结构随时间的变化。只要获得代表信道传输特性的格林函数,匹配场和利用射线

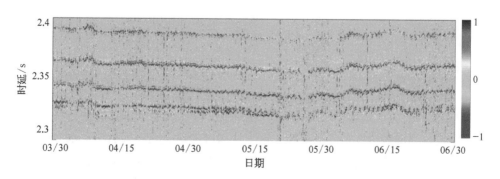

图 5.12　噪声互相关实验提取的格林函数随时间的变化(Li 等,2019)

传播时间等声速剖面反演方法均可使用。5.2.1 节介绍了匹配场反演方法,这里采用射线传播时间反演。在存在多途的海洋波导中,两点间的格林函数可以表示为各本征声线的叠加:

$$G(r_{AB}, t) = \sum_{n=1}^{N} [a_n s(t - \tau_n)] \tag{5.6}$$

式中,N 为本征声线的数量;a_n 为本征声线的幅度;τ_n 为本征声线的传播时间;r_{AB} 为两阵参考位置距离。

对于待反演的声速剖面 $c(z)$,通过最优化算法寻找声场模型计算的 $\tau_n^{mod}(c(z))$ 与实验数据提取的声线路径到达时间差 τ_n^{exp} 达到最小值,所对应的声速剖面即为反演结果。到达时间反演的代价函数表示为

$$Cost(r_{AB}, c_{opt}(z)) = \min\left\{\sum_{n=1}^{N} [\tau_n^{exp} - \tau_n^{mod}(r_{AB}, c(z))]^2\right\} \tag{5.7}$$

图 5.13 是经最优化式(5.7)的到达时间声层析方法给出的 3 个月声速剖面随时间变化,反演中声速剖面 $c(z)$ 同样需要利用式(5.1)的经验正交表示来降低反演参数。为了验证反演结果的准确性,使用温度链定期在海上测量水温剖面随时间的变化。图 5.14 给出声层析结果与温度链测量结果的比较,可见符合良好。说明通过噪声互相关提取的格林函数可以用来层析海水声速的起伏,该方法不需要专用的发射声源,大大简化了声层析系统,可作为岸基声呐一种水文环境自主保障技术。

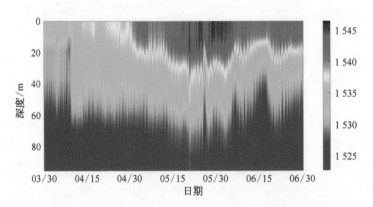

图 5.13　匹配多途到达时间声层析的海水声速剖面随时间的变化(Li 等,2019)

5.2.3　深海最严经验模态声层析方法

最严经验模态方法通常也被称为 GEM(gravest empirical mode)方法,主要应用于大洋环流、中尺度涡旋等慢变过程的观测。该方法通过搜集观测海区的历史水文资料,建立各个标准深度层温度、盐度、流速等参量与声波传播时间的经验关系,然后利用实际观测得到的传播时间反演海水温度、盐度或声速剖面。其最典型的应用是倒置式压力回声仪

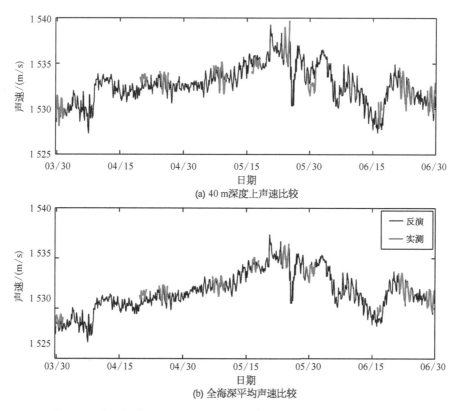

(a) 40 m深度上声速比较

图例：
反演
实测

(b) 全海深平均声速比较

图 5.14　声层析声速随时间的变化与温度链测量结果比较(Li 等,2019)

(pressure sensor equipped inverted echo sounders，PIES)，PIES 通过在海底布放收发合置的声学换能器和高精度压力计,测量当前时间的海深变化和发射的声信号经海面反射回到接收端的时间差,根据经验关系查表给出对应的海水温度和盐度剖面。

实际上,可以借鉴 GEM 和 PIES 的原理用于深海声层析。考虑到海水声速剖面随深度连续变化,可以用一个简单的分层模型来模拟海洋声速梯度结构,如图 5.15 所示。海水被划分为 N 层。每层的声速和厚度分别为 C_i 和 D_i。声源位于深度 Z_s 处,接收器位于深度 Z_r 处。利用射线声学可以得到从声源传播到接收器的各条声线。但随着海底反射次数的增加,加上几何扩展损失,使得多次反射波的衰减越来越大。所以,接收器接收到的直达波和一次反射波能量最强,也是传播时间最短的两条声线。对于每一层海水中传播的声线,传播时间为

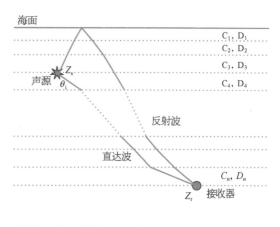

图 5.15　简单海洋分层模型

$$T_i = \frac{D_i}{\sin \theta_i \cdot C_i} \tag{5.8}$$

同时,根据 Snell 定律,声线在通过相邻层界面时满足

$$\frac{\cos \theta_i}{C_i} = \frac{\cos \theta_j}{C_j} = \frac{\cos \theta_0}{C_0} \tag{5.9}$$

式中,θ_0 和 C_0 分别为声源处的入射角和声速。

结合以上两个公式,便可以计算得到每条声线所代表的传播时间。一般而言,如果利用传播时间的绝对值来反演海水声速剖面,需要考虑声源和接收器的时钟同步问题,这对于硬件设备有较高的要求。而如果利用直达波和反射波到达时延来反演,这可以有效地避免这个问题。直达波与一次海面反射波的到达时延可表示为

$$\Delta T = Tr - Td = \sum_i \frac{D_i}{\sin \theta_i \cdot C_i} - \sum_j \frac{D_j}{\sin \theta_i \cdot C_j} \tag{5.10}$$

式中,Tr 为海面反射波到达时间;Td 为直达波到达时间;i 为海面反射波所走过的水层;j 为直达波所走过的水层。这样就得到了直达波和一次反射波到达时延与海水声速梯度之间的关系表达式。

在深海环境中,200 m 以浅的海水浅表层,受阳光和风浪等作用,温度随着深度变化较大,形成温跃层或中尺度起伏,而在较深水层,温度随着深度的增加而变化非常缓慢,季节性也不强。因此,在 1 000 m 以深,水文剖面可以直接采用历史平均数据,一般也不会产生太大误差。此外,从图 5.15 可以看出,直达声与海面反射声程差主要由声源深度以浅深度的水文参数决定,这恰好对应海水声速变化较大的地方,而两者在声源深度以下到达接收器走过的声程基本相同。对于 PIES,声源和接收器均在海底,由于几百米以深水层变化不大,所以时间差所反映的,实际上也主要是海面以下几百米深度的变化。那么,直达波和海面反射波的到达时延仅由声源以浅部分的传播时间决定,由此可得

$$\Delta T = \sum_{声源以浅} \Delta T_i = \sum_{声源以浅} \frac{D_i}{C_i} \tag{5.11}$$

图 5.16 给出利用 GEM 方法进行深海声层析的流程图。该方法的关键是将历史水文数据根据声学收发系统的距离和深度位置计算到达时间差,并按到达时间差排序,形成 GEM - Field 图表,然后根据实验获取的时延数值在 GEM - Field 表中查表,找到对应的水文参数,即可简单实现深海声层析。如果没有声源,采取基于海洋环境噪声的被动声层析方法,依然可与 GEM 方法结合,只须将两个水平阵列分别看作一个发射声源和一个接收器,通过噪声互相关提取的格林函数便可得到直达声和海面反射声到达时间差,同样实现海深声学层析。

作为例子,这里给出 2014 年一次南海深海实验数据,进行方法验证。实验期间进行了大量水文测量,结果如图 5.17 所示,这里主要采用来自其中抛弃式温深仪(XBT)、抛弃

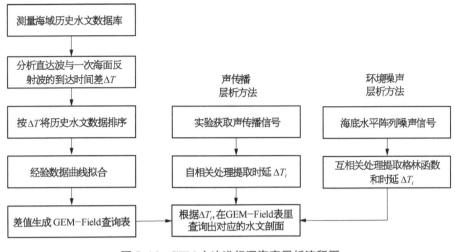

图 5.16　GEM 方法进行深海声层析流程图

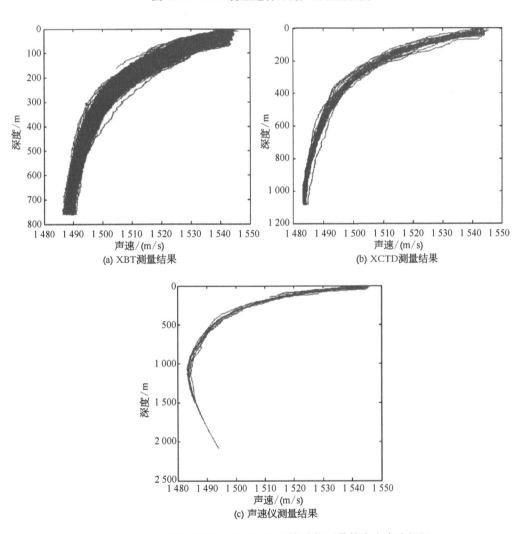

图 5.17　南海实验中由 XBT、XCTD 和声速仪测量的海水声速剖面

式温盐深剖面仪(XCTD)和声速仪的测量数据,作为测量区域的历史数据。利用 GEM 方法反演,首先需要对实际测量时的声源距离 R、接收器深度 Zr 和声源深度 Zs 参数,利用已有的声速剖面来构建 GEM - Field 表。实验海深 4 300 m,声传播采用 200 m 深度的宽带爆炸声源,距离水听器水平距离 3 542 m,水听器深度 737 m。根据几何位置和测量的声速剖面,计算得到不同样本对应直达声与海面反射声信号到达时间差 GEM - Field 图,如图 5.18 所示。

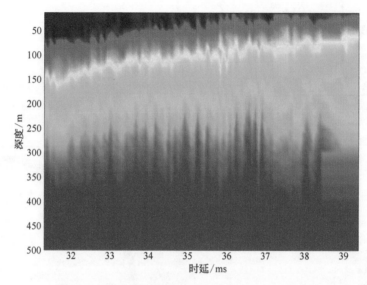

图 5.18　南海实验海域的到达时延 GEM - Field 图

　　图 5.19 给出接收声信号的原始波形图和自相关处理结果,自相关处理结果中的 T1 - T0 所代表的就是一次反射波与直达波的时延 ΔT_i,最终得到时延为 34.59 ms。在图 5.18 中查找该时延对应的声速剖面,并将其与临近时刻 XBT 测量值进行比对,结果如图 5.20 所示。可以看出,查表结果与测量值保持了较好的一致性,证明了该方法的可行性和有效性。

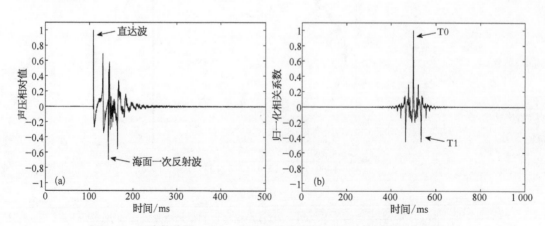

图 5.19　距离接收器 3 542 m 爆炸信号波形图(a)及其信号自相关结果(b)

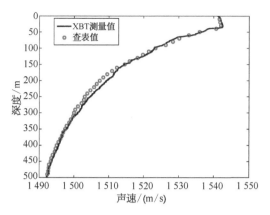

图 5.20　根据时延查 GEM－Field 表给出的声速剖面与附近的 XBT 测量结果比较

5.3　深海海底参数声学反演

海底参数声学反演被认为是海洋声学研究的"国王",原因一方面在于海底参数对水下声传播和声呐探测性能影响较大,另一方面原因是有些参数(如低频海底吸收)无法直接测量,其真值获取是个难题,只能通过声学方法来反演。海底反演准确性的评价标准是让反演结果尽可能多地解释海洋声学现象。

无论是海底采样、原位测量还是海底参数声学反演,都会耗费大量的人力和物力资源。要想解决声呐应用中的海底参数缺乏问题,一个可行的办法就是通过选取典型海底类型海域进行反演研究,给出海底声学参数与底质类型的对应关系,才能尽可能地利用全球已有的海底底质采样数据资料(图 5.21)。

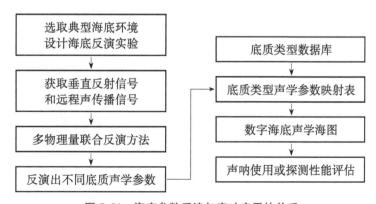

图 5.21　海底参数反演与声呐应用的关系

5.3.1 海底参数模型及其敏感性分析

海底反演的目的是通过测量的声场来对声学参数进行估计。无论反演时所用的海底模型和反演方法是什么,最终总是能给出一组与所用模型相对应的海底参数,从这一点看海底反演似乎是一个很简单的问题。但是,对一个海底模型,有些海底参数对声场物理量变化不是很敏感,反演结果的唯一性和准确性就很难保证。另外,如果海底模型选取得不恰当,即与实际的海底相差太远,反演的结果有时会很难预报声场。所以,海底模型以及反演方法的选取就显得尤为重要。根据反演的目的,海底参数反演可大致分为以下两类:

(1) 用尽可能简单的等效海底模型,反演出一组等效的海底参数。但是,需要该模型可以较为准确地预报海洋中的声场。

(2) 尽可能准确地反演出海底的底质特性。包括海底的分层结构、水平变化特性等。

就声呐应用而言,用到的一般为远场、一定带宽范围内的声场信号。所以,上述第(1)类反演往往很有效、实用。但是,对有些水声物理实验现象的解释,有时需要较为准确的海底模型,这时就有必要用到第(2)类反演。图 5.22 给出两种常见的半无限大海底模型和双层海底模型,当然还有更为复杂的海洋环境,如海底底质随深度和距离变化等。就反演而言,如果模型太复杂,相应的待反演物理量维度会增多(图 5.22b 就有 7 个未知参数),反演时的计算量会呈指数增加,反演多值性问题很难解决,反演结果的不确定性也会随之增大,可信度会降低。

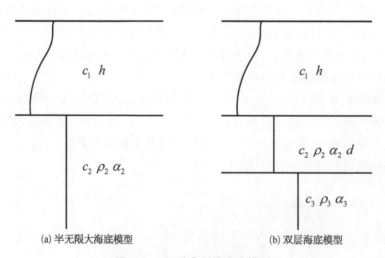

(a) 半无限大海底模型　　　　　(b) 双层海底模型

图 5.22　两种典型的海底模型

海底对海洋中声传播的影响,和声波每次与海底作用时的掠射角及其对应的反射损失密切相关。图 5.23 形象地给出了声源到接收器的距离与声波掠射角之间的对应关系:近场以大掠射角为主,而远场主要是小角度的掠射角。

海水-海底分界面上反射平面波与入射平面波的幅度之比称为海底反射系数,它是表示海底对声传播影响的一个重要度量。反射系数的概念有助于直观地从物理上认识海底

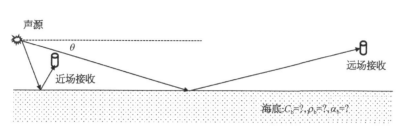

图 5.23　掠射角与声源收发距离的联系示意图

对声能量的损耗作用。沉积物的刚性通常很小,因此可以将海底近似成液体。根据界面两边声压和法向质点振速连续的边界条件,可以求得均匀液态海底反射系数 R_{12} 的表示式:

$$R_{12} = \frac{\rho_2 c_2 / \sin\theta_2 - \rho_1 c_1 / \sin\theta_1}{\rho_2 c_2 / \sin\theta_2 + \rho_1 c_1 / \sin\theta_1} \tag{5.12}$$

式中,θ_1、θ_2 分别为声波在海水、沉积层介质中的掠射角,它们满足 Snell 折射定律 $\cos\theta_1 / c_1 = \cos\theta_2 / c_2$。

同理可得双层液态海底反射系数 R_{123} 的表达式为

$$R_{123} = \frac{R_{12} + R_{23}\exp(2i\phi_2)}{1 + R_{12}R_{23}\exp(2i\phi_2)} \tag{5.13}$$

式中,R_{23} 为沉积层-基底界面的反射系数,其表达式同 R_{12} 类似;ϕ_2 为声波在沉积层内的垂直相移。

海底反射损失是海底反射系数的分贝数,定义为

$$BL = -20\lg(|R|) \tag{5.14}$$

根据海底沉积层声速和其上方海水声速的大小关系,将海底分为高声速海底和低声速海底,这两种情况的海底反射特性明显不同。为直观分析海底损耗机理,这里举例讨论四种情况下海底反射损失随频率、掠射角的变化:① 高声速单层海底;② 低声速单层海底;③ 高声速沉积层双层海底;④ 低声速沉积层双层海底。表 5.1 给出了这四种情况对应的海底参数(其中,海水参数取 $c_1 = 1\,500\ \text{m/s}$、$\rho_1 = 1\ \text{g/cm}^3$),相应的海底反射损失结果如图 5.24 所示。

表 5.1　四种海底模型的海底参数

海　底	$c_2/(\text{m/s})$	$\rho_2/(\text{g/cm}^3)$	$\alpha_2/(\text{dB}/\lambda)$	d/m	$c_3/(\text{m/s})$	$\rho_3/(\text{g/cm}^3)$	$\alpha_3/(\text{dB}/\lambda)$
情况①	1 550	1.5	0.2				
情况②	1 450	1.5	0.2				
情况③	1 550	1.5	0.2	10	1 800	1.8	0.2
情况④	1 450	1.5	0.2	10	1 800	1.8	0.2

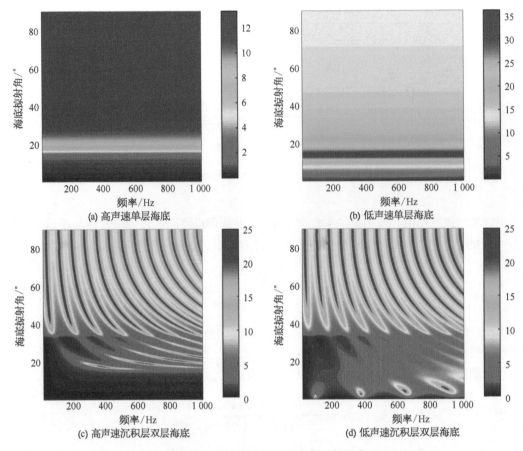

(a) 高声速单层海底 　　　　　　　　　　(b) 低声速单层海底

(c) 高声速沉积层双层海底 　　　　　　　(d) 低声速沉积层双层海底

图 5.24　四种海底模型的海底反射损失

分析得出如下结论：

(1) 单层海底模型下，当海底衰减系数 $\alpha = Kf^1(\mathrm{dB/m})$ 即 $Kc_2(\mathrm{dB/\lambda})$ 时，式中 K 为常数，BL 与频率无关，如果海底衰减系数随频率非线性变化，则 BL 也会随频率变化；高声速单层海底的掠射角小于临界掠射角 $\arccos(c_1/c_2)$ 时声波全反射 BL 接近于 0 dB，随掠射角增大 BL 增大；低声速单层海底不存在临界掠射角，存在全透射掠射角 $\theta_t = \arctan\sqrt{\dfrac{1-(c_2/c_1)^2}{(\rho_2 c_2/\rho_1 c_1)^2-1}} = 13.7°$，因而 BL 随掠射角增大先增大后减小。

(2) 双层海底模型下，高声速沉积层双层海底和低声速沉积层双层海底都存在一个临界掠射角 $\theta_c = \arccos(c_1/c_3) = 33.6°$，掠射角小于 θ_c 的声波在沉积层-基底界面全反射，因此对应 BL 较小；掠射角大于 θ_c 的声波会透射进入基底，因此对应 BL 较大，且受沉积层结构影响随频率变化存在显著的振荡现象，特别当声波垂直入射海底时，存在 1/4 波长消声、1/2 波长全透声现象。

(3) 高声速沉积层双层海底模型下，还存在一个海水-沉积层界面的临界掠射角 $\theta'_c = \arccos(c_1/c_2) = 14.6°$，掠射角小于 θ'_c 的声波在海水-沉积层界面全反射，因此 BL 接近于

0 dB,且高频时 BL 基本与频率无关,此时高声速沉积层双层海底对声波的作用效果等效于以 c_2 为基底的高声速单层海底的作用效果,反演时如果用高频对基底参数就不敏感;但用低频时沉积层厚度远小于声波波长(例如 $f=20$ Hz, $d=10$ m 远小于 $\lambda_2=77.5$ m),沉积层对入射波是近似透明的,此时临界角由 $\theta_c=\arccos(c_1/c_3)=33.6°$ 决定,高声速沉积层双层海底对声波的作用效果等效于以 c_3 为基底的高声速单层海底的作用效果;进而在低频到高频的过渡段,BL 随频率增大而增大。海水中的掠射角 θ 满足 $\theta'_c<\theta<\theta_c$ 时,声波可以透射进入沉积层但在沉积层-基底界面全反射,由于沉积层结构的存在 BL 随频率出现振荡变化,且随频率增大沉积层对声波的作用效果更加明显。

(4) 低声速双层海底模型下,不存在 θ'_c 即海水中的声波都能透射进入沉积层,由于沉积层结构的存在,小掠射角情况下在特定频点 BL 异常大,随掠射角增大 BL 振荡周期减小,随频率增大沉积层作用越明显、BL 振荡越剧烈、旁瓣越宽。

图 5.24 及相应结论在衰减系数 α(dB/m)是频率一次方的前提下得到的,根据大量实验数据统计分析及模型理论推导,孔隙率较大的淤泥和黏土底质的海底较符合上述条件。周纪浔等在单层海底模型假设下,总结发现砂质海底衰减系数随频率呈非线性变化关系,设基底声速为 1 592 m/s(满足 $c_2/c_1=1.061$),基底密度 $\rho_2=1.5$ g/cm^3,衰减系数 $\alpha_2=0.37\times f^{1.80}$ dB/m,f 的单位是 kHz,该海底模型下 BL 随频率、掠射角的变化如图 5.25 所示。可见,存在一个临界掠射角,掠射角大于临界掠射角时,声波透射进入海底,BL 随掠射角增大而增大,受频率影响较小,同高声速单层海底模型基本一致;掠射角小于临界掠射角时,声波在海水-基底界面全反射,因而 BL 较小,但由于海底衰减随频率非线性增大,因此 BL 随频率非线性增大,该规律不同于高声速单层海底模型。图 5.24a 中 BL 随频率不变,与高声速沉积层双层海底图 5.24c 中低频-高频过渡段规律相似,但与其高频段规律不符合。

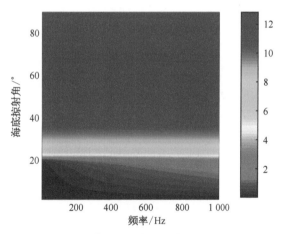

图 5.25　砂质海底模型的海底反射损失

接收的声信号通常是不同频率声波以不同掠射角与海底作用多次的叠加效果。从海底反射损失(即海底反射系数幅值)的角度说明不同海底模型对声场能量耗散的影响,可以看出海底声速对 BL 有重要影响,高声速海底、低声速海底的声场特性大不一样。在确定海底声速与海水声速大小关系的前提下,单层海底模型和双层海底模型对应的 BL 也不同,但又存在相似之处,例如高频小掠射角情况下图 5.24a 和图 5.24c 中的 BL 都较小且与频率近似无关,所以此时两种模型都能较好地描述声场的能量变化,两者是等效的。

针对半无限大海底模型,改变海底密度、声速和吸收系数,可分析不同海底参数对反射损失的影响,如图 5.26 所示。可以看到,海底密度主要在近似垂直的掠射角方向上影响大(对应近程声场),海底声速主要在临界角以上影响较大,而海底吸收系数主要在大于临界角的小掠射角范围内影响大(对应远场)。所以,反演海底参数时,特别要注意选择合适距离或深度位置上最为敏感的声场物理量进行反演,反演结果准确性才更高。

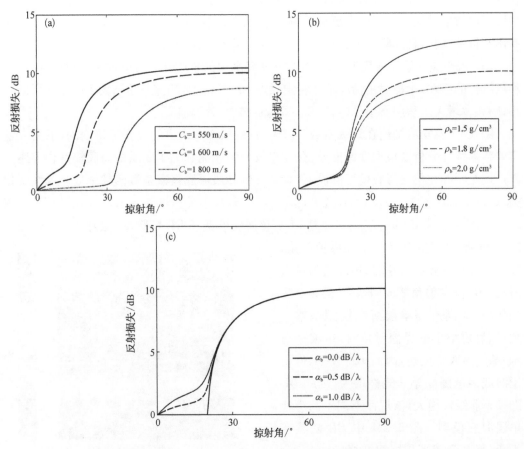

图 5.26　半无限大海底模型声速、密度和吸收系数对反射损失的敏感性分析(图中没有特别说明时,海底参数取 $c_b = 1\,600$ m/s, $\rho_b = 1.8$ g/cm³, $\alpha_b = 0.5$ dB/λ)

5.3.2　多物理量联合参数反演方法

国内外学者曾经发展了多种不同的海底参数反演方法,不外乎基于声场相位特性的匹配声压反演、匹配波形反演、匹配简正波频散特性或到达时间反演、声场空频相关特性反演等,以及基于能量特性的反射损失、声传播损失和混响衰减反演等。还有其他一些时频分析或 warping 变换等信号处理方法,只是为了更准确地提取海底声学反演所需的实验测量物理量而已。总之,众多反演方法的核心是如何准确获得本书第 3 章中声压表达式(3.28)中的水平波数 k_{rm},因为其实部决定了声场的相位,而虚部决定了声场随距离衰减的幅度。水下声源定位问题也类似,准确获得表示声场相位的水平波数 k_{rm} 是定位能否成功的关键。

如果单纯用某一个物理量同时反演海底的密度、声速和吸收系数 3 个参数或双层海底的 7 个参数,则存在有些海底参数的改变不会引起所选物理量的变化,或是两个参数之间存在耦合问题(如海深和海底声速之间的耦合),最终使得所反演的海底参数只可以解释部分实验现象,但是对另外一些物理现象却无能为力,比如:反演结果在能量上使声传播损失符合,但是用于声源定位也许会有问题。

根据海底参数对声场物理量的敏感程度不同,提出如图 5.27 所示等效海底模型和多物理量联合反演流程,分别利用近程、中程和远场声传播信号及其时空相干特征来反演海底的密度、声速和吸收系数。一般对于较硬的泥沙类海底,半无限大海底模型可解释大多数的声传播现象。如果实验可以获得海底的垂直反射系数 V_r,则能够计算出海底特性阻抗

$$\rho_b c_b = [(1+V_r)/(1-V_r)] \times (\rho_w c_w) \tag{5.15}$$

式中,$\rho_b c_b$ 和 $\rho_w c_w$ 分别为海底和海水的特性阻抗。

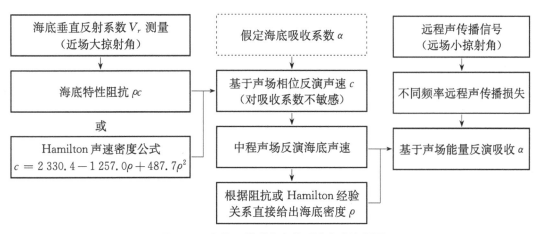

图 5.27　多物理量联合参数反演方法流程图

得到 $\rho_b c_b$ 后,就可作为约束条件代入诸如匹配场处理反演等对海底声速较为敏感的方法中,同时反演出海底的密度。如果实验没有可提取海底垂直反射系数的近场数据,则可以使用 Hamilton 海底声速和密度的经验公式。每次给出一个待反演海底声速 c_b 计算拷贝声场时,同时用经验公式给出海底密度 ρ_b。一般的基于相位反演方法对吸收系数相对不敏感,所以可以先假定一个合理的吸收系数 α_b,反演出声速和密度之后,再通过远程声传播损失数据反演海底吸收系数。这样很好地利用多物理量联合反演,解决了海底参数关联性导致的反演多值性问题,在显著提高反演精度的同时大大减小了计算量。

在我国黄海(图 5.28)、东海及南海等多个海区,使用该方法对 20 多个软硬不同典型海底底质站位的声学参数进行了反演,并进行了底质采样和分析。获得了不同海底底质类型对应的声学参数,以及吸收系数随声波频率变化的经验关系(图 5.29~图 5.31),从

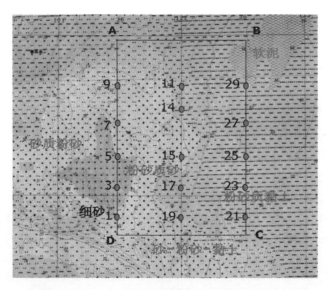

图 5.28 在 1°×1° 海区范围内六种不同底质类型

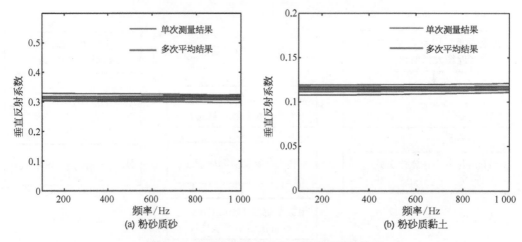

(a) 粉砂质砂   (b) 粉砂质黏土

图 5.29 两种底质海底垂直反射系数测量结果

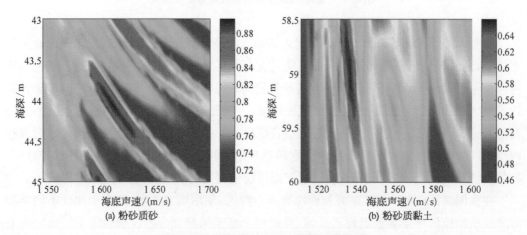

(a) 粉砂质砂   (b) 粉砂质黏土

图 5.30 两种底质声速匹配场反演结果

图 5.30 可以观测到海底声速和海深的耦合效应。最终获得本书第 2 章 9 类海底底质类型与声学参数在低频的映射关系(图 5.32),可以实现从底质类型向海底声学参数的转换,用于我国海洋环境数据库和数字声学海图的建设,并可应用于声呐及其探测性能预报。

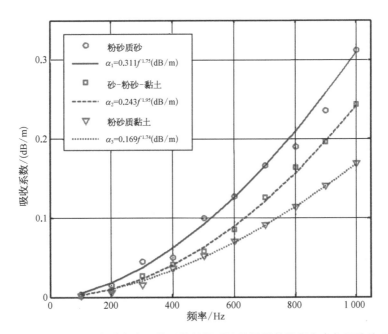

图 5.31　三种不同底质海底吸收系数低频反演结果及其随频率变化经验关系

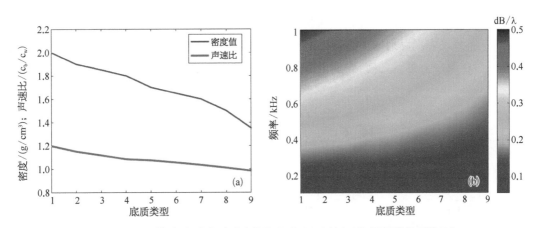

图 5.32　不同海底底质类型对应的海底密度、声速(a)和低频吸收系数(b)

5.3.3　深海海底参数声学反演

在浅海环境下,声波与海底相互作用较为频繁,海底对声场的影响比深海环境更大。另外,海深越浅,声场的波导效应越明显,还会出现与海底参数相关的声场干涉现象,更利于海底反演。比如,存在一定厚度的软泥底,就决定了声场在特殊频率处穿透到沉积层中传播(图 5.33),相互干涉导致传播损失周期性增大,这种干涉结构的频率周期对泥层厚度确定至关重要,李梦竹等曾利用该特性作为反演泥底声速和厚度的约束条件。所以,一般海底反演最好在浅海中进行,这也是为什么声学反演方法主要集中在浅海的主要原因。

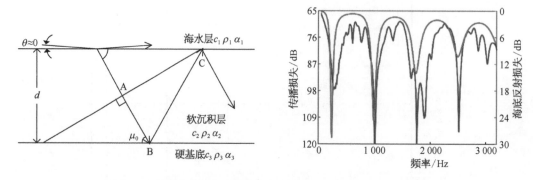

图 5.33　浅海软泥底环境中出现声波进入沉积层传播的干涉效应

然而,声呐在深海中应用时,海底参数对海底反射区声场也具有较大影响,所以有必要开展深海环境下的海底反演研究,为深海声场与声呐探测性能分析奠定基础。本书第4章中的深海声传播特性分析表明,会聚区声场主要由海水中折射到达路径形成,而声影区声场则是由经过海底反射的声能量组成。所以,海底底质的软硬程度不同,对声场影区声场较大,图 5.34 给出 4.6.3 节南海深海环境下不同声速和海底吸收系数对声传播的影响。可见,海底对会聚区声传播损失影响很小,而在刚过第一会聚区的第二影区开始距离,只有经海底多次反射的声路径才能到达,所以声传播受海底影响显著,对海底声速尤其敏感。在第一会聚区之前,声能量以一次海底反射路径为主,海底参数对声场也有一定

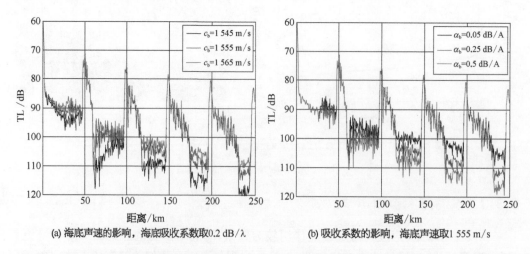

(a) 海底声速的影响,海底吸收系数取0.2 dB/λ　　(b) 吸收系数的影响,海底声速取1 555 m/s

图 5.34　深海海底参数对声传播损失敏感性分析(声源频率 300 Hz,声源深度 200 m,接收深度 500 m,海底密度由 Hamilton 经验公式通过声速计算给出)

影响。由图 5.34b 的海底吸收系数敏感性分析结果,可以看到在第一会聚区内对应大角度的一次海底反射波,由图 5.26 可知海底反射损失对大角度下的吸收系数不敏感,所以,至少要到两个会聚区以上,经过多次反射作用后才能逐渐显现。但是,太远距离声影区的信噪比一般较低,反演中还要保证实验数据具有足够的信噪比。

国内外有很多文献曾经利用传播损失数据反演海底声吸收系数,在深海第一会聚区前后影区内的声传播损失对海底声速也是敏感的,所以,可以将图 5.27 的联合反演方法修改为如图 5.35 所示的反演流程。其核心思想是针对敏感性不同,利用不同距离下的声传播损失来分别反演海底声速和吸收系数。反演时实验传播损失值和模型计算的传播损失值的方差作为代价函数:

$$E(\Omega) = \frac{1}{\sqrt{NM}} \sqrt{\sum_{i}^{N} \sum_{j}^{M} \left[\mathrm{TL}_{exp}(f_0, r_i, z_j) - \mathrm{TL}_{cal}(f_0, r_i, z_j, \Omega) \right]^2} \quad (5.16)$$

式中,M 为水听器个数;N 为选取距离内实验数据的点数;实验传播损失 $\mathrm{TL}_{exp}(f_0, r_i, z_j)$ 为接收深度在 z_j、距离声源 r_i、以中心频率 f_0 的 1/3 倍频程带宽内计算得到;$\mathrm{TL}_{cal}(f_0, r_i, z_j, \Omega)$ 为声场模型计算相同带宽内的相干声传播损失,其中 Ω 为待反演的海底参数集,包括声速、密度和吸收系数。在深海反演中,海水吸收也不可忽略。为了更有效地利用声影区实验数据,可以选取含有声影区数据占比较多的浅深度上传播损失。

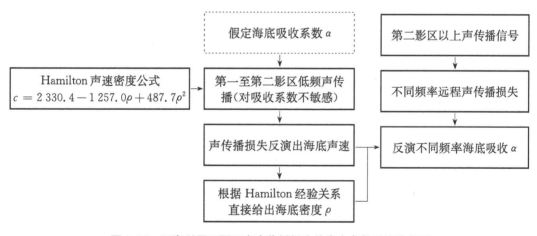

图 5.35　深海利用不同距离声传播损失的海底参数反演流程图

利用图 5.35 的深海海底参数反演流程,对南海一次深海实验海域的海底参数进行了反演。实际反演过程中,首先利用频率 300 Hz 的声传播损失数据,吸收系数取 0.2 dB/λ,选用 20~70 km 距离范围内的低频声传播损失反演海底声速,然后再利用 70~250 km 范围声传播损失反演 100~600 Hz 频率范围的声吸收系数。图 5.36 给出海底声速反演时不同参数代价函数的变化。最终反演出的海底声速为 1 552 m/s,密度为 1.54 g/cm³,并拟合出海底吸收系数随频率的经验关系:

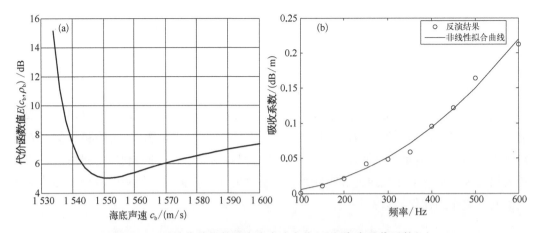

图 5.36　反演代价函数随海底声速变化(a)和海底吸收系数(b)

$$\alpha_b = 0.64 f^{2.1} \ \text{dB/m} \tag{5.17}$$

式中,频率 f 的单位为 kHz。

在该海域三个位置进行了海底采样,样品分析结果表明:海底底质类型主要以黏土质粉砂为主,平均的孔隙度为 $74\% \pm 11\%$。实际上实验室内测量的样品不同深度层的海底声速和密度离散性较大:海底声速范围为 $1\,507 \sim 1\,732$ m/s、海底密度范围为 $1.2 \sim 1.98$ g/cm³。如果进行简单平均:海底声速为 $(1\,591 \pm 56)$ m/s、密度为 (1.45 ± 0.2) g/cm³,通过比较可见反演结果基本合理。将反演获取的海底参数用于计算实验中另外一个声传播路径的传播损失,并与实验数据比较,结果如图 5.37 所示,其中声源频率 300 Hz,接收深度 171 m。可以看出,仿真结果可以较好地预报该路径上(非反演数据获得的传播路径)声影区和会聚区的声传播损失。尽管爆炸声源级本身有一定起伏,但是统计的声传播损失方差小于 4.5 dB,验证了反演参数的可靠性和有效性。

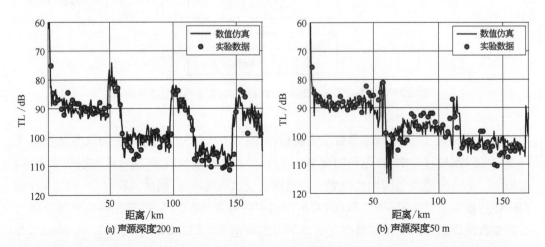

图 5.37　反演参数有效性检验(另外一个方向上声传播损失模型计算结果与实验结果比较)

关于海底参数声学反演,最后需要说明的是,与 5.2.2 节类似,也可以使用基于海洋环境噪声的被动方法。首先从海洋环境噪声中提取信道的格林函数,然后利用上述常规的匹配场等方法便可以进行海底声学参数反演。此外,还有一些特殊手段能够用于被动海底声学参数反演,如时间反转技术(Qin 等,2017)和模式分离后的频散特性匹配(Tan 等,2020)等,本书不再详述。

参考文献

[1]　Munk W, Worcester P, Wunsch C. Ocean acoustic tomography [M]. Cambridge：Cambridge University Press, 1995.

[2]　Tolstoy A. Matched field processing for underwater acoustics [M]. Singapore：World Scientific Publishing Co. Ltd. , 1993.

[3]　Taroudakis M I, Markaki M G. On the use of matched-field processing and hybrid algorithms for vertical slice tomography [J]. J. Acoust. Soc. Am. , 1997, 102(2)：885 - 895.

[4]　Sabra K G, Roux P, Kuperman W A. Arrival-time structure of the time-averaged ambient noise cross-correlation function in an oceanic waveguide [J]. J. Acoust. Soc. Am. , 2005, 117(1), 164 - 174.

[5]　Dushaw B, Bold G, Chui C S, et al. Observing the ocean in the 2000s：A strategy for the role of acoustic tomography in ocean climate observation [M]//Koblinsky C J, Smith N R. Observing the oceans in the 21st century. Melbourne, Victoria, Australia：GODAE Project Office and Bureau of Meteorology, 2001：391 - 418.

[6]　何利,李整林,彭朝晖,等.南海北部海水声速剖面声学反演[J].中国科学：物理学　力学　天文学,2011, 41(1), 49 - 57.

[7]　Yu Yanxin, Li Zhenglin, He Li. Matched-field inversion of sound speed profile in shallow water using a parallel genetic algorithm [J]. Chinese Journal of Oceanology and Limnology, 2010, 28 (5)：1080 - 1085.

[8]　Li Zhenglin, He Li, Zhang Renhe. Sound speed profile inversion using a horizontal line array in shallow water [J]. Science China - Physics Mechanics and Astronomy, 2015, 58(1)：014301.

[9]　Li Fenghua, Yang Xishan, Zhang Yanjun, et al. Passive ocean acoustic tomography in shallow water [J]. J. Acoust. Soc. Am. , 2019(145)：2823 - 2830.

[10]　Yang Xishan, Li Fenghua, Zhang Bo, et al. Seasonally-invariant head wave speed extracted from ocean noise cross-correlation [J]. J. Acoust. Soc. Am. , 2020(147)：EL241.

[11]　杨习山.海洋环境噪声中格林函数的提取与应用[D].北京：中国科学院声学研究所,2020.

[12]　Chapman D M F. What are we inverting for? [M]//Michael I Taroudakis, George N Makrakis. Inverse problems in underwater acoustics. New York：Springer, 2001.

[13]　Hamilton E L. Geoacoustic modeling of the sea floor [J]. J. Acoust. Soc. Am. , 1980, 68(5)：1313 - 1340.

[14]　Hamilton E L, Bachman R T. Sound speed and related properties of marine sediment [J]. J. Acoust. Soc. Am. , 1982, 6(72)：1891 - 1904.

[15] Baggeroer B, Kuperman W A, Miknalevsky P N. An overview of matched field methods in ocean acoustics [J]. IEEE J. Ocean. Eng. , 1993, 18(4): 401 - 424.

[16] Tolstoy A, Chapman N R, Brooke G. Workshop '97: benchmarking for geoacoustic inversion in shallow water [J]. J. Comp. Acoustic. , 1998(6): 1 - 28.

[17] 李风华,张仁和. 由脉冲波形与传播损失反演海底声速与衰减系数[J]. 声学学报,2000,25(4): 297 - 302.

[18] Knobles D P, Scoggins T, Shooter J. Geoacoustic inversion from moving ship of opportunity in deep-water environment [J]. J. Acoust. Soc. Am. , 2004(115): 2408.

[19] Li Zhenglin, Zhang Renhe. A broadband geoacoustic inversion scheme [J]. Chin. Phys. Lett. , 2004, 21(6): 1100 - 1103.

[20] Li Zhenglin, Zhang Renhe, et al. Geoacoustic inversion by MFP combined with vertical reflection coefficients and vertical correlation [J]. IEEE J. Oceanic. Eng. , 2004, 29(4): 973 - 979.

[21] Li Zhenglin, Li Fenghua. Geoacoustic inversion for sediments in the South China Sea based on a hybrid inversion scheme [J]. Chinese Journal of Oceanology and Limnology, 2010, 28(5): 990 - 995.

[22] Zhou J X, Zhang X Z, Knobles D P. Low-frequency geoacoustic model for the effective properties of sandy sea bottoms [J]. J. Acoust. Soc. Am. , 2009, 125(5): 2847 - 2866.

[23] 吴双林. 深海海底参数声学反演[D]. 北京:中国科学院声学研究所,2016.

[24] 李梦竹,李整林,周纪浔,等. 一种低声速沉积层海底参数声学反演方法[J]. 物理学报,2019,68(9): 094301.

[25] Godin Oleg A, Katsnelson Boris G, Qin Jixing, et al. Application of time reversal to passive acoustic remote sensing of the ocean [J]. Acoustical Physics, 2017, 63(3): 309 - 320.

[26] Qin Jixing, Katsnelson Boris, Godin Oleg, et al. Geoacoustic inversion using time reversal of ocean noise [J]. Chin. Phys. Lett. , 2017, 34(9): 094301.

[27] Tan T W, Godin O A, Boris B G, et al. Passive geoacoustic inversion in the Mid-Atlantic Bight in the presence of strong water column variability [J]. J. Acoust. Soc. Am. , 2020, 147(6): EL453 - EL459.

第 6 章　深海探测中的背景干扰

声呐系统通常接收到的背景干扰包括平台噪声、目标干扰、海洋环境噪声和海洋混响等。其中,海洋环境噪声是岸基和潜标式被动声呐探测的主要干扰,海洋混响是主动声呐探测的主要背景干扰。了解及掌握深海环境噪声和混响的特点对于提升深海环境中的探测性能具有重要意义,本章将对其物理特性和建模方法等方面进行介绍。

6.1　深海环境噪声

　　环境噪声是影响探测性能的主要因素之一,因而对声呐应用有着重要影响。海洋环境噪声研究始于第二次世界大战期间,到目前已取得了大量的实测及理论结果。海洋中的噪声源主要包括海洋潮汐、地震与火山活动、海洋湍流、水下钻探、船舶航运、大气活动、降雨、海表波浪及水下生物活动等。在 $50\sim300\,\mathrm{Hz}$ 频段,离岸区海洋噪声主要由船舶航行及海表风浪所产生;在 $400\sim20\,000\,\mathrm{Hz}$ 频段,离岸区海洋噪声和海面状况及所测量海区的风速有直接关系;而在某些近岸区,波浪与海岸相互作用则是主要的海洋噪声源;另外,降雨对高频噪声也具有一定影响。图 6.1 给出一次南海深海海上实验观测的噪声谱级随时间变化及其与风速和降雨过程的对应关系,可见在高风速时间段内的噪声谱也较高。本章重点对深海典型区域的环境噪声模型进行介绍,重点关注深海风生噪声谱特性。

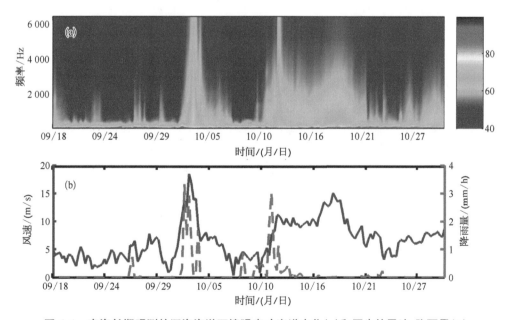

图 6.1　南海长期观测的深海海洋环境噪声功率谱变化(a)和同步的风速、降雨量(b)

6.1.1　海洋环境噪声源经验公式

关于海洋环境噪声频谱的测量结果已有大量文献报道。Kundsen 等最先于 1948 年对海洋环境噪声测量结果进行了总结,给出了 100~20 000 Hz 频率范围内的谱级,即 Kundsen 曲线。研究人员随后的研究对 Kundsen 的结果进行了修正与补充,并发现浅海区噪声谱与深海区有显著差异。目前最具代表性的外海深海区噪声谱由 Wenz 谱级曲线表示(图 6.2),而浅海噪声谱随测量海域不同而变化,相同海况下其差异可高达 5~10 dB。

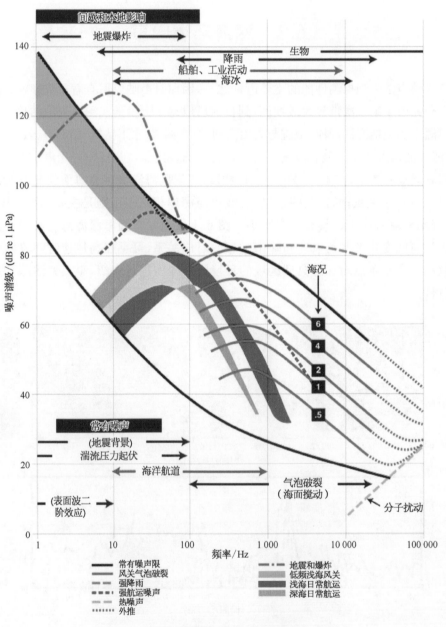

图 6.2　海洋环境噪声 Wenz 谱线(Wenz, 1962)

　　海洋环境噪声模型实际上包括噪声源模型和声传播模型两部分,噪声源模型给出噪声源的强度及空间分布,声传播模型计算由分布式噪声源引起的总噪声空间分布及其空间相干。从环境噪声测量结果中去除声传播条件的影响,可得出噪声源级信息。Wilson、Kuperman 和 Kewley 等假定噪声源在海面均匀分布,分别得出海面噪声源级与测量风速间的关系。Urick 总结了降雨产生的噪声测量结果,得出噪声源级与降雨率之间的关系。风成噪声的海面噪声源级经验公式为

$$\mathrm{SLW} = 55 - 6\lg\left[(f/400)^2 + 1\right] + (18 + v/2.06)\lg(v/5.14) \tag{6.1}$$

式中,频率 f 的单位为 Hz;风速 v 的单位为 m/s。

　　蒋东阁等通过分析南海深海区域实验数据修正了现有风成噪声源模型,在 500 Hz 以上噪声与风速正相关(图 6.3),分析频段为 500~6 400 Hz(最高频率是 Wilson 噪声源模型的 6 倍、Kuperman/Ferla 噪声源模型的 2 倍)。将 Harrison 风成噪声源级公式和海面噪声传输模型结合,构建深海风成噪声数值计算模型,通过求取最优的风成噪声源级公式系数项,使得在风占主导频段和风速范围内实验谱级与数值结果误差平方和最小,对风成噪声源级公式进行修正。修正后风成噪声源级公式如下:

$$\mathrm{SLW} = \begin{cases} 58 - 6\lg\left[\left(\dfrac{f}{400}\right)^2 + 1\right] + \left(18 + \dfrac{U}{10.28}\right) \cdot \lg\left(\dfrac{U}{4.63}\right) & (f \leqslant 3\,200) \\[4mm] 50.5 - 10\lg\left[\left(\dfrac{f}{3\,200}\right)^2 + 1\right] + \left(18 + \dfrac{U}{5.14}\right) \cdot \lg\left(\dfrac{U}{5.14}\right) & (3\,200 < f < 6\,500) \end{cases}$$

$$\tag{6.2}$$

式中,f 的单位是 Hz;U 的单位为 m/s。修正后的噪声模型可较好地预报南海风成噪声谱级(图 6.3,海深 2 200 m)。

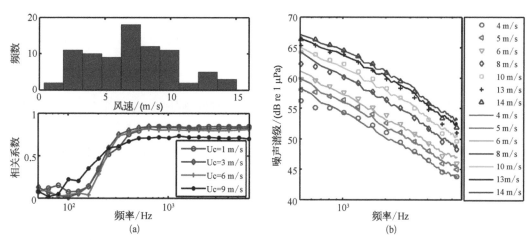

图 6.3　实验风速频次及其与不同临界风速下风成噪声与风速对数之间的相关系数(a);以及不同风速下实验噪声谱级(点线)与修正源级后的噪声模型预报结果(实线)比较(b)

降雨噪声的海面噪声源级经验公式为

$$\text{SLR} = 51.03 + 10\lg R \tag{6.3}$$

式中,降雨率 R 的单位为 mm/h。

船舶噪声源级使用 Hamson 给出的经验公式:

$$\text{SLS} = 186 - 20\lg f + 6\lg(v_s/6.18) + 20\lg(L/984.24) + 10\lg N \tag{6.4}$$

式中,频率 f 的单位为 Hz;船舶航速 v_s 的单位为 m/s;船舶长度 L 的单位为 m;N 为每平方米面积内的船舶数量。随着全球国际贸易往来日益频繁,海上商船的数量、吨位或长度会越来越大,所以,当使用式(6.4)对海面上假定有一定密度均匀分布航船引起的环境噪声进行预报时,需要像式(6.2)风成噪声源级经验公式一样,对其中的常数项、频率系数、速度系数和长度系数进行适当修正。由于洋面上存在各类航船,因此对不同的航船类型使用不同的经验公式,将使仿真计算更为合理。通常将航船的吨位由大到小分成 5 类(表 6.1),即顶级油轮、超大型油轮、油轮、商船及渔船。当在声呐接收器附近有个别独立航船经过时,则其为声呐探测中的干扰目标,需要将其看作连续辐射的噪声源、作为声传播问题进行处理,并不在此类船舶噪声之列。

表 6.1　5 类航船基本信息

航 船 类 型	船长/m	船速/kn
渔船	15~46	7~10
商船	84~122	10~15
油轮	122~155	12~16
超大型油轮	152~214	15~18
顶级油轮	244~366	15~22

海洋环境噪声级由噪声源空间分布、声源级和声传播条件共同决定。假设噪声源在海面均匀分布,噪声源级为 SL_s,忽略海水的声吸收、海水的非均匀性及海底对声传播的影响等,则在海洋中测量的噪声级为

$$\text{NL} = \text{SL}_s + 10\lg\pi \tag{6.5}$$

实际上,声传播条件对海洋噪声影响不可忽略。研究发现在噪声源相同时,由声传播条件不同而引起的海洋噪声级差别可达 8 dB,这可解释浅海噪声随测量海域不同而出现的差异。

由于产生海洋噪声的噪声源多种多样,其分布是随机的,且海洋声传播条件复杂多变,所以要准确模拟噪声特性是非常困难的。在几百到几十千赫兹频率范围内的噪声与当地海表风速及降雨率直接相关,可据海表状况对这一频段内噪声进行模拟。

6.1.2　海洋环境噪声模型

海洋环境噪声空间特性模型可预报噪声场的统计特性,如噪声强度及其空间相关特

性。其中具代表性的是 Harrison 和 Kuperman 等的工作,即 CANARY 和 RANDI 模型。它们假设噪声源为海面上均匀分布的偶极子源或海面下均匀分布的单极子源(这两个假设是等价的),分别用射线和波动理论推导出了空间两点噪声相干函数的表示式,并据此计算了水听器阵对频率约 500 Hz 海洋噪声的响应,结果与实测数据吻合较好。RANDI 是波数积分-简正波混合模型,其理论基础是 Kuperman 等的工作。Kuperman 等假设海洋中噪声源为海面下均匀分布的单极子源,导出了空间两点噪声相干函数的波数积分表示,并将其分为两部分——连续谱和离散谱。连续谱主要包括近处噪声源的贡献,离散谱主要包括远处噪声源的贡献,它们可分别由波数积分和简正波方法计算。CANARY 是射线模型,其理论基础是 Harrison 的工作。Harrison 假设海洋中噪声源为海面上均匀分布的偶极子源,用射线方法导出了空间两点噪声的相关表示式,并由此发展了环境噪声的数值模型。两种模型存在的问题是计算复杂,RANDI 须同时计算波数积分和简正波,计算量较大;CANARY 模型须进行不同角度的射线轨迹计算,适用于深海高频,在浅海条件下较为复杂,且在低频时存在一定误差。

为了快速准确地计算浅海和深海噪声,一般可在浅海及低频条件下,采用简正波方法,计算风浪、降雨和船舶噪声的强度和空间相关;在大陆斜坡海区,采用耦合简正波或抛物方程方法计算;在深海和高频条件下,采用射线方法。

1) 海洋环境噪声简正波模型

对风雨噪声,可认为噪声源为均匀分布于海表下的单极子(或均匀分布于海表的偶极子,两者等价),海洋中任意接收点处的噪声是所有噪声源共同作用的结果。假设非相干的噪声源位于海表下深度 z',其源强度为 q,则空间任意两点间噪声互谱密度的波数积分表示为

$$C_w(\boldsymbol{R}, z_1, z_2) = \frac{8\pi^2 q^2}{k^2(z')} \int_0^\infty g(k_r, z_1, z') g^*(k_r, z_2, z') J_0(k_r R) k_r \mathrm{d}k_r \quad (6.6)$$

式中,k_r 为水平方向波数;k 为垂直方向波数;z_1 和 z_2 分别为两接收器的深度;$\boldsymbol{R} = \boldsymbol{r}_1 - \boldsymbol{r}_2$ 为位移矢量;$g(k_r, z, z')$ 为格林函数的波数域,可表示为

$$\left[\rho \frac{\mathrm{d}}{\mathrm{d}z} \left(\frac{1}{\rho} \frac{\mathrm{d}}{\mathrm{d}z} \right) + (k^2 - k_r^2) \right] g(k_r, z, z') = -\frac{\delta(z - z')}{2\pi} \quad (6.7)$$

源强度 q 与海面噪声源级间关系为

$$SL = 10\lg q^2 + 10\lg(z')^2 \quad (6.8)$$

在分层介质中,$g(k_r, z, z')$ 可由简正波模态函数展开近似表示为

$$g(k_r, z, z') = \frac{1}{2\pi\rho} \sum_m \frac{\Psi_m(z) \Psi_m(z')}{k_r^2 - k_{rm}^2} \quad (6.9)$$

将式(6.9)代入式(6.6),可得噪声互谱密度的简正波表示为

$$C_w(\boldsymbol{R}, z_1, z_2) = \frac{\mathrm{i}\pi q^2}{\rho^2 k^2} \sum_{m,n} \Psi_m(z') \Psi_m(z_1) \Psi_n(z') \Psi_n(z_2) f_{mn} \left[H_0^{(1)}(k_{rm}R) + H_0^{(2)}(k_{rn}^*R) \right]$$

(6.10)

式中，$k_{rm} = k_m + \mathrm{i}\alpha_m$，为第 m 阶简正波的本征值；$\Psi_m(z)$ 为简正波本征函数；$f_{mn} = \dfrac{1}{k_{rm}^2 - (k_{rn}^*)^2}$。假定 $k_m \gg \alpha_m$、$k_n \gg \alpha_n$，可得

$$f_{mn} = \begin{cases} \dfrac{1}{k_{rm}^2 - (k_{rn}^*)^2}, & m \neq n \\[3mm] \dfrac{1}{4\mathrm{i}\alpha_m k_m}, & m = n \end{cases}$$

(6.11)

一般地，简正波衰减系数比两号简正波本征值的差小许多，把 k_{rm} 用其实部 k_m 近似，则式(6.10)可由简正波非相干叠加表示为

$$C_w(\boldsymbol{R}, z_1, z_2) = \frac{\pi q^2}{2\rho^2 k^2} \sum_m \frac{[\Psi_m(z')]^2 \Psi_m(z_1) \Psi_m(z_2) J_0(k_m R)}{\alpha_m k_m}$$

(6.12)

令两个接收器的位置相同，即式(6.12)中距离 $R=0$、$z_1=z_2$，可得噪声强度的简正波表示为

$$C_w(z) = \frac{\pi q^2}{2\rho^2 k^2} \sum_m \frac{|\Psi_m(z)\Psi_m(z')|^2}{k_m \alpha_m}$$

(6.13)

在大陆架等海区海洋环境水平变化，噪声互谱密度不再如式(6.10)可以简单计算。需要把海面噪声源分为三大部分，即半径为 R_0 的圆形区域、半径从 R_0 到 $R_{\max}$（$R_0 < R_{\max}$）的环形区和半径 $R_{\max}$ 以外的区域。$R_{\max}$ 应该足够大，使得半径 $R_{\max}$ 以外的区域声源对所关心场点的贡献衰减到可以忽略。R_0 到 $R_{\max}$ 的环形区可分为 N 个子区域，在每个区域里声源强度与距离无关。最终，海面的噪声源区域可表示为

$$A = \sum_{v=0}^N A_v = \pi R_0^2 + \sum_{v=1}^N A_v$$

(6.14)

此时空间任意两点 (r_1, z_1) 和 (r_2, z_2) 间噪声互谱密度的波数积分表示为

$$C_w(r_1, z_1; r_2, z_2) = \frac{4\pi^2 q^2}{k^2(z')} \sum_{v=0}^N \int_{A_v} g(r_1, r'; z_1, z') g^*(r_2, r'; z_2, z') \mathrm{d}^2 r'$$

(6.15)

其中 (r', z') 为源点，首先对单个面声源区域 A_v 积分，然后把 $N+1$ 个不同噪声源区域叠加。用绝热简正波理论表示与距离有关的格林函数如下：

$$g(r_1, r'; z, z') = \frac{\mathrm{i}}{\rho\sqrt{8\pi}} \mathrm{e}^{-\mathrm{i}\pi/4} \sum_m \Psi_m(z_1; r_1)\Psi_m(z'; r') \frac{\mathrm{e}^{-\int_{L_1} k_{rm}(\xi,\eta)\mathrm{d}s}}{\sqrt{\int_{L_1} k_{rm}(\xi,\eta)\mathrm{d}s}}$$

(6.16)

其中 L_1 是连接场点 (r_1, z_1) 和源点 (r', z') 的直线，$\mathrm{d}s = \sqrt{(\mathrm{d}\xi)^2 + (\mathrm{d}\eta)^2}$，$\xi = s(x' - x_1)/(|r' - r_1|) + x_1$，$\eta = s(y' - y_1)/(|r' - r_1|) + y_1$。

把式(6.16)代入式(6.15)，经一系列简化可得

$$C_w(r_1, z_1; r_2, z_2) = C_0 + \frac{\mathrm{i}q^2}{2\rho^2 k^2} \sum_{v=1}^N \sum_{m,n} \Psi_m(z_1; r_1)\Psi_m(z'; r_v)\Psi_n(z_2; r_2)\Psi_n(z'; r_v) \times$$
$$\frac{\mathrm{e}^{\mathrm{i}[\overline{(k_{rm})}_{v_1} - \overline{(k_{rn})}_{v_2}]}}{\sqrt{\overline{(k_{rm})}_{v_1}\overline{(k_{rn})}_{v_2}}} \int_{A_v} \mathrm{e}^{\mathrm{i}[k_{rm}(r_v)\cos\theta_1 - k_{rn}^*(r_v)\cos\theta_2]a_v} \mathrm{d}^2 a_v$$

(6.17)

其中 $\overline{(k_{rm})}_{v_1} = \int_0^{|r_v - r_1|} k_{rm}(\xi, \eta)\mathrm{d}s$，$\theta_1$ 和 θ_2 为与距离矢量 r_1 和 r_2 相关的极角，那么

$$C_0 = \frac{\mathrm{i}\pi q^2}{\rho^2 k^2} \sum_{m,n} \frac{\Psi_m(z_1; 0)\Psi_m(z'; 0)\Psi_n(z_2; 0)\Psi_n(z'; 0)}{k_{rm}^2 - (k_{rn}^*)^2} \times$$
$$\left\{ [H_0^{(1)}(k_{rm}|r_2 - r_1|) + H_0^{(2)}(k_{rn}^*|r_2 - r_1|)] - \left[\sqrt{\frac{k_{rm}}{k_{rn}^*}} + \sqrt{\frac{k_{rn}^*}{k_{rm}}}\right] J_0(\gamma)\mathrm{e}^{\mathrm{i}(k_{rm}-k_{rn}^*)R} \right\}$$

(6.18)

式中，$\gamma = \sqrt{(k_{rm}r_1)^2 + (k_{rn}^*r_2)^2 - 2k_{rm}k_{rn}^*r_1r_2\cos(\theta_2 - \theta_1)}$。由式(6.17)结合式(6.18)，可计算大陆架等水平变化海洋环境下的环境噪声强度及相关性。

2) 海洋环境噪声射线模型

深海中更适合使用射线模型计算海洋环境噪声。假设海面上有一点声源，接收器位于水平距离 r、深度 z_r 处(图 6.4)，则接收器处的声压为所有到达接收器的声线求和：

$$\psi(z_r, r) = \sum_p A(z_r, r, \theta_r)\mathrm{e}^{\mathrm{i}B(z_r, r, \theta_r)}$$

(6.19)

式中，p 为路径序号；θ_r 为声线到达接收器的掠射角；A 为振幅；B 为相位。两接收器相关函数

$$\rho(d, \gamma) = q \int_0^\infty \int_0^{2\pi} \psi(z_1, r_1)\psi^*(z_2, r_2)g^2(\theta_s)r\mathrm{d}r\mathrm{d}\phi$$

(6.20)

式中，噪声源的指向性函数 $g(\theta_s) = \sin^m\theta_s$；$q$ 为单位面积内噪声源个数(以下设 $q=1$)。假设两接收器的距离较近，从噪声源入射的信号满足平面波入射条件，两接收器的复声压

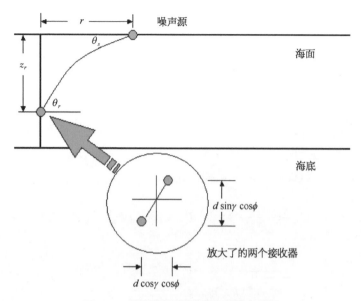

图 6.4　射线噪声模型及接收器示意图

振幅相等,相位相差 $kd\cos(\xi)$,其中 k 为接收器位置处的波数、ξ 为入射声线与两个水听器连线的夹角。

忽略声线之间的干涉效应,把式(6.19)代入式(6.20),可得

$$\rho(d, \gamma) = \int_0^\infty \int_0^{2\pi} \sum_p \mid A_p(z_r, r, \theta) \mid^2 e^{ikd\cos\xi} g^2(\theta_s) r \mathrm{d}r \mathrm{d}\phi \qquad (6.21)$$

相位差可表示为

$$kd\cos\xi = kd(\sin\theta_r \sin\gamma + \cos\theta_r \cos\gamma\cos\phi) \qquad (6.22)$$

每条声线强度可写为

$$\mid A \mid^2 = \frac{\cos\theta_r}{r\mid(\mathrm{d}r/\mathrm{d}\theta_r)\sin\theta_s\mid} QP_n \qquad (6.23)$$

式中,P_n 为声线经过 n 个完整循环后边界与介质吸收损失;Q 为向下的声线到达海底反转点在内的第一个循环的损失;$P_0 = 1$。且有

$$P_n = \prod_{j=1}^n R_s(\theta_{sj}) R_b(\theta_{bj}) e^{-\alpha s_{cj}} \qquad (6.24)$$

式中,R_s 和 R_b 分别为海面和海底能量反射系数;α 为海水中的体积吸收系数;S_{cj} 为第 j 次循环中声线路径长度,在水平变化海洋环境下不同循环次数中声线路径长度是不一样的。将式(6.22)~式(6.24)代入式(6.21)可得

$$\rho(d, \gamma) = \int_0^{2\pi} \int_{-\pi/2}^{\pi/2} e^{ikd\sin\theta_r\sin\gamma} e^{ikd\cos\theta_r\cos\gamma\cos\phi} \left(\sum_{n=0}^\infty P_n g^2(\theta_{sn})/\sin\theta_{sn}\right) Q\cos\theta_r \mathrm{d}\theta_r \mathrm{d}\phi$$

$$(6.25)$$

式(6.25)对水平变化海洋环境同样实用,如果只考虑水平不变海洋环境,则可简化为

$$\rho(d,\gamma)=2\pi\int_0^{\pi/2}(1-R_sR_b\mathrm{e}^{-as_c})^{-1}\big[\mathrm{e}^{ikd\sin\theta_r\sin\gamma}\mathrm{e}^{-as_p}+R_b\mathrm{e}^{-ikd\sin\theta_r\sin\gamma}\mathrm{e}^{-\alpha(s_c-s_p)}\big]\times$$
$$J_0(kd\cos\theta_r\cos\gamma)\sin^{2m-1}\theta_s\cos\theta_r\mathrm{d}\theta_r \tag{6.26}$$

式中,s_p 为从接收器上行到海面的那段声线的长度;J_0 为零阶贝塞尔函数。假设噪声源为偶极子 $m=1$,式(6.26)的积分很容易用数值解法求出。

对于深海水平不变环境,根据式(6.26),令 d 和 γ 为零,可根据射线模型计算某深度上的噪声强度 NL^c:

$$\mathrm{NL}^c(z)=\mathrm{SLW}+10\lg\Big[2\pi\int_0^{\pi/2}(1-R_sR_b\mathrm{e}^{-as_c})^{-1}(\mathrm{e}^{-as_p}+R_b\mathrm{e}^{-\alpha(s_c-s_p)})\times$$
$$\sin\theta_s\cos\theta_r\mathrm{d}\theta_r\mid\Big] \tag{6.27}$$

式中,$\mathrm{NL}^c(z)$ 为计算深度为 z 的噪声级,c 为模型计算;θ_r 为接收点声线到达角;$\sin\theta_s$ 为海面偶极子源的指向性;R_s 和 R_b 为海面和海底在不同掠射角下的声强反射系数;a 为海水吸收系数;s_c 为单根声线的长度;s_p 为声线部分长度(从接收深度到海面的上行声线);SLW 可采用修正的风成噪声源级公式(6.2)求得。

图 6.5 给出一次南海实验期间在 1 200 m 深度测量的噪声谱级随时间变化结果与模型预报结果的比较,其中海面风速和降雨气象数据由国家海洋环境预报中心(NMEFC)提供。在 11 月 27 日是因为附近有一个台风过程经过,使得海洋环境噪声谱级升高 20~30 dB。模型与实验结果的统计标准差均为 3 dB。图 6.6 是噪声模型预报误差的频数图

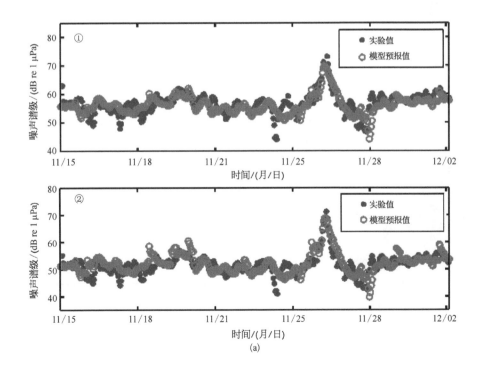

(a)

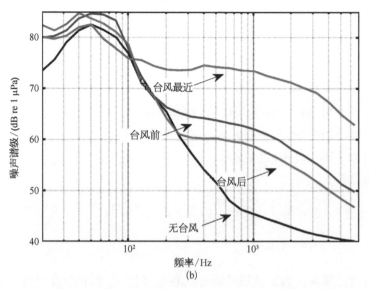

图 6.5　深海噪声射线模型计算的噪声谱级随时间变化(红圆圈)与实验结果(蓝圆点)比较(a)(其中：① 频率 2 032 Hz;② 频率 4 064 Hz),以及一次台风经过前后噪声谱级的变化(b)

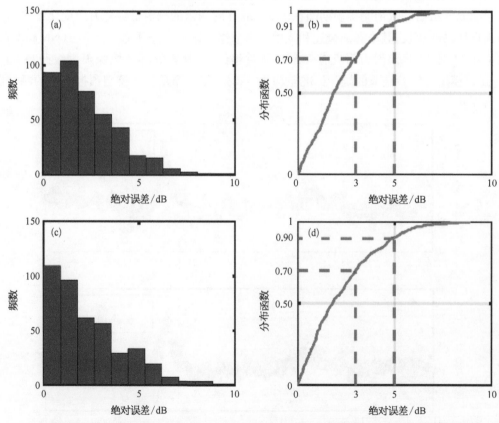

图 6.6　图 6.5a 中噪声模型计算结果与实验测量结果的误差统计频数和分布函数,其中(a)、(b)为 2 032 Hz 误差结果,(c)、(d)为 4 064 Hz 误差结果

和分布函数图。从图中可以看出,模型预报值和实验值误差小于 3 dB 的数据约占实验数据总数的 70%,而 90% 的实验数据预报误差均小于 5 dB,说明使用噪声模型可以较好地预报南海深海风成噪声。

6.1.3　台风过程海洋环境噪声

台风是一种热带气旋,具有较大的风速(大于 12 级),其在一定范围内呈现出圆形涡旋结构,使得其引起的海洋环境噪声与充分成长的风成噪声不同。这里基于南海海域采集到的台风天气下的海洋环境噪声数据,对台风过程下的海洋环境噪声进行分析。

1) 台风风速模型及 Wilson 风成噪声源级模型

台风是在相对均匀的热带海洋性气团中发展起来的,因而其气压、温度和风速的分布在水平方向常具有对称性,发展成熟的台风可被看作关于中心对称的圆形涡旋(图 6.7)。依据风速的变化情况,台风沿水平半径方向可分为三个区域,分别是眼区、眼壁和外区,影响半径一般在 500~1 000 km,大多数台风在空间上的风速分布均符合上述结构。

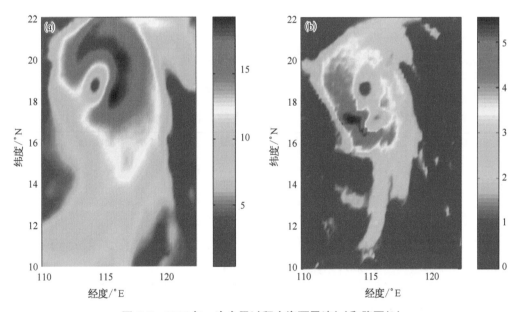

图 6.7　2015 年一次台风过程中海面风速(a)和降雨(b)

可选择合适的参数模型来描述台风风场。在现有的参数化模型中,使用较多的是 Holland 台风模型,其数学表达式为

$$v(r) = \sqrt{AB(p_n - p_c)\frac{e^{-A/r^B}}{\rho_a r^B}} \tag{6.28}$$

式中,v 为海面 10 m 高度处的风速(m/s);p_n 和 p_c 分别为无限远处的海表面气压和台风

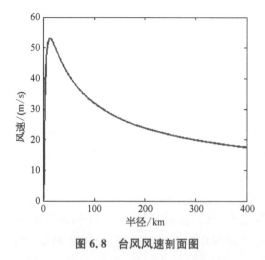

图 6.8 台风风速剖面图

中心气压；ρ_a 为空气密度；A 和 B 为经验值，可由台风预报参数代入模型求得。图 6.8 为应用 Holland 模型得到的台风风速随台风半径变化的剖面，由图中可以看出台风中心风速为 0，随着半径的增大风速迅速增加，在眼壁附近达到最大值，随后风速沿半径向外不断减小。Holland 模型可以较准确地描述结构对称的台风风场。

台风在其影响范围内风速是非均匀的。为了研究台风噪声，这里选用 Wilson 提出的以"白帽指数"为变量的经验公式计算风成噪声源级 SI，并结合 Piggott 模型对其进行简化。假定风成噪声声源级由风速和频率共同决定，则 Wilson 风成噪声源级模型将噪声源强度表示为与风速有关的白帽指数 $R(v)$ 和频率 f 的函数：

$$SI(v, f) = C \times R(v) \times f^p \tag{6.29}$$

式中，C 为与频率无关的常数；白帽指数 $R(v)$ 为风速的三次方多项式。

Piggott 模型是基于大量实测数据分析总结得到的，其表达式如下：

$$SI(v, f) = A(f) \times v^{n(f)} \tag{6.30}$$

式中，A 和 n 与频率有关，不同海域的 A 取值略有差异，而 n 的取值范围为 3.1 ± 0.3。结合 Piggott 经验公式对 Wilson 噪声源模型中的风速项进行简化，噪声源强度可表示为

$$SI(v, f) = C \times f^p \times v^n \tag{6.31}$$

式中，C，p 和 n 均为根据台风过程待修正参量。

2）台风激发水下噪声场模型

台风经过时产生的噪声源可看作位于海面附近深度 z' 处的平面上均匀分布的非相干点源，噪声源强度取决于该点的风速。接收点处的声场是所有噪声点源声场的叠加，声源与接收器的相对位置如图 6.9 所示，设声源水平位置为 r'、r''，接收器位于 (r, z) 处，空间格林函数为 $g(r, r'; z, z')$。

假设台风激发的各点声源非相干，则声源的相关函数为

$$\langle S(r')S(r'') \rangle = SI(r', f)\delta(r' - r'') \tag{6.32}$$

式中，$SI(r', f)$ 为台风激发的噪声源强

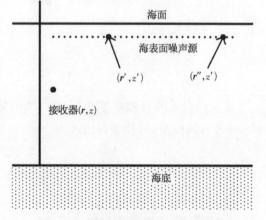

图 6.9 声源与接收器相对位置示意图

度。根据式(6.31)和式(6.28),噪声源强度可进一步表示为

$$SI(\boldsymbol{r}', f) = C \times f^p \times \left\{ \sqrt{AB(p_n - p_c) \frac{\mathrm{e}^{-A/r^B}}{\rho_a r^B}} \right\}^n \tag{6.33}$$

接收点 $(\boldsymbol{r}, z)$ 处的声场强度为

$$I(\boldsymbol{r}, z, f) = \int SI(\boldsymbol{r}', f) \mid g(\boldsymbol{r}, \boldsymbol{r}'; z, z') \mid^2 \mathrm{d}^2\boldsymbol{r}' \tag{6.34}$$

如果考虑环境及台风噪声源水平变化,则需要考虑使用 6.1.2 节中的水平变化海洋噪声模型进行空间格林函数计算,并在接收点附近一定半径空间范围内积分。对于水平不变海洋环境下,格林函数可以表示为简正波求和形式:

$$g(R, z) = \frac{\mathrm{i}\mathrm{e}^{-\mathrm{i}\pi/4}}{\rho_w \sqrt{8\pi R}} \sum_m \Phi_m(z_s) \Phi_m(z) \frac{\mathrm{e}^{\mathrm{i}k_m R}}{\sqrt{k_m}} \tag{6.35}$$

式中,$k_m = \mu_m + \mathrm{i}\beta_m$,为第 m 阶模态的本征值;Φ_m 为 m 阶本征函数;$R = \mid \boldsymbol{r} - \boldsymbol{r}' \mid$ 为噪声源与接收器的水平距离;ρ_w 为海水密度。对式(6.34)作变量代换,使得 $SI(\boldsymbol{r}', f) = SI(R, \theta, f)$,将式(6.35)代入式(6.34)得

$$I(f) = \frac{1}{8\pi\rho_w^2} \sum_m \frac{\mid \Phi_m(z_s)\Phi_m(z) \mid^2}{\mu_m} \times \int_0^{R_{\max}} \int_0^{2\pi} SI(R, \theta, f)\mathrm{e}^{-2\beta_m R} \mathrm{d}R \mathrm{d}\theta \tag{6.36}$$

当台风眼位置距离接收点较远时,$\mathrm{e}^{-2\beta_m R}$ 项的衰减速度远大于 $SI(R, \theta, f)$,式(6.36)可进一步简化为

$$I(f) \approx \frac{1}{8\pi\rho_w^2} \sum_m \frac{\mid \Phi_m(z_s)\Phi_m(z) \mid^2}{\mu_m} \times SI(f)_0 \tag{6.37}$$

$$SI(f)_0 = C \times f^p \times v_0^n \tag{6.38}$$

式中,v_0 为接收器上方的海表面本地风速;$SI(f)_0$ 为风速 v_0 对应的声源强度。实际上,式(6.37)给出的台风过程海洋环境噪声强度模型可近似认为接收器上方的风成噪声占主。

经过对多次台风过程进行分析认为,一般当 C 取 66、p 取 -0.85、n 取 3 时,可较好地预报台风过程引起海洋环境噪声谱级随时间变化的单峰结构(图 6.10、图 6.11)。当台风眼距离接收点很近时,会使得图 6.8 中最大风速的台风壁两次经过接收器,而中间有一次低风速的台风眼经过,则在噪声谱随时间变化上呈现出两次强度变大的“双峰”结构。

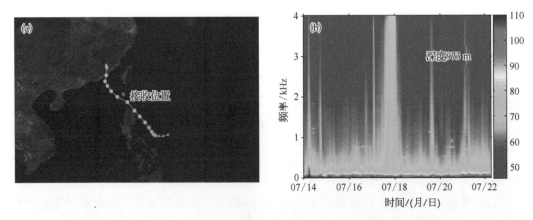

图 6.10　台风"西马仑"路径(a)及 973 m 深度上水听器记录的环境噪声谱(b)

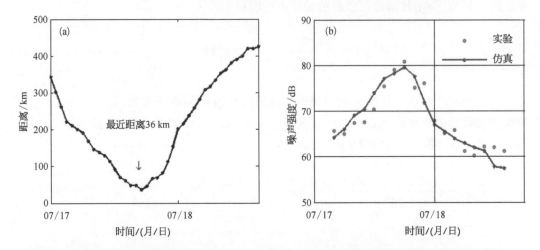

图 6.11　台风"西马仑"距离接收潜标距离(a)及噪声 1 000 Hz 时的强度模型与实验结果比较(b)

6.2　深海混响

海洋混响是主动声呐的主要干扰因素之一,一直是水声学研究中的重要课题,同时混响信号中携带丰富的海洋信息,因这些信息可用于环境参数反演而受到广泛关注。深海中声传播特性与浅海不同,导致其混响特性也与浅海有明显区别。这里结合海洋混响模型和深海混响实验数据,介绍深海混响衰减规律以及海底散射系数反演。

6.2.1　海洋混响基本概念

在声波传播过程中,遇到不均匀介质和起伏边界时,部分声波能量按原方向传播,而部分声波能量则向四周散射,形成散射声场。海洋内部并不是均匀的,随机散布着各种海洋生物、气泡、冷热水团等,海面和海底也是起伏不平的,这些均会引起声波的散射。各种不均匀性及起伏引起的散射声波在接收点的总和即为混响。混响信号是主动声呐探测中的一个主要干扰项,预报水下声混响强度及混响的空间相关特性,对提高主动声呐的探测性能具有重要意义。

海洋混响大致可分为三类:① 海面混响,主要由起伏的海面及海面附近的气泡引起;② 体积混响,主要由海洋生物及海水的不均匀性引起;③ 海底混响,主要由起伏的海底表面及海底的不均匀性引起。

1) 海面混响

海面散射强度的实验与理论研究工作已有大量报道,其中重要的是 Chapman 和 Harris 等的实验测量工作,他们测量了风速 $0\sim15$ m/s,频率 $400\sim6\,400$ Hz 条件下的海面反向声散射,给出了计算反向海面散射强度的公式:

$$S_S = 3.3\beta\lg\frac{\theta}{30} - 42.4\lg\beta + 2.6 \tag{6.39}$$

$$\beta = 107(vf^{1/3})^{-0.58} \tag{6.40}$$

式中,θ 为掠射角(°);v 为风速(m/s);f 为频率(Hz)。有了海面散射强度,则海面混响级为

$$RL_S = SL - 40\lg r + S_s + 10\lg A - 40\beta r\lg e \tag{6.41}$$

式中,SL 为发射声源级;r 为散射体与接收器间距离;A 为声波照射的面积;β 为海水声吸收系数(Np/m)。

2) 体积混响

体积混响主要由海洋生物及海水的不均匀性引起。由于散射体的变化,体积散射强度随测量海域、深度及时间变化,通常取值在 $-70\sim100$ dB 之间。当声源和接收器合置时,体积混响级为

$$RL_V = SL - 40\lg r + S_v + 10\lg V - 40\beta r\lg e \tag{6.42}$$

式中,S_v 为体积散射强度。

3) 海底混响

海底混响主要由起伏的海底表面及海底的不均匀性引起,如图 6.12 所示。在掠射角较小时,海底散射强度通常满足 Lambert 定律:

$$S_b = 10\lg\mu + 10\lg(\sin\theta\sin\varphi) \tag{6.43}$$

式中,θ 为掠射角;φ 为散射角;μ 随海底类

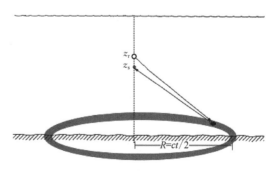

图 6.12　浅海海底混响示意图

型和声波频率不同而变化。

海底混响级可表示为

$$RL_b = \text{SL} - 40\lg r + S_b + 10\lg A - 40\beta r\lg e \tag{6.44}$$

通常情况下,海洋中的海底和海面混响强度值远大于体积混响强度。由于海水声速梯度及海面与海底边界的存在,声波在海洋传播过程中将发生折射和反射,上面的简化假设条件将不成立,上述公式给出的混响级与实际值会出现较大差异。为了准确计算海洋混响,需要建立更为完善的混响模型。

6.2.2 海洋混响模型

海洋混响可近似分解为传播—散射—传播这三个过程。体积混响强度通常较弱,可由简化公式近似计算,海底和海面混响强度的数值计算则须结合声传播模型、散射模型、平均混响强度理论等。在浅海中,简正波模型可给出准确的结果。对于深海混响,如果考虑的声波频率较高时,会存在大量的简正波号数,导致简正波混响模型在深海中计算量偏大,而射线混响模型相对简单可给出较好的结果。下面分别介绍简正波混响模型和射线混响模型。

1) 浅海简正波混响模型

在浅海中,使用简正波模型可以较为快速地计算声传播特性。假设海面为自由平面,海底为分段变化的不平海底,且介质密度 $\rho(r, z)$ 和声速 $c(r, z)$ 随着距离和深度而变化。略去时间依赖关系 $e^{-i\omega t}$,则在位于深度 z_s 处简谐点声源作用下,接收处按声传播损失及声混响级定义归一化到 1 m 的声压绝热简正波近似解可表示为

$$p_{ref=1\,\text{m}}(r, z) \approx \frac{i\sqrt{2\pi}}{\rho(z_s)} e^{-i\pi/4} \sum_m \Psi_m(z_s)\Psi_m(r, z) \frac{e^{i\int_0^r k_m(r)\mathrm{d}r}}{\sqrt{\int_0^r k_m(r)\mathrm{d}r}} \tag{6.45}$$

式中,$\Psi_m(z_s)$ 为声源处简正波本征函数;$\Psi_m(r, z)$ 为本地简正波本征函数;$k_m(r)$ 为本地简正波本征值。如果声源频率较低且海洋环境参数水平变化较大时,式(6.45)中的简正波本征函数和本征值都可用本书第 3 章中的简正波模型求解。

由于式(6.45)的声压既包括入射声场也包括反射声场,所以其不能作为声混响计算中的入射声场。实际上在海面或海底界面处,简正波模态函数 $\Psi_m(z)$ 可表示为

$$\Psi_m(z) = A_m(z)\left[e^{-i\varphi_m(z)} + R e^{i\varphi_m(z)}\right] \tag{6.46}$$

式中,A_m 为模态函数的幅度;$\varphi_m(z)$ 为垂直相位;$R = |R| e^{i\alpha}$ 为反射系数;上式右端括弧内第一项为入射波。由 WKB 近似可得垂直相位为

$$\varphi_m(z) = \varphi_m(z_u) + \int_{z_u}^z \gamma_m(z)\mathrm{d}z \tag{6.47}$$

式中,$\gamma_m^2(z) = \omega^2/c^2(z) - k_m^2$,其中 $c(z)$ 为声速;z_u 为模态函数的上反转点深度。简正

波模态函数的幅度可表示为

$$4 \mid A_m(z) \mid^2 = \left[\Psi(z)\right]^2 + \gamma_m^{-2} \left(\frac{\mathrm{d}\Psi}{\mathrm{d}z}\right)^2 \tag{6.48}$$

则垂直相位可由下式计算：

$$\varphi_m(z) = \begin{cases} \arctan\left[\gamma_m \Psi_m(z)/(\mathrm{d}\Psi/\mathrm{d}z)\right] + m\pi, & \text{当 } m \text{ 为奇数} \\ \arctan\left[\gamma_m \Psi_m(z)/(\mathrm{d}\Psi/\mathrm{d}z)\right] + (m+1)\pi, & \text{当 } m \text{ 为偶数} \end{cases} \tag{6.49}$$

结合式(6.46)的第一项和式(6.45)，可得第 m 号简正波从声源到达在边界 z_b 处的入射声场

$$p_m^{inc}(r, z_b) = \frac{\mathrm{i}\sqrt{2\pi}}{\rho(z_s)} \mathrm{e}^{-\mathrm{i}\pi/4} \Psi_m(z_s) A_m(r, z_b) \frac{\mathrm{e}^{\mathrm{i}\left[\int_0^r k_m(r)\mathrm{d}r - \varphi_m(z_b)\right]}}{\sqrt{\int_0^r k_m(r)\mathrm{d}r}} \tag{6.50}$$

由互易原理，可得从散射源到达接收器的第 n 号简正波散射声场

$$p_n^{scatt}(r, z_b) = \frac{\mathrm{i}\sqrt{2\pi}}{\rho(z_s)} \mathrm{e}^{-\mathrm{i}\pi/4} \Psi_n(z_r) A_n(r, z_b) \frac{\mathrm{e}^{\mathrm{i}\left[\int_0^r k_n(r)\mathrm{d}r - \varphi_n(z_b)\right]}}{\sqrt{\int_0^r k_n(r)\mathrm{d}r}} \tag{6.51}$$

从第 m 号简正波入射、从第 n 号简正波散射时的散射系数，可表示为

$$g_{mn} = \mid g_{mn} \mid \mathrm{e}^{\mathrm{i}\xi_{mn}} \tag{6.52}$$

对于式(6.52)的散射系数矩阵，使用经验的 Lambert 海底散射模型基本上可以解释大多数混响衰减规律，当然也可以使用有物理意义的海底非均匀散射模型，需要的物理参数更多。注意对于海深水平变化的大陆斜坡海洋环境，此时入射角和散射角应考虑海底界面与水平方向的夹角。如果把不同号简正波的入射声场和散射声场写为向量形式，把散射系数用矩阵表示，则从声源经传播到达散射体散射后再传播到接收器处的散射声压可表示为

$$p_{rec}(r, z_r, z_s) = \boldsymbol{P}^{\mathrm{inc}} \cdot \boldsymbol{G} \cdot \boldsymbol{P}^{\mathrm{scat}} \tag{6.53}$$

由式(6.53)得到的散射声压，包括了不同简正波模态之间的干涉效应。假设声源能量 $E_0 = 1$，则相应的单频声混响衰减可表示为

$$RL(r, z) \approx -10\lg\left[\mid p_{rec}(r, z_r, z_s) \mid^2 \pi rc\right] \tag{6.54}$$

式中，c 为海水中声速。一般情况下，由于不同简正波模态之间的干涉，单频声压信号随传播距离的起伏较大，可以通过在一定频带范围内进行能量平均，得到随距离变化较为平滑的声混响衰减

$$\overline{RL}(r, z) = -10\lg\left[\frac{\pi rc}{\Delta f} \int_{f_0 - \Delta f/2}^{f_0 + \Delta f/2} \mid p_{rec}(r, z_r, z_s, f) \mid^2 \mathrm{d}f\right] \tag{6.55}$$

式中，f_0 为中心频率；Δf 为带宽；单频的复散射声压 $p_{rec}(r, z_r, z_s)$ 由式(6.53)计算。对于混响的垂直相关可据相关的定义直接计算：

$$RCorr(r, z_1, z_2) = \mathrm{Re}\left(\frac{\sum_f p_{rec}(r, z_1, z_s) p_{rec}^*(r, z_1, z_s)}{\sqrt{\sum_f |p_{rec}(r, z_1, z_s)|^2 \sum_f |p_{rec}(r, z_2, z_s)|^2}}\right)$$

(6.56)

由式(6.55)和式(6.56)可方便地计算出浅海或大陆斜坡海域的相干混响衰减及垂直相关系数。作为例子，图 6.13 给出 2001 年亚洲海联合实验东中国海部分混响实验信号及混响衰减模型计算结果与实验结果比较，可见相干混响模型可以给出与实验结果相近的衰减规律。

若把式(6.53)中的声压表示为

$$p_{rec}(r, z_r, z_s) = \sqrt{|\boldsymbol{P}^{\mathrm{inc}}|^2 \cdot |\boldsymbol{G}|^2 \cdot |\boldsymbol{P}^{\mathrm{scat}}|^2}$$

(6.57)

将其代入式(6.55)可得到非相干混响衰减。对于水平不变的海洋环境，将(6.50)和(6.51)式中对水平波数的积分项 $\int_0^r k_n(r)\mathrm{d}r$ 直接改为 $k_m r$ 即可。

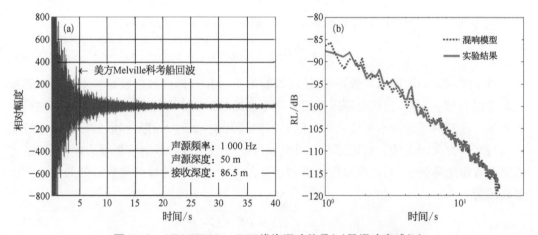

图 6.13 ASIAEX2001 - ECS 浅海混响信号(a)及混响衰减(b)

2) 深海射线混响模型

由于深海环境在深度方向具有较大的空间尺度，声传播路径更为复杂多样，使得深海混响的数值建模方式与浅海有所不同，一般使用射线理论表示更为方便。根据射线理论，声源位于 $(0, z_0)$，其激发的声波在散射体 (r, z_b) 处的声压可以表示为

$$p(\boldsymbol{r}, z_b) = \sum_{n=1}^N p_n = \sum_{n=1}^N A_n(s)\phi_n(s)\mathrm{e}^{\mathrm{i}\omega\tau_n(s)}$$

(6.58)

式中，r 为散射体的水平位置；z_b 为海深；N 为声线总数；$A_n(s)$ 为第 n 条声线的幅度；

$\phi_n(s)$ 为声线束幅度的函数; ω 为声源角频率; $\tau_n(s) = \int_0^s \dfrac{1}{c(s')} \mathrm{d}s'$, 为声线从声源到散射点的延迟时间,其中 s 为射线束的路程、$c(s')$ 为声线上的海水声速。当声源至散射体距离足够远时,声波在波导中的传播可以近似为平面波,因此点声源在散射体处激发的入射声场可以近似表示为 N 个平面波的叠加。

根据互易原理,距声源水平距离为 r 的水听器接收到单位面积上散射体对应的散射声压可以表示为(省略了海深 z_b)

$$p(r) = \sum_{i=1}^{N} \sum_{j=1}^{M} p_{inc,i}(r_i) \times p_{scatt,j}(r_j) \times g(\theta_{inc,i}, \theta_{scatt,j}, \varphi) \tag{6.59}$$

式中, $p_{inc,i}$ 为入射声波传递函数; $p_{scatt,j}$ 为散射声波传递函数; r_i 为第 i 条入射声线从声源到散射体的水平距离; r_j 为第 j 条散射声线从散射体到接收器的水平距离; N 和 M 分别为入射声线和散射声线总条数; $g(\theta_{inc,i}, \theta_{scatt,j}, \varphi)$ 为三维散射函数,指在入射平面波作用下单位面积海底散射的平面波幅值。在本地混响计算中,入射和散射声线始终在一个竖直平面内,所以散射函数只与入射掠射角 $\theta_{inc,i}$ 和散射掠射角 $\theta_{scatt,j}$ 两个变量有关。而对于异地混响,通常存在入射声线和散射声线不在同一个竖直平面内的情况,所以除了入射掠射角和散射掠射角外,还需要引入散射方位角 φ 来描述散射函数,如图 6.14 所示。

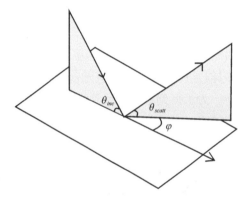

图 6.14　海底散射示意图

Ellis 和 Haller 在 Lambert 背向散射模型的基础上建立了适用于异地混响的三维散射模型,其散射系数表示为

$$S(\theta_{inc,i}, \theta_{scatt,j}, \varphi) = |g(\theta_{inc,i}, \theta_{scatt,j}, \varphi)|^2 = \mu \sin\theta_{inc,i} \sin\theta_{scatt,j} + \upsilon(1+\Delta\Omega)^2 \mathrm{e}^{\frac{-\Delta\Omega}{2\sigma^2}} \tag{6.60}$$

式中,第二个等号后第一项为 Lambert 散射系数,由背向散射引起;第二项为侧向散射引起的,是在 Kirchhoff 近似及 Helmholtz 方程的基础上,假设海底各向同性且界面粗糙程度是符合高斯分布条件下提出的。其中, μ 为背向散射强度; υ 为侧向散射强度; σ 为侧向散射偏差; $\Delta\Omega$ 为散射声线对镜反射方向的偏离,由下式确定:

$$\Delta\Omega = \frac{\cos^2\theta_{inc,i} + \cos^2\theta_{scatt,j} - 2\cos\theta_{inc,i}\cos\theta_{scatt,j}\cos\varphi}{(\sin\theta_{inc,i} + \sin\theta_{scatt,j})^2} \tag{6.61}$$

根据式(6.59),水听器接收到单位面积上散射体对应的海底混响强度可以表示为

$$I_{scatt} = \sum_{i=1}^{N} \sum_{j=1}^{M} |p_{inc,i}(r_i)|^2 |p_{scatt,j}(r_j)|^2 S(\theta_{inc,i}, \theta_{scatt,j}, \varphi) \tag{6.62}$$

假设声源发出信号脉冲强度为 $I_0(\tau)$，脉冲长度为 τ_0，则 t 时刻的混响强度可以表示为该时刻接收到的散射信号的叠加：

$$R(t)=\int_0^{\tau_0} I_0(\tau)I_{scatt}\,\mathrm{d}A(t,\tau) \tag{6.63}$$

式中，到达时间 $t=\tau_{inc,i}+\tau_{scatt,j}$，其中 $\tau_{inc,i}$ 和 $\tau_{scatt,j}$ 分别为声线从声源到达散射体和散射体到达接收器的时间；$\mathrm{d}A(t,\tau)$ 为散射面积。将散射面积共分为 K 个散射面元，用 Δs_k 表示第 k 个散射面元的面积，则水听器接收到的混响强度可用离散形式表示为

$$R(t)=I_0\sum_{k=1}^{K} I_{scatt}\Delta s_k \tag{6.64}$$

对于本地混响，声源和接收器在同一水平位置，通常将对某一时刻混响有贡献的散射区域视作一个圆环。同理，对于异地混响，认为同一时刻在接收器接收到的散射声波来自一个椭圆环状的散射区域，发射换能器与接收水听器分别位于椭圆环的两个焦点。需要说明的是，上述处理方法是假定在计算混响时不同传播路径的声线到达同一个散射体的时间相同。但是在深海环境下，声线从声源到达同一散射体进而到达接收器的传播路径多样，且传播时间存在明显差别，因此对某时刻混响有贡献的区域并不是一个圆环或椭圆环。为了得到精确的计算结果，这里不使用圆环或椭圆环的散射体划分方式，而是通过网格的方式对海底进行划分，把海底划分成大量相接的矩形散射体，如图 6.15 所示。

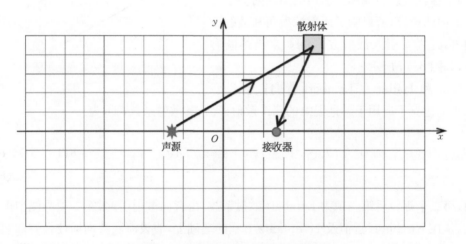

图 6.15　网格法散射体划分示意图

在图 6.15 中，当划分的网格足够小时，可以认为每条声线到达同一个散射体不同区域的传播方式和能量都是相同的，就可以使用散射体上一个点的传播情况代替整个散射面元的计算，通过每个散射元上的计算结果乘以散射面积进而求和得到接收点的混响信号。对海底散射体划分的网格越密集，得到的计算结果就越精确，但同时也会增加计算时间。为了在保证计算精度的同时提高计算效率，在划分网格时对散射体大小进行区分，对距声源和接收器较近的散射体进行密集划分，对距声源和接收器较远散射体的划分相对

稀疏,然后对不同的散射面积分别进行计算。

针对南海北部一个 3 472 m 海深的深海环境,图 6.16 给出一个深海混响衰减的计算结果。对比图 6.13 中浅海混响一般近似单调递减的衰减规律(除了个别情况,当接收器在浅海温跃层中或海深很浅、波导中只存在两号简正波时,其相互干涉时会导致出现周期振荡现象),深海中存在多次海底散射导致混响具有非平稳性。对于图 6.16a 中混响时间在 9 s 时(时间处于第二次和第三次海底反射之间)的混响强度,首先确定所有经声源—散射体—接收器传播/散射历经 9 s 的声线,然后计算每条声线所对应散射体对该时刻混响强度的贡献值,即产生混响信号的强度,将其标注在散射体各自所处的网格上,得到图 6.16b 中海底不同位置散射体对其贡献的大小。可见,在该计算条件下对该时刻混响结果有影响的散射体不在同一个椭圆环上,而是分布于若干圆环,对应不同的传播方式。随着混响时间的增加,对应的椭圆环会不断扩大,直至下一个混响峰值出现,即出现了新的海底反射,然后不同的传播路径将有新的椭圆环与之相对应。

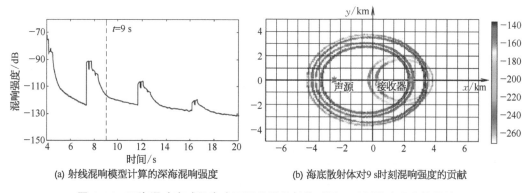

(a) 射线混响模型计算的深海混响强度　　　　(b) 海底散射体对 9 s 时刻混响强度的贡献

图 6.16　深海混响衰减及海底不同位置散射体对同一时刻混响强度的贡献

图 6.17 给出图 6.16b 中不同散射体圆环所分别对应的声波传播方式。可以看出,靠近声源有 4 个椭圆环,分别对应 4 种传播方式的声线:海底—海面—海底反射、海底—海面反射、海面—海底—海面—海底反射、海面—海底—海面反射。靠近接收器有 2 个椭圆环,分别对应 2 种传播方式的声线:海底—海面—海底反射、海面—海底—海面—海底反射。对混响信号产生贡献的海底散射体圆环的大小和位置与声源和接收器的相对位置有

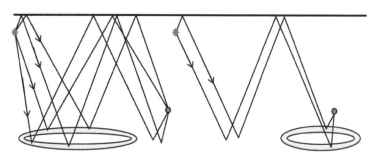

图 6.17　不同散射体椭圆环对应的声线传播方式示意图

关,椭圆环的个数和海底反射次数正相关。由上面分析可知,对于深海环境,声源到达接收器的传播路径较多,通常将海底散射体按照圆环或椭圆环进行划分的传统方式不能准确得到混响结果。预先将海底散射体进行网格式划分,然后根据实际的传播路径及对应的传播时间选择相应的散射元,可提高深海混响的计算精度。

6.2.3 深海混响实验结果

这里给出一次深海混响实验结果,从而进一步说明深海混响衰减规律。在 2018 年南海深海混响实验中,垂直接收潜标系统所处位置的海深约为 3 472 m,由 20 个自容式接收单元组成,非等间距布放在 85～3 400 m 深度范围内。图 6.18 给出实验海域及实验过程示意图,实验船在不同距离位置投放标称深度为 200 m 的宽带声源,距接收阵约 14 km 处存在一个小海底山,其会对混响信号产生一定影响。

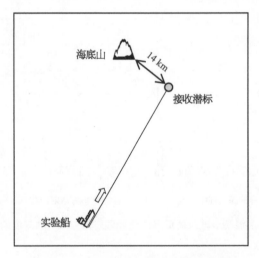

图 6.18 实验海域及实验过程示意图

图 6.19 给出中心频率为 500 Hz 时,接收深度分别为 205 m 和 3 366 m 的混响衰减曲线,可以看出随着混响时间增大,存在多个明显的峰值。图 6.19a 为 205 m 接收深度的结果,其中第一个峰值对应的是声源到接收器的直达波及经海面反射的声波,之后强度迅速减小,对应的是海面混响与体积混响信号,不包含海底散射信号。第二个峰值为一次海底反射波,此后强度逐渐下降,此时声信号主要由声波经海底散射后传播回接收器的信号组成。之后随着时间的增加,出现的峰值分别对应不同次数海底反射声波,每个峰值后声强逐渐下降,对应的是经海底反射后的混响信号,也就是说此时海面和体积混响可以忽略。图 6.19b 为大接收深度数据的处理结果,其各个峰值的位置与图 6.19a 明显不同。由于接收器距离海底较近,直达声波和一次海底反射波到达接收器的时间十分接近,因此两者在时间上重合形成第一个峰值。后面的多个峰值对应不同次数的海底反射波,每个峰值后逐渐下降的部分为海底混响信号。值得注意的是,第一个峰值之后海底混响强度明显

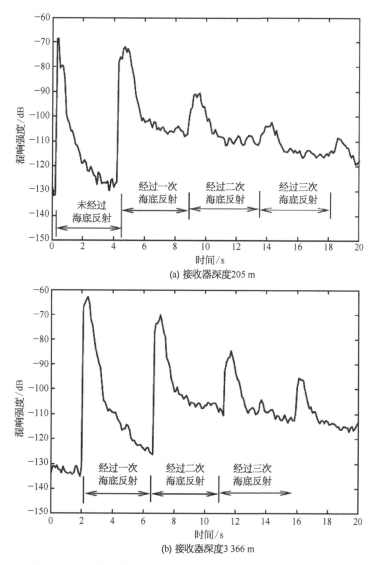

图 6.19　南海深海环境下频率 500 Hz 时的混响衰减实验结果

小于其他时间,这与所对应的海底散射掠射角较小有关。

　　使用深海射线混响模型计算实验海区不同条件下的混响强度,图 6.20 给出声源频率 500 Hz 大接收深度下本地和异地混响实验结果与模型计算结果的比较,模型计算时使用式(6.60)给出的散射系数,具体参数分别为 $10\lg\nu=-10$、$10\lg\mu=-32$、$(180°/\pi)\sigma=10°$。从图 6.20 中可以看出,模型计算得到的混响强度结果与实验数据整体吻合较好,说明选取的海底散射系数适用于该实验海区。从图 6.20a 的本地混响结果看,模型只考虑了海底混响,对于近程第一次海底反射信号到达之前出现的小幅度体积混响和海面混响,以及海底和海面反射能量没有考虑,在 1~3.5 s 时间段和每个峰值处存在一定差别。另外,在 28~34 s 附近,实验的混响信号出现明显增强,主要是由距离接收阵 14 km 处的海底山反射而来。

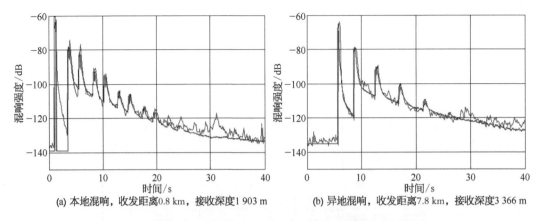

(a) 本地混响，收发距离0.8 km，接收深度1 903 m   (b) 异地混响，收发距离7.8 km，接收深度3 366 m

图6.20　深海大接收深度混响实验结果与模型计算结果比较(图中蓝色
曲线为实验结果，红色曲线为数值模拟结果)

参考文献

[1]　Cron B F, Sherman C H. Spatial-correlation functions for various noise models [J]. J. Acoust. Soc. Am, 1962, 34(11)：1732 - 1736.

[2]　Buckingham M J. A theoretical model of ambient noise in a low-loss, shallow water channel [J]. J. Acoust. Soc. Am, 1980, 67(4)：1186 - 1192.

[3]　Kuperman Ingenito. Spatial-correlation of surface generated noise in a stratified ocean [J]. J. Acoust. Soc. Am, 1980, 67(6)：1988 - 1996.

[4]　Harrison C H. CANARY：A simple model of ambient noise and coherence [J]. Applied Acoustics, 1997, 51(3)：289 - 315.

[5]　Wenz G M. Acoustic ambient noise in the ocean：spectra and sources [J]. The Journal of the Acoustical Society of America, 1962, 34(12)：1936 - 1956.

[6]　Yang T C, Yoo K. Modeling the environmental influence on the vertical directionality of ambient noise in shallow water [J]. The Journal of the Acoustical Society of America, 1997, 101(5)：2541.

[7]　Carey W M, Evans R B. Ocean ambient noise [M]. New York：Springer, 2011.

[8]　Jiang Dongge, Li Zhenglin, Qin Jixing, et al. Characterization and modeling of wind-dominated ambient noise in South China Sea [J]. Sci. China-Phys. Mech. Astron. , 2017, 60(12)：124321.

[9]　Wang Jingyan, Li Fenghua. Modal/Data comparison of typhoon-generated noise [J]. Chin. Phys. B, 2016, 25(12)：121 - 125.

[10]　李风华,刘姗琪,王璟琰.台风激发水下噪声场的建模及其在台风风速反演中的应用[J].声学学报,2016,41(5)：750 - 757.

[11]　刘姗琪,李风华.台风对深海海洋环境噪声的影响[J].中国科学：物理学　力学　天文学,2016,46(9)：094305.

[12]　Shi Yang, Yang Yixin, Tian Jiwei, et al. Long-term ambient noise statistics in the northeast South China Sea [J]. The Journal of the Acoustical Society of America, 2019, 145（6）：

EL501 - EL507.

[13]　张仁和,金国亮.浅海平均混响强度的简正波理论[J].声学学报,1984,9(1):12 - 20.

[14]　Ellis D D. A shallow-water normal-mode reverberation model [J]. J. Acoust. Soc. Am. , 1995, 97(5):2804 - 2814.

[15]　Ellis D D, Crowe D V. Bistatic reverberation calculations using a three-dimensional scattering function [J]. J. Acoust. Soc. Am. , 1991, 89(5):2207 - 2214.

[16]　Zhang R H, Jin G L. Normal-mode theory of the average reverberation intensity in shallow water [J]. J. Sound Vib. , 1987, 119(2):215 - 223.

[17]　李风华,金国亮,张仁和.浅海相干混响理论与混响强度的振荡现象[J].中国科学(A 辑),2000, 30(6):560 - 566.

[18]　刘建军,李风华,张仁和.浅海异地混响理论与实验比较[J].声学学报,2006,31(2):173 - 178.

[19]　Li Zhenglin, Zhang Renhe, Li Fenghua. Coherent reverberation model based on adiabatic normal mode in a range dependent shallow water environment [R]. New York:AIP Conference Proceedings 1271, 2010.

[20]　翁晋宝,李风华,刘建军.深海海底混响模型初步研究[J].声学技术,2014,33(S2):67 - 69.

[21]　Franchi E R, Griffin J M, King B J. NRL reverberation model:A computer program for the prediction and analysis of medium- to long-range boundary reverberation [R]. Washington D C: Naval Research Laboratory, 1984.

[22]　Weinberg H. The Generic Sonar Model [R]. New London:Naval Underwater Systems Center, 1985.

[23]　Vincent H Lupien, Joseph E Bondaryk, Arthur B Baggeroer. Acoustical ray-tracing insonification software modeling of reverberation at selected sites near the Mid-Atlantic Ridge [J]. J. Acoust. Soc. Am. , 1995, 98(5):2987.

[24]　Williams K L, Jackson D R. Bistatic bottom scattering:model, experiments, and model/ data comparison [J]. J. Acoust. Soc. Am. , 1998, 103(1):169 - 181.

[25]　Collins M D, Evans R B. A two-way parabolic equation for acoustic back scattering in the ocean [J]. J. Acoust. Soc. Am. , 1992, 91(3):1357 - 1368.

[26]　Zhang R, Li W, Qiu X, et al. Reverberation loss in shallow water [J]. Journal of Sound and Vibration, 1995, 186(2):279 - 290.

[27]　王龙昊,秦继兴,傅德龙,等.深海大接收深度海底混响研究[J].物理学报,2019,68(13):134303.

第7章 深海水下目标声学探测技术

水下目标的辐射噪声在深海传播时,经海水折射、海面和海底反射到达声呐阵列接收端,声信号经过多途路径传播后,便携带了目标的位置特征。深海水下目标探测主要通过提取声传播特征信息,建立传播特征与目标位置之间的关系,实现水下目标位置的估计。本章主要介绍典型的深海直达声区和声影区(海底反射声区)的声传播特征,并利用其多途到达特征、宽带声源干涉结构与声源位置参数关系,实现水下目标定位。

7.1　深海直达声区水下目标定位

深海直达声区是指未经海底附近反转的直达声线所覆盖的区域。声音在深海中传播时,在近海底可接收到直达声,直达声传播损失小,传播特征稳定,特别对深海近海底的岸基警戒声呐、坐地式警戒潜标、大深度 AUV 无人警戒探测系统等进行水声目标探测和定位具有重要意义。本节分析直达声区多途声传播特性,建立不同声线多途到达时间差与目标位置的关系,给出利用深海直达声区水下声源距离和深度的联合估计方法。

7.1.1　深海直达声区声传播特性

声传播损失是评价海洋信道的关键参数,声呐优质因数(FOM)对应的传播损失决定了一部声呐实际能够探测的距离远近。对于如图 4.40 所示南海中南部深海平原环境下的传播损失,图 7.1 给出其在 99 m、1 447 m、4 152 m 三个典型深度上(浅、中、深)实验测量的声传播损失。实验是用拖曳声源在 120 m 深度上发射中心频率 300 Hz、带宽 100 Hz的调频信号。对比图 7.1a～c 可以看出,直达声区距离宽度随着深度增加逐渐变宽。当接收深度在 99 m 时(水面舰艇和潜艇声呐工作的深度比较接近),直达声区宽度不到2 km,紧接着就到了很宽范围的声影区,传播损失均大于 80 dB 以上,对于 1 447 m 深

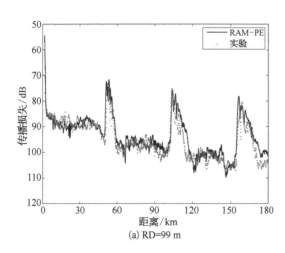

(a) RD=99 m

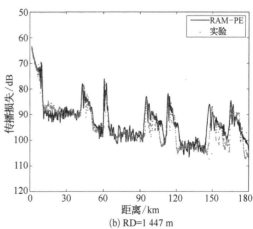

(b) RD=1 447 m

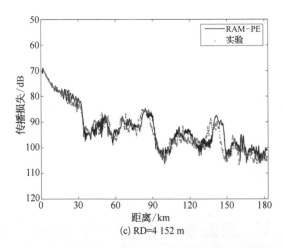

(c) RD=4 152 m

图 7.1　南海三个典型接收深度上(浅、中、深)的声传播损失实验结果

度(AUV 平台多可工作于这个深度以上),直达声区距离可到 12 km。当接收深度处于接近海底的 4 152 m 大深度时(海底岸基声呐或潜标探测系统可工作在大深度),距离 30 km 以内的声传播损失皆小于 83 dB。所以,深海中尽量让声呐接收器位于大深度接收声信号,有利于对水下声学目标进行探测。

7.1.2　深海直达声区到达结构分析

声信号多途结构中包含的目标信息可用于目标定位。为了分析深海直达声区的脉冲多途到达结构,图 7.2 给出深度为 4 152 m 时,水平距离 30 km 范围实验信号波形与模型仿真计算的时域波形。从图 7.2 可见,在每个距离上的信号都存在两组脉冲波包,以第一组大幅度脉冲进行到达时间对准后,两组脉冲到达时间间隔随距离增大而单调减小。为了进一步分析深海直达声区信号波形到达结构,这里以距离 14.97 km 信号为例,其在 0.2 s 和 3 s 附近有两组脉冲。图 7.3 给出采用射线模型计算的声线轨迹、到达时间和声压幅度。由图 7.3 可见,实验测得信号的时间到达结构与理论计算的时间到达结构较为一致,大深度 4 152 m 处接收到的声线可分为以下 3 组:

第 1 组为直达波、海面反射波、海底反射波和海面—海底反射波四个路径(用实线表示),最先到达,且幅度最大。

第 2 组为海底—海面反射波、海面—海底—海面反射波、海底—海面—海底反射波和海面—海底—海面—海底反射波(用虚线表示)。与第 1 组声线相比,由于多了一次海底海面反射,所以到达时间延后且幅度较小。

第 3 组为比第 2 组再多一次海面海底反射波(用点线表示),最后到达时间更晚、幅度更小。

表 7.1 给出 14.97 km 距离处第 1 组声线和第 2 组声线的到达时间、与海面海底作用次数及声压值,其中声源在 1 m 处激发声场的幅值为 1 μPa,可以看出第 1 组声线中声压值最大的是直达波,第 2 组声线中声压值最大的是海底—海面反射波。由于第 1 组声线

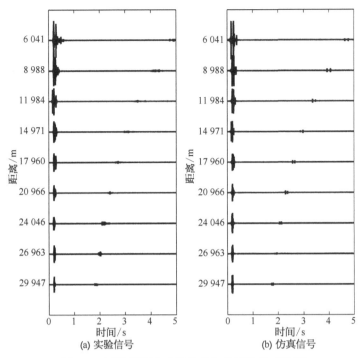

图 7.2　不同距离上实验信号与仿真信号对比图

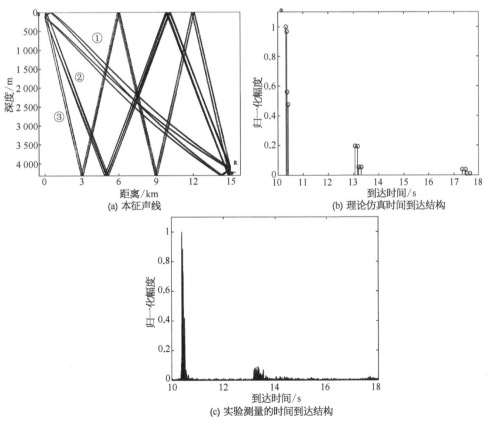

图 7.3　距离 14.97 km 处的本征声线及时间到达结构

与第 2 组声线之间的时延差随距离的增大而减小,因此可以利用直达波包和海底—海面反射波包之间的时延差估计水下目标的距离。

表 7.1　14.97 km 距离处两组主要声线到达时间、与海面海底作用次数及声压值

分　组	到达时间/s	与海面作用次数	与海底作用次数	声压值/μPa
第 1 组 声线	10.32	0	0	7.61×10^{-5}
	10.36	1	0	7.37×10^{-5}
	10.37	0	1	4.27×10^{-5}
	10.41	1	1	3.63×10^{-5}
第 2 组 声线	13.05	1	1	1.49×10^{-5}
	13.16	2	1	1.47×10^{-5}
	13.19	1	2	0.42×10^{-5}
	13.30	2	2	0.41×10^{-5}

7.1.3　多途到达时延与水下声源距离估计方法

对于图 7.3a 中的直达波和海底—海面反射波来说(分别对应于表 7.1 中两组声线中第一条),设声速为 $c(z)$ 且不随水平方向变化,声源 S 深度为 z_s,接收水听器 R 深度为 z_r,声源到接收器的水平距离为 r,海深为 H,直达波的水平掠射角为 α_1,到达时间为 t_1,海底—海面反射波的水平掠射角为 α_2,到达时间为 t_2,则依据射线理论得

$$t_1 = \int_{z_s}^{z_r} \frac{1}{c(z)\sin\alpha_1}\,\mathrm{d}z \tag{7.1}$$

$$t_2 = \int_{z_s}^{H} \frac{1}{c(z)\sin\alpha_2}\,\mathrm{d}z + \int_{0}^{H} \frac{1}{c(z)\sin\alpha_2}\,\mathrm{d}z + \int_{0}^{z_r} \frac{1}{c(z)\sin\alpha_2}\,\mathrm{d}z \tag{7.2}$$

则由式(7.1)和式(7.2),可得直达波与海底—海面反射波的时延差 Δt 为

$$\Delta t = \left(\frac{3}{\sin\alpha_2} - \frac{1}{\sin\alpha_1}\right)\int_{z_s}^{z_r} \frac{1}{c(z)}\,\mathrm{d}z + \frac{2}{\sin\alpha_2}\left(\int_{z_r}^{H} \frac{1}{c(z)}\,\mathrm{d}z + \int_{0}^{z_s} \frac{1}{c(z)}\,\mathrm{d}z\right) \tag{7.3}$$

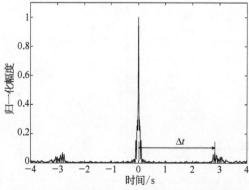

为了获得图 7.3c 中前两组脉冲到达结构的时延差,先将接收信号做自相关,再做希尔伯特变换得到自相关函数的包络,然后取两组声线对应包络的幅度最大值之间的时间间隔,即为 Δt。图 7.4 给出当声源距离为 14.97 km 时,直达波包与海底—海面反射波包信号时延差 Δt。

根据射线模型计算得到深海直达声区 30 km 范围内不同距离上直达波与海底—海

图 7.4　直达波与海底—海面反射波信号时延差估计

面反射波时延差的理论值,如图 7.5 中绿色点线所示,而根据实验信号波形估计的时延差如图 7.5 中红色圆圈所示。可见,直达波与海底—海面反射波时延差的实验估计值与理论值变化趋势一致,且随距离增大而单调减小。令实验估计的时延差与射线理论计算的时延值相等,则理论值对应的距离即为估计的声源距离,得到声源距离估计结果如图 7.6 中红色圆圈所示,可以看出距离估计值与实验 GPS 测量值符合较好。距离估计误差如图 7.7a 所示,在直达声区 30 km 内的距离估计绝对误差在 4 km 以内,距离估计均方误差为 0.64 km。

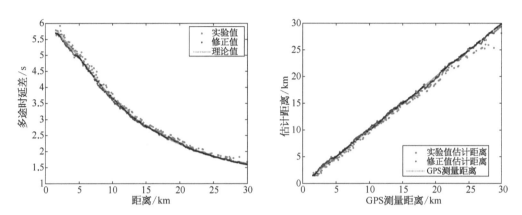

图 7.5 直达波与海底—海面反射波时延估计值　图 7.6 根据时延差估计的距离与 GPS 测量距离比较

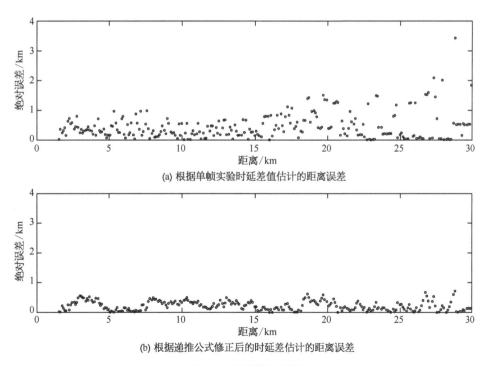

(a) 根据单帧实验时延差值估计的距离误差

(b) 根据递推公式修正后的时延差估计的距离误差

图 7.7 距离估计误差

由于图 7.5 中不同距离下直达波与海底—海面反射波时延差的实验估计值存在一定离散，导致图 7.6 中距离估计误差较大。实际应用中可对不同距离上的时延差实验值进行修正，以减小由于个别信号波形误差较大带来的距离估计误差。采用如下递推公式：

$$\left.\begin{array}{ll}\Delta t'_1 = \Delta t_1, & n=1 \\ \Delta t'_n = \lambda \Delta t'_{n-1} + (1-\lambda)\Delta t_n, & n>1 \end{array}\right\} \tag{7.4}$$

式中，n 为数据序号。Δt_n 为时延差实验值。$\Delta t'_n$ 为时延差修正值。λ 为遗忘因子；当 λ 取 0.8 时，等效于 5 个节拍内的数据进行加权平滑。得到的时延差修正值如图 7.5 中蓝色星号所示。用修正后时延差估计的目标距离结果如图 7.6 中蓝色星号所示，可以看出距离估计值与 GPS 测量结果更符合。距离估计误差如图 7.7b 所示，误差不超过 1 km，距离估计均方误差为 0.28 km，从而距离估计精度得以提高。

上述距离估计结果是在声源深度已知的条件下得到的。一般人们感兴趣的水下目标基本上活动在 300 m 以浅深度范围，声源深度相对于海深和接收水听器深度来说较小，声源深度的变化对直达波和海底—海面反射波的到达时间影响不大，所以，估计的距离结果受目标深度变化影响较小。对于声源深度未知情况，可直接假定一声源深度来估计声源的水平距离。比如，实验数据中拖曳声源深度基本保持在 120 m 左右，假定声源处于 50～300 m 范围内任意一个深度上，最后估计的直达声区 30 km 内的距离均方误差如图 7.8 所示。可见，距离估计均方误差在 0.28～0.46 km 之间。在实际声源深度 120 m 时的距离估计均方误差最小，由于声源深度未知导致的距离误差最大不超过 0.2 km。

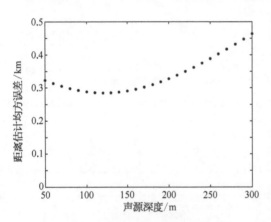

图 7.8　假设用不同声源深度估计目标距离的估计均方误差

7.1.4　利用多途到达结构的水下声源距离深度联合估计方法

在 7.1.3 节中利用多途到达结构进行定位的方法，实际上只适用于强目标情况，因为经海底反射的信号相对较弱，用来探测弱目标时探测性能受信噪比制约。但是，深海中声源目标的定位原理和方法基本类似。如果要探测弱目标，则可在近海底大深度上布放两个具有垂直间隔的接收器（或垂直子阵），通过两个单元信号互相关（或垂直阵波束形成），获得直达声区近水面目标的俯仰角，通过俯仰角可近似获得目标的距离；然后按目标俯仰角合成的接收声信号，对其进行自相关处理，利用直达声与海面反射声到达时间差，实现对目标的深度估计。

1）双水听器接收信号互相关函数

在深海中两个接收水听器的深度分别为 z_1 和 z_2，声源 S 的深度为 z_s，声源到垂直阵的水平距离为 r（图 7.9），假设声源信号为 $s(n)$，则接收信号 $x_k(n)$ 为

$$x_k(n) = h_k(n) \cdot s(n) + e_k(n) \quad (k=1, 2) \tag{7.5}$$

式中，k 为水听器序号，深度较浅的水听器序号为 1，深度较深的水听器序号为 2；$h_k(n)$ 为传输函数，可表示为

$$h_k(n) = \sum_i a_{k,i}(n)\delta(n-n_{k,i}) \tag{7.6}$$

上二式中，$a_{k,i}(n)$ 和 $n_{k,i}$ 分别为到达第 k 个水听器的第 i 条本征声线的幅度和时延；$\delta(n)$ 为单位脉冲序列；$e_k(n)$ 为噪声。假设信号与噪声不相关，两个水听器接收信号的互相关函数可以表示为

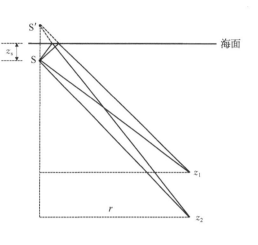

图 7.9 声源与接收器相对位置示意图

$$
\begin{aligned}
R(m) &= \frac{1}{N}\sum_{n=1}^{N} x_1(n)x_2(n-m) \\
&= \sum_{i,j} a_{1,i} a_{2,j} R_{ss}(n_{1,i}-n_{2,j}-m) + R_{ee}(m)
\end{aligned}
\tag{7.7}
$$

其中

$$R_{ss}(m) = \frac{1}{N}\sum_{n=1}^{N} s(n)s(n-m) \tag{7.8}$$

$$R_{ee}(m) = \frac{1}{N}\sum_{n=1}^{N} e_1(n)e_2(n-m) \tag{7.9}$$

假设噪声为独立同分布，则 $R_{ee}(m) \approx 0$。若声源信号为宽带信号，则接收信号互相关函数会在 $m = n_{1,i}-n_{2,j}$ 位置处出现峰值。由于在深海直达声区，声场主要由直达波和海面反射波构成，若将直达波和海面反射波分别视作到达接收水听器的第 1、2 条本征声线，则式(7.7)可近似为

$$
\begin{aligned}
R(m) \approx{} & a_{1,1}a_{2,1}R_{ss}(n_{1,1}-n_{2,1}-m) + a_{1,1}a_{2,2}R_{ss}(n_{1,1}-n_{2,2}-m) + \\
& a_{1,2}a_{2,1}R_{ss}(n_{1,2}-n_{2,1}-m) + a_{1,2}a_{2,2}R_{ss}(n_{1,2}-n_{2,2}-m)
\end{aligned}
\tag{7.10}
$$

由式(7.10)可以看出，互相关函数有四组峰值，但由于直达波没有海面反射损失且幅度相对较大，因此互相关函数的最大值出现在 $n_{1,1}-n_{2,1}$ 处。设信号采样率为 f_s，则直达波到达两个接收水听器的时间差为

$$\Delta t_1 = \frac{n_{1,1}-n_{2,1}}{f_s} \tag{7.11}$$

假设声线直线传播，则声信号到达两个接收器的时间差 Δt_1 可近似表示为

$$\Delta t_1 = \frac{\sqrt{(z_2 - z_S)^2 + r^2} - \sqrt{(z_1 - z_S)^2 + r^2}}{c_1} \tag{7.12}$$

式中，c_1 为两个接收水听器之间的平均声速。对 Δt_1 关于声源深度 z_S 求导可得

$$
\begin{aligned}
\frac{\partial \Delta t_1}{\partial z_S} &= \frac{\left[(z_2 - z_S)^2 + r^2\right]^{-\frac{1}{2}}(z_S - z_2) - \left[(z_1 - z_S)^2 + r^2\right]^{-\frac{1}{2}}(z_S - z_1)}{c_1} \\
&\approx \frac{(z_2^2 + r^2)^{-\frac{1}{2}}(z_S - z_2) - (z_1^2 + r^2)^{-\frac{1}{2}}(z_S - z_1)}{c_1} \\
&\approx \frac{(z_2^2 + r^2)^{-\frac{1}{2}}\left[(z_S - z_2) - (z_S - z_1)\right]}{c_1} \\
&= -\frac{\Delta z}{c_1 \sqrt{z_2^2 + r^2}}
\end{aligned}
\tag{7.13}
$$

式中，Δz 为两个接收水听器的深度差，相对于 $c_1\sqrt{z_2^2 + r^2}$ 较小，说明直达声到达两接收水听器的时间差受声源深度影响不大。因此，根据接收水听器互相关函数提取直达声到达时间差，先假定声源深度在某一合理范围内(比如先选择深度为 150 m，则对一般水下目标的深度最大误差也就 150 m)，让射线模型计算的时间差与声呐测量时间差匹配，得到水下声源距离初步估计结果。

2) 单水听器接收信号自相关函数

声源与接收器的相对位置如图 7.9 所示，接收信号形式如式(7.5)所示，则接收信号的自相关函数可以表示为

$$
\begin{aligned}
R(m) &= \frac{1}{N} \sum_{n=1}^{N} x_2(n) x_2(n - m) \\
&= \sum_j a_{2,j}^2 R_{ss}(m) + R_{ee}(m) \\
&\approx \sum_j a_{2,j}^2 R_{ss}(m)
\end{aligned}
\tag{7.14}
$$

由式(7.14)得到直达波和海面反射波的时间差为

$$\Delta t_2 = \frac{m}{f_s} \tag{7.15}$$

假设声线直线传播，则直达波和海面反射波的到达时间差还可以表示为

$$\Delta t_2 = \frac{\sqrt{(z_2 + z_S)^2 + r^2} - \sqrt{(z_2 - z_S)^2 + r^2}}{c_2} \tag{7.16}$$

式中，c_2 为声源到海表面间的平均声速。对 Δt_2 关于 r 求导可得

$$\frac{\partial \Delta t_2}{\partial r} = \frac{1}{c_2} \left\{ \left[\left(\frac{z_2 + z_S}{r} \right)^2 + 1 \right]^{-\frac{1}{2}} - \left[\left(\frac{z_2 - z_S}{r} \right)^2 + 1 \right]^{-\frac{1}{2}} \right\} \tag{7.17}$$

由式(7.17)可以得出，Δt_2 随水平距离 r 变化较小。当声源深度 z_S 不变、水平距离较大时，$\dfrac{\partial \Delta t_2}{\partial r}$ 趋于 0，即直达波与海面反射波的时间差近似不变。因此，可以结合声源距离估计结果以及由接收信号自相关函数，提取直达波和海面反射波的到达时间差，再与射线模型计算的直达波与海面反射波时延差，匹配估计声源深度。

3）距离深度联合估计

对深海直达声区水下声源距离深度进行联合估计的流程图如图 7.10 所示。

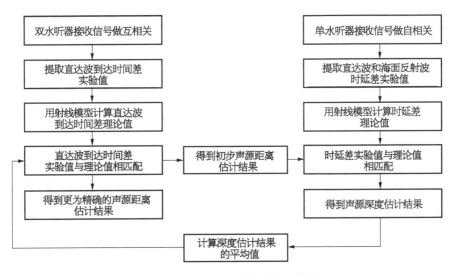

图 7.10　距离深度联合估计流程图

作为例子，根据上述流程图，首先对深度为 1 972 m 和 4 152 m 的两个水听器接收信号做互相关，得到互相关函数随距离的变化如图 7.11 所示。接收深度为 1 972 m 时直达声区的宽度只有 11 km，因此这里只给出了 11 km 内的互相关函数图。由图 7.11 可以看出互相关函数有四组峰值，这与前文的理论分析一致。根据图 7.11 提取到的直达波到达时间差如图 7.12 中黑色圆圈所示，黑色实线是用射线模型计算的时间差，计算时声源深度取平均值 120 m。由图 7.12 可以看出，两个水听器接收到直达波的到达时间差随目标距离的增大而减小，而且到达时间差的测量值与模型计算结果基本一致。假设声源深度在 50~300 m 之间变化，则用射线模型计算得到的直达波到达两个接收水听器的时间差如图 7.13 所示，可见直达波到达时间差随声源深度变化较小，而随距离变化较大。最终估计的距离均方误差和相对误差限如图 7.14 所示，可以看出当假设声源深度在 50~300 m 之间时，距离估计的均方误差在 0.01~0.06 km 之间，相对误差限在 7.8%~16.5% 之间。目标假设深度与目标实际深度偏差越大，估计的距离相对误差也越大。

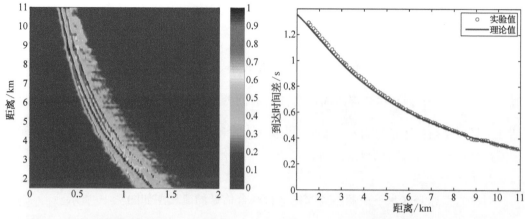

图 7.11　双水听器接收信号互相关函数
　　　　随距离的变化

图 7.12　双水听器直达波到达时间差实验与
　　　　理论结果对比

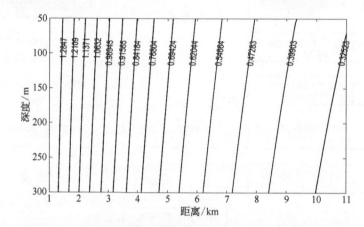

图 7.13　不同深度不同水平距离下直达波到达时间差等高线图

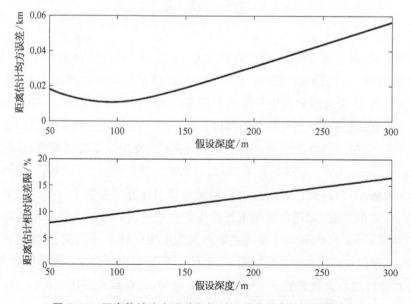

图 7.14　距离估计均方误差和相对误差限随声源深度的变化

　　然后对 4 152 m 深度水听器接收的声信号做自相关处理,得到声源在不同距离时的自相关函数如图 7.15 所示,可以看出自相关函数存在一组明显的峰值,总体上峰值位置对应的时间随距离增大单调递减,但是接收距离在 2.5~5 km 之间的时差扰动较大,这是由于实验期间拖曳声源的深度变化较大。根据图 7.15 提取到的直达波与海面反射波的时延差如图 7.16 中黑色圆圈所示,黑色实线是射线模型假设声源深度在 120 m 时计算的时间差,所以时延是线性变化。图 7.17 给出假设声源处于不同深度和不同距离时,射线模型计算的直达波与海面反射波时延差。结合由双水听器接收信号互相关函数估计的声源距离结果,得到声源深度估计结果的平均值和相对误差限如图 7.18 所示,可以看出

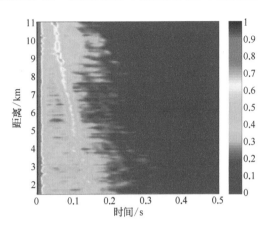

图 7.15　深度在 4 152 m 单水听器接收信号的自相关函数随距离变化

声源深度估计结果的平均值在 117~125 m 之间,相对误差限在 10.4%~13.3%,相对误差限变化较小,所以声源距离估计结果对声源深度估计结果影响较小。距离估计的相对误差限在 10.1%~10.5% 之间,说明可以根据声源深度估计结果的平均值结合双水听器互相关函数,较好地实现距离估计。

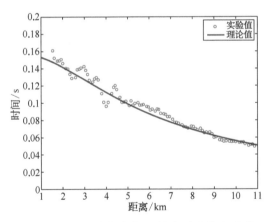

图 7.16　直达波与海面反射波时延差实验结果与射线模型计算结果对比

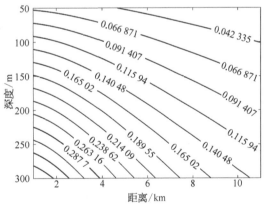

图 7.17　不同深度不同距离下直达波与海面反射波时延差等高线图

　　图 7.19 给出假设深度为 300 m 时估计的距离结合单水听器自相关函数得到的声源深度估计结果,平均值为 117 m。图 7.20 是对应的深度估计的绝对误差和相对误差。图 7.21 给出声源假设深度取 117 m 并结合双水听器互相关函数得到的声源距离估计结果,图 7.22 是对应的距离估计的绝对误差和相对误差。从图 7.21 和图 7.22 可见,除了个别信号外,采用联合估计方法给出的大部分声源信号的距离和深度相对误差小于

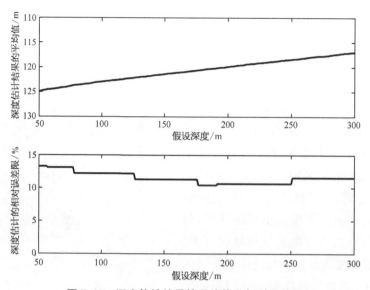

图 7.18 深度估计结果的平均值和相对误差限

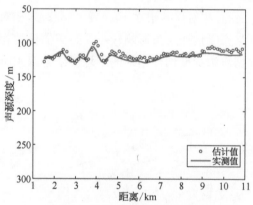

图 7.19 声源深度估计结果

10%，能较好地实现对水下目标的测距和测深。

对于弱目标信号，则可采用垂直阵列，进行垂直方向的测向代替双阵元互相关处理，同时用目标垂直平面内的俯仰角方向合成阵列参考位置的声场信号，然后再进行单阵元的自相关处理估计目标深度，这里就不再详述。

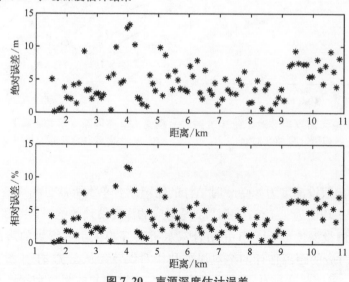

图 7.20 声源深度估计误差

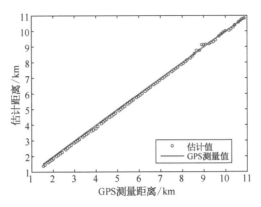

图 7.21　声源距离估计结果

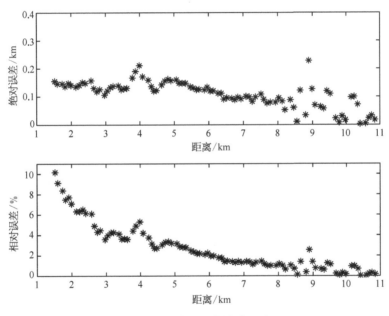

图 7.22　声源距离估计误差

7.1.5　基于大深度矢量水听器的近水面声源定位方法

矢量水听器由于能同时接收声场中的声压信号和质点振速信号而备受关注,并广泛应用于目标方位估计、水下声源定位等领域。本小节结合矢量水听器在波达角估计方面的优势及深海直达波区域声线传播的特点,提出一种利用大深度矢量水听器接收的直达波信号对近水面声源进行定位的方法。

声压和质点振速均反映了声场的重要信息,两者之间的关系满足质点的运动方程,在小振幅条件下有

$$\frac{\partial \boldsymbol{v}}{\partial t} = -\frac{1}{\rho} \nabla p \qquad (7.18)$$

式中,ρ 为介质密度;∇ 为梯度算符。如果考虑简谐点源,声源频率为 ω,则有

$$v = -\frac{1}{\mathrm{i}\omega\rho}\,\nabla p \tag{7.19}$$

在柱坐标系下,质点振速的水平分量和垂直分量分别为

$$v_r(r,\ z,\ t) = \mathbf{v}(r,\ z,\ t)\cos\varphi(r,\ z) \tag{7.20}$$

$$v_z(r,\ z,\ t) = \mathbf{v}(r,\ z,\ t)\sin\varphi(r,\ z) \tag{7.21}$$

式中,$\varphi(r,\ z)$ 为声线在 $(r,\ z)$ 处的掠射角。可以看出,接收点处声线掠射角的大小对质点振速分量有重要影响,大掠射角的声线对质点垂直振速有较大贡献,小掠射角的声线对质点水平振速有较大贡献。

如果矢量水听器能获取三维质点振速分量 v_x、v_y、v_z,则

$$v_x(r,\ z,\ t) = v_r(r,\ z,\ t)\cos\theta(r,\ z) \tag{7.22}$$

$$v_y(r,\ z,\ t) = v_r(r,\ z,\ t)\sin\theta(r,\ z) \tag{7.23}$$

式中,$\theta(r,\ z)$ 为 v_r 与矢量水听器 x 轴方向的夹角。

声压和质点振速联合信号处理广泛应用于目标方位估计领域,其中声能流法是进行目标方位估计的一种重要方法,对各向同性非相干干扰有较强的抑制作用。根据矢量水听器测量得到的声压 $p(t)$ 及质点振速分量 $v_x(t)$、$v_y(t)$、$v_z(t)$,可以得到声能流密度在 x、y、z 三个方向的分量:

$$I_i = \langle p(t)v_i(t)\rangle \quad (i = x,\ y,\ z) \tag{7.24}$$

式中,"$\langle\rangle$"表示对时间的平均。或者利用傅里叶变换在频域上可以得到

$$I_i = \mathrm{Re}\left[P(\omega)V_i^*(\omega)\right] \quad (i = x,\ y,\ z) \tag{7.25}$$

式中,$P(\omega)$ 和 $V_i(\omega)$ 分别为 $p(t)$ 和质点振速分量 $v_i(t)$ 的傅里叶变换;上标"$*$"表示对复数取共轭;"Re"表示对复数取实部。

由 I_x 和 I_y 可以得到

$$\theta_I(r,\ z) = \arctan\frac{I_y(x,\ y,\ z)}{I_x(x,\ y,\ z)} \tag{7.26}$$

该角度表示目标声源在水平方向上相对于矢量水听器 x 轴方向的角度,可以用来对目标声源的水平方位进行估计。

此外,由 I_x 和 I_y 可以得到声能流密度在水平方向的分量,用 I_r 表示:

$$I_r(r,\ z) = I_x(r,\ z)\mathbf{x} + I_y(r,\ z)\mathbf{y} \tag{7.27}$$

由 I_z 和 I_r 可以得到

$$\varphi_I(r,\ z) = \arctan\frac{I_z(r,\ z)}{I_r(r,\ z)} \tag{7.28}$$

该角度表示接收点处的声能流密度与水平方向的夹角,即声线到达接收点的掠射角。

在深海环境下,声源位于海表面附近(140 m),接收器位于较大深度处(3 146 m),当收发水平距离在一定范围内时,接收器接收到的主要声线如图 7.23 所示。图 7.23 中接收器与声源之间的水平距离为 5.1 km,从图中可以看出,接收器接收到的声线有直达波、一次海面反射波、一次海底反射波、一次海面反射一次海底反射波等,经过多次海面和海底反射的声线未在图中画出。考虑到各条声线在传播时间上的差异,如果声源是脉冲信号,接收信号将由不同的波包构成,分别是直达波与一次海面反射波(图 7.23 中标为①)、一次海底反射波和一次海面反射一次海底反射波(图 7.23 中标为②),以及一次海底一次海面反射波与一次海底反射二次海面反射波(图 7.23 中标为③)等。

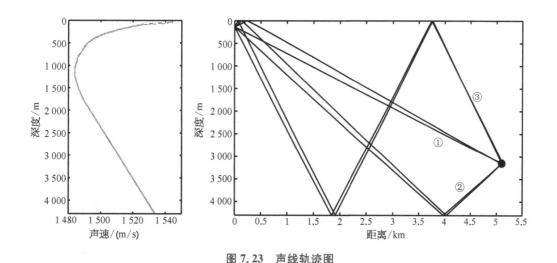

图 7.23　声线轨迹图

图 7.24 给出水平距离为 5.1 km 时矢量水听器接收的信号。由于原始记录信号的信噪比很低,图 7.24 中的波形是对原始信号进行脉冲压缩后用最大值进行归一化的波形。比较图 7.24 和图 7.23 可以看出,对于实验测量信号,在 $p(t)$ 和 $v_z(t)$ 的波形中能看到图 7.23 中所示的三个波包,而由于噪声干扰,以及在近距离处经海面和海底多次反射的声线到达接收矢量水听器处的掠射角较大导致质点振速水平分量较小,在 $v_x(t)$ 和 $v_y(t)$ 的波形中只能看到图 7.23 中所示的波包①和波包②。此外,由于直达波和一次海面反射波不经过海底反射,因此矢量水听器接收的信号 $p(t)$ 和 $v_x(t)$、$v_y(t)$、$v_z(t)$ 中,波包①的能量最高。为叙述简便起见,下文将波包①统称直达波。

图 7.25 给出根据射线声场计算程序 Bellhop 得到的声源在海面附近时在水平距离 13 km 范围内矢量水听器深度上的直达波掠射角(该掠射角由图 7.23 所示直达波掠射角和一次海面反射波掠射角的均值表示),图中各条曲线对应的声源深度分别为 10 m、100 m、200 m 和 300 m。从图 7.25 可以看出,直达波掠射角随水平距离变化较快,在水平距离 1 km 处,掠射角在 70°以上,在水平距离 13 km 处,掠射角约为 11.5°;从图中还可以看出,声源深度变化对直达波掠射角影响较小。

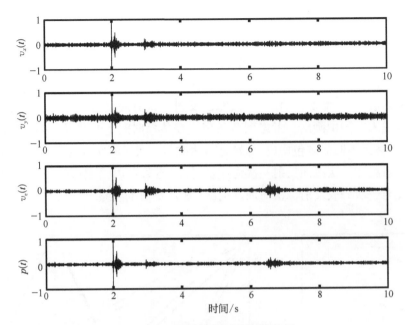

图 7.24　矢量水听器接收到的信号

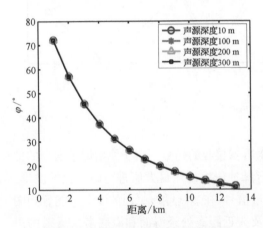

图 7.25　不同距离上的直达波掠射角

通过以上分析可以看出,对于海表面附近的声源和处于大深度的接收器,在能接收到直达波的范围内,到达接收器的直达波掠射角随水平距离变化较快而声源深度变化对其影响较小。同时,结合矢量水听器在 DOA 估计方面的优势,可以利用大深度矢量水听器接收的直达波信号对深海近水面声源进行方位和距离估计,具体步骤如下:① 利用式(7.26)估计目标声源方位;② 利用式(7.28)估计直达波到达接收点的掠射角;③ 根据直达波掠射角的大小,估计目标声源的水平距离。

图 7.26 给出由式(7.26)对 A2~A0 和 A0~A1 两条航线上目标声源相对于矢量水听器 x 轴方向的角度,得到在 A2~A0 航线上均值为 131.6°,标准偏差为 7.6°,在 A0~A1 航线上均值为 −108.8°,标准偏差为 3.4°,由两条航线上目标声源相对于矢量水听器 x 轴方向的角度得到两条航线的夹角约为 119.6°。根据 GPS 数据,得到两条航线的夹角为 115°。可见由矢量水听器测量信号应用式(7.26)估计的目标声源方位变化与实际情况基本一致,估计误差为 4%。

图 7.27 是按式(7.28)得到的两条航线上矢量水听器接收的直达波信号的掠射角,如图中圆圈所示,图 7.27 中横坐标是接收矢量水听器与声源之间的水平距离,图中实线是

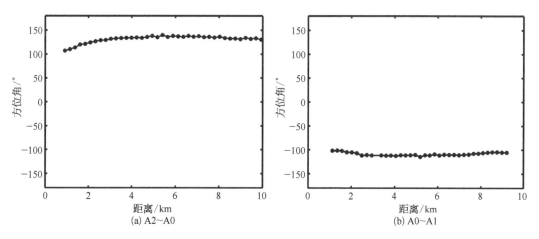

图 7.26　方位估计结果

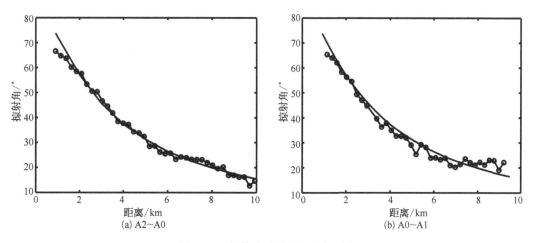

图 7.27　接收直达波信号的掠射角

在实验环境下直达波到达接收矢量水听器处掠射角的理论计算结果,可以看出,由矢量水听器测量信号得到的直达波掠射角与理论结果基本一致。

　　根据实验环境下不同收发距离时到达矢量水听器的直达波掠射角理论值,找出由各实验信号得到的直达波掠射角对应的水平距离,即为目标距离估计结果,两条航线上的距离估计结果如图 7.28 中圆圈所示,图中实线为参考线。图 7.29 给出两条航线上的距离估计误差,从图中可以看出,除在水平距离较近的地方(1 km 左右)估计误差较大以外,大部分距离上的相对误差都在 10% 以内,其中 A2～A0 航线上相对误差均值为 6.8%,A0～A1 航线上相对误差均值为 9.5%。

　　得到目标声源相对于接收矢量水听器的方位和水平距离后,可以确定目标声源在二维平面上的位置。由于图 7.26 中由实验数据得到的方位角是相对于矢量水听器 x 轴的

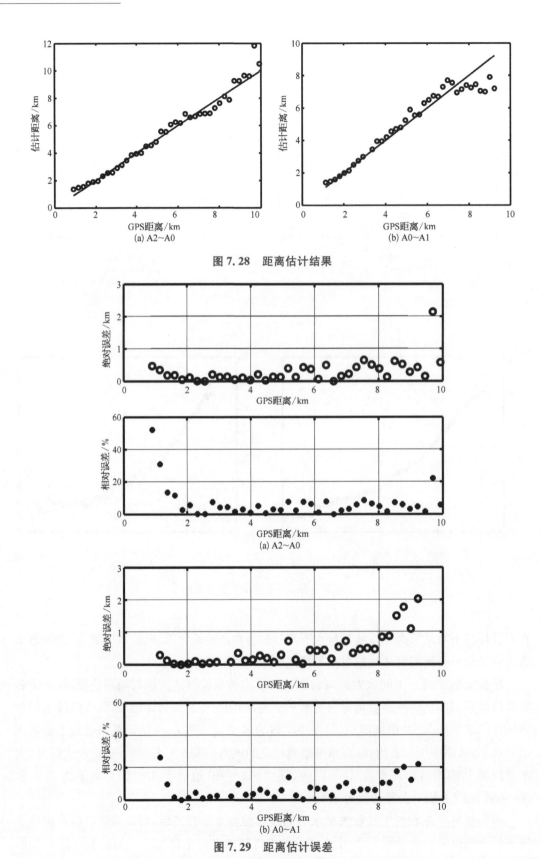

图 7.28 距离估计结果

图 7.29 距离估计误差

角度,因此为了将目标声源在二维平面上的位置与发射船实际航迹进行比较,先将图 7.26 中的方位角沿顺时针方向进行调整,调整角度为 97°,再结合图 7.28 中各发信号对应的水平距离得到了定位结果,如图 7.30 中圆圈所示,图中实线是 GPS 记录的发射船航迹。从图中可以看出,定位结果与 GPS 坐标相差不大,说明应用大深度矢量水听器接收的直达波信号对近水面声源进行定位是可行的。

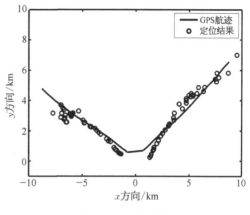

图 7.30　定位结果

7.2　声影区与深海海底反射模式

声影区是指在相邻会聚区之间的低声强区域。实际上,声影区并不是完全意义上的影区,尽管区域内并没有直达声线到达,但是声线经海底反射后仍然可以进入声影区,这种声传播模式被称为海底反射模式。利用海底反射模式可以探测声影区较高声源级的水下目标,但由于声影区传播损失较大,且该模式受水文条件等因素的影响,因而探究海底反射模式的适用性十分重要。本节主要介绍海底反射模式探测需要的水文条件、波束指向对声呐系统的影响和海底反射模式的适用性,为本章后续两节介绍探测方法打下基础。

7.2.1　海底反射模式适用的水文条件

针对海底反射模式在声影区中的探测问题,首先需要讨论的是该模式在怎样的水文条件下可以使用。下面对三个不同海域的深海声场进行计算,分析声速剖面和海深的影响,进而总结出适用于海底反射模式的水文条件。选取位于中低纬度海域的三个典型位置:① 西北太平洋(40.5°N, 150.5°E);② 菲律宾海(20.5°N,128.5°E);③ 印度洋(0.5°N,50.5°E)。声速剖面来自世界海洋图集 2009(World Ocean Atlas 2009,WOA09)数据集。为避免混合层传播对海底反射的影响,选择 5 月份的平均声速剖面,此时三种剖面均不存在混合层,如图 7.31 所示。

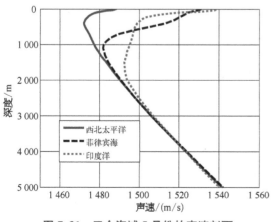

图 7.31　三个海域 5 月份的声速剖面

三处海深均在 5 000～5 500 m,为了能够比较声速剖面的影响,将三个声速剖面均截取至 5 000 m 深。

从声速剖面的对比图上来看,三处海域 3 000 m 深度以下的声速趋于一致,声速剖面的区别存在于上层水体。对于西北太平洋处的声速剖面,其声道轴深度约为 450 m,临界深度在 2 000 m 左右;菲律宾海的声道轴在 1 000 m 深,临界深度约为 4 500 m;印度洋的声速剖面与其余两种剖面模式差别较大,在 500～2 500 m 深度范围内声速变化不大,声道轴在三种情况中最深,达到 2 000 m,临界深度在 5 000 m 左右。可以看出,三种剖面无论在剖面模式、声道轴深度还是临界深度上均存在较大差别。

图 7.32 是利用简正波声场模型 KRAKENC 计算的西北太平洋、菲律宾海和印度洋三处位置的传播损失伪彩图,声源频率 150 Hz,声源深度 50 m,不考虑三种情况海底底质区别,假设三种情况下海底为半无限大空间,声速为 1 600 m/s,密度为 1.6 g/cm³,衰减系数为 0.3 dB/λ。从声场分布的情况来看,西北太平洋剖面,由于声道轴和临界深度较浅,会聚区距离在 40 km 左右,声线在 1 500 m 深度上发生反转;菲律宾海剖面,会聚区距离在 60 km 左右,声线反转深度在 4 500 m 以上;而对于印度洋剖面,由于临界深度很大,故而未出现明显的会聚区现象。因此,从会聚区传播模式的角度来看,三种声场存在较大差别,声速剖面的影响较大。

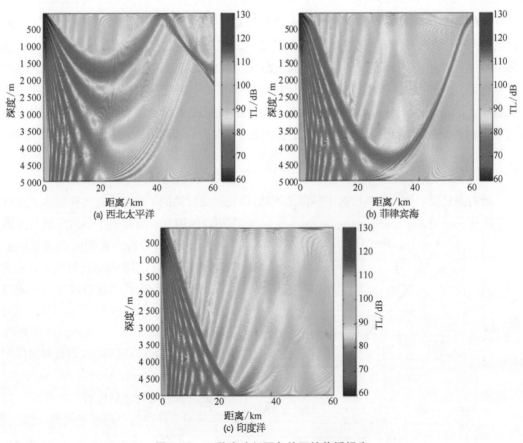

图 7.32　三种声速剖面条件下的传播损失

　　图 7.33 是计算得到的海底反射模态叠加形成的声场。海底反射模式主要应用在声影区,考虑到西北太平洋海域会聚区在 40 km 距离上出现,因此在判断海底反射模式的性能时,仅比较 10~40 km 范围内的影区传播损失。声速剖面造成的 10~40 km 范围内传播损失的变化并不明显。图 7.34 是 300 m 接收深度上三种剖面的传播损失曲线。可以看到,三种剖面环境下 10~40 km 内的传播损失量级接近,保持在 80~86 dB 之间。可见,海底反射模式中声波从海底以较大的角度范围反射,声速剖面的变化对海底反射影响不明显,声速剖面不能作为判断海底反射模式是否可用的标准。

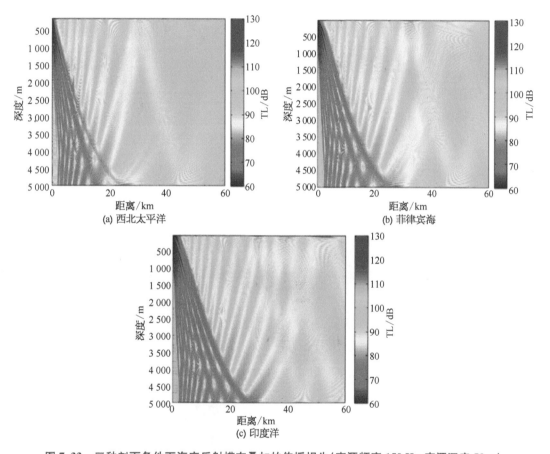

图 7.33　三种剖面条件下海底反射模态叠加的传播损失(声源频率 150 Hz,声源深度 50 m)

　　影响海底反射模式的另一个重要环境参数是海深,下面将海深以 100 m 为间隔、从 3 000 m 变化到 7 000 m,来分析声影区传播损失与海深的关系。由于 WOA09 数据仅提供 5 500 m 深度范围内的声速值,所以当海深小于 5 500 m 时,声速剖面可以通过直接截取获得;对于深度大于 5 500 m 的声速数据,根据压力与海水声速的关系进行外插。图 7.35 显示了海深为 4 000 m、5 000 m 和 6 000 m 时的声传播损失分布。可见,当海深在共轭深度以浅时(4 000 m),会聚现象不明显,海底反射能量很强,声影区的界限不明显。随着海深逐渐变深至 5 000 m 时,会聚区效应开始凸显,声影区内的能量逐渐减小。当海

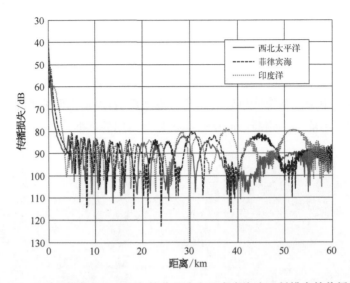

图 7.34　三种剖面条件下 300 m 接收深度上只考虑海底反射模态的传播损失

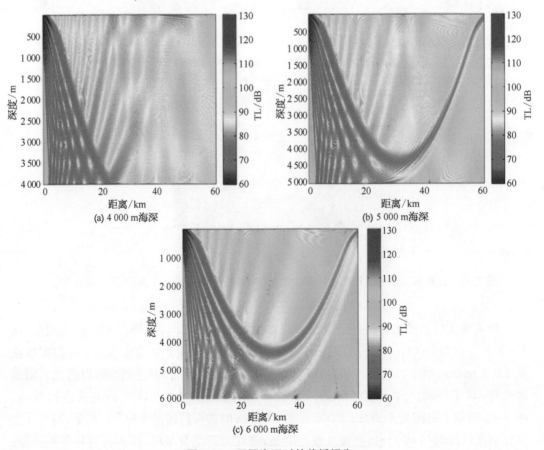

(a) 4 000 m海深

(b) 5 000 m海深

(c) 6 000 m海深

图 7.35　不同海深时的传播损失

深进一步增加时,海底反射的能量继续
减小,海底反射模式的性能降低。

图 7.36 是接收深度为 300 m 时,
10～40 km 距离范围内声传播损失最小
值随海深变化的曲线。可以看到,受声
波在水体中传播几何扩展损失影响,三
种剖面条件下传播损失都随海深的增大
而增大,即深度越大、到达浅深度的海底
反射能量越少。但是,三种剖面的传播
损失变化趋势基本接近,进一步证明了
声速剖面对于海底反射模式的影响很
小。海深是判断海底反射模式是否可用

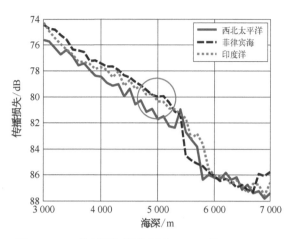

图 7.36 三种剖面下接收深度 300 m 处 10～40 km
距离上传播损失最小值随海深变化

的最重要参数,假设声呐的优质因数为 80 dB,则海深在 5 000 m 以浅时可以使用海底反
射模式,而对于西北太平洋等高纬度海域,海深要求更浅一些。

7.2.2 声呐接收指向性对深海探测性能的影响

在海底反射模式中,声波的掠射角度较大,因此当声呐接收指向性指向水平方向且波
束宽度较窄时,无法接收到这类大角度声波,进而给探测带来影响。由射线和简正波的关
系可知,每一阶简正波模态均可以看作由两个平面波相关叠加形成,平面波的角度与模态
水平波数 k_r 之间存在以下关系:

$$k_r/k(z) = \cos \theta \qquad (7.29)$$

式中, $k(z) = \omega/c(z)$,为波数。当声呐接收存在指向性时,对模态的接收也存在选择性。
模态阶数越大,其水平波数越小,对应的声线角度也越大。如果声呐无法接收到角度较大
的声线,那么也就无法接收到阶数较大的模态。如果声呐的接收角度范围为 $(-\theta_0, \theta_0)$,
那么根据式(7.29),此时在深度 z 处的声呐可以接收到最高阶模态对应的水平波数为

$$k_{r0} = k(z)/\cos \theta_0 \qquad (7.30)$$

也就是说,水平波数小于 k_{r0} 的模态,其对应声线到达接收点位置处的角度已经在
$(-\theta_0, \theta_0)$ 角度范围之外,因此无法被接收到,这里把 k_{r0} 称为临界波数。

分析图 7.37 所示的典型深海 Munk 声速剖面条件下,模态的水平波数随模态阶数变
化曲线,结果如图 7.38 所示,计算中设声源频率为 200 Hz,其他参数同图 7.32。可以看
到随着模态阶数的增大,水平波数逐渐减小,同时对应的声线角度也逐渐增大。当接收深
度为 300 m、声呐的接收角度范围为 $-20°\sim20°$ 时,可以计算得到临界波数为 0.78 m^{-1} 。
当水平波数减小到临界波数以下时,对应模态无法被接收到。

假设声呐的接收深度为 300 m,则指向性接收和无指向性接收时的传播损失如
图 7.39 所示。从图中可以看出,由于会聚区声线掠射角接近水平方向,所以声呐的指向

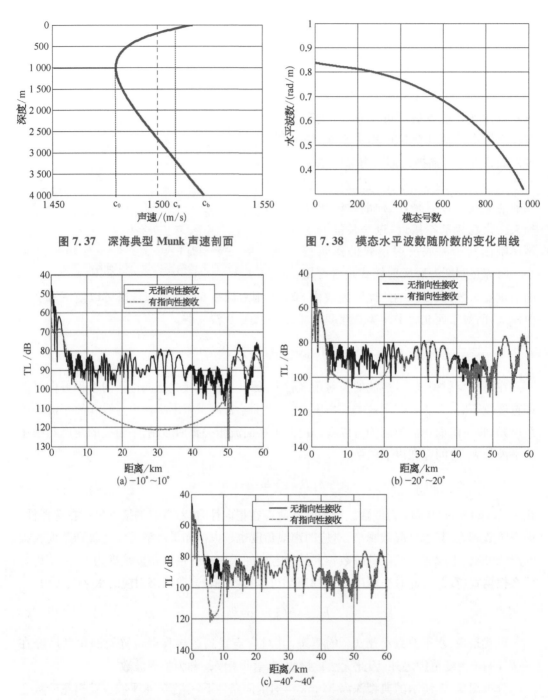

图 7.37　深海典型 Munk 声速剖面　　　　图 7.38　模态水平波数随阶数的变化曲线

图 7.39　接收深度 300 m 时有、无指向性接收时的传播损失对比

性对会聚区距离的探测没有影响,但是会令声影区距离上的传播损失大大增加,从而进一步加大对声影区目标的探测难度。接收的垂直角度范围为 $-10°\sim10°$ 时,在整个声影区范围内无法接收到大角度声线,传播损失明显高于无指向性接收情况;当声呐垂直接收的角度范围为 $-20°\sim20°$ 和 $-40°\sim40°$ 时,传播损失增大的距离范围分别为 5~20 km 和 5~

10 km。声呐波束角度越宽,指向海底方向的角度越大,那么对声影区中的探测范围也就越大。因此,要想应用海底反射模式进行探测,要求声呐在垂直方向上具有较宽的指向性。

7.2.3　海底反射模式的波束角度

声呐的指向性对海底反射模式的使用起着重要作用,要想利用海底反射模式对影区内特定距离和深度进行探测,就需要研究声波发射和接收角度与收发距离、声速剖面及声源深度的关系。图 7.40a 是利用射线模型计算的菲律宾海声速剖面环境下的特征声线图,其中声源深度 100 m、接收深度 300 m、收发距离 15 km。可以看到,与海底发生一次接触的特征声线共有 4 条,4 条声线的区别在于与海面接触的次数和顺序不同:① 无海面反射(B);② 在声源附近存在海面反射(SB);③ 在接收处存在海面反射(BS);④ 在声源和接收处均存在海面反射(SBS)。声线发射角度及其对应的声线幅度如图 7.40b 所示,幅值用无海面接触的声线幅值(B)进行归一化。由于海面假设为压力释放边界,因此海面对 4 条声线的幅值影响很小,幅值相差不大。设水平方向为 0°,以顺时针方向,即指向海底方向的角度为正,那么 4 条声线的发射角度分别为 31.6°(B)、33.3°(BS)、−32.1°(SB)和−33.8°(SBS)。4 条声线发射角度的绝对值非常接近,用发射角度的正负进行区分,4 条声线又可分为两类,即发射时向海面方向和向海底方向,4 种声线均可以到达目标位置,而且在不计入海面损耗的情况下,利用 4 种声线进行探测的能力相差不大。但是考虑到在实际海洋环境中,海面不可避免地会产生散射损失,因此在实际的海底反射应用时应该选择尽量少的界面接触方式,利用直接向海底发射的方式更加合理。在下面的分析中将重点关注仅发生海底反射(B)的声线角度。

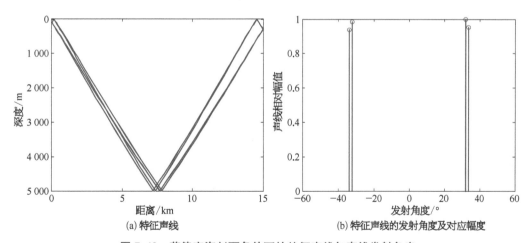

(a) 特征声线　　　　　　　　　　　(b) 特征声线的发射角度及对应幅度

图 7.40　菲律宾海剖面条件下的特征声线与声线发射角度

图 7.41 是三种剖面条件下声线发射角随距离的变化曲线,计算时取声源深度 100 m,接收深度 300 m。三条曲线的变化趋势相同,随着距离的增大,发射角度逐渐减小;在相同的收发距离上,西北太平洋的声波发射角度大于菲律宾海和印度洋,而且这种

差别在收发距离 10 km 时较小,随着距离的增大而增大,在 40 km 处差值达到 8°左右;菲律宾海和印度洋的发射角度几乎一致。西北太平洋海域与菲律宾海域声线发射角度的差别是由于声源处声速值的不同造成的:从图 7.41 中可以看到,三种剖面在海底处的声速大小相同,西北太平洋剖面的声源处声速最小,菲律宾海和印度洋的声源处声速较大,由 Snell 定律可知,如果让声线与海底接触,西北太平洋海域的声源必须以更大发射角向海底发射声波。

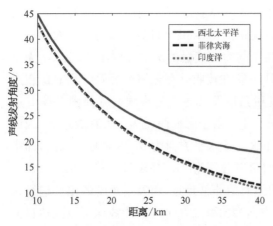 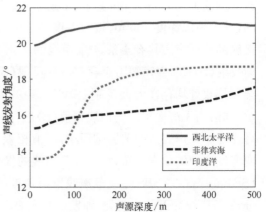

图 7.41 声波发射角度与收发距离的关系曲线　　图 7.42 声波发射角度与声源深度的关系曲线

海底反射模式中声线的发射角度与声源处的声速有关,由于声速值随声源深度发生改变,因此发射角度与声源深度密切相关。图 7.42 中的曲线表示了声波发射角度与声源深度的关系,计算时取接收深度 300 m,收发距离 30 km。从图中可以看到,当声源深度增大时,声源处的声速值减小,由 Snell 定律可知,需要增大声线的发射角度才能保持声线与海底的掠射角度不变。因此,在不考虑混合层的情况下,声源深度越大,声线的发射角度也越大。

研究声线发射角度与声速剖面、收发距离及声源深度的关系,对于判断声呐是否能够在特定海域工作具有重要的意义,现阶段声呐的垂直扫描波束的角度范围仍然比较有限,无法实现垂直方向上 180°全范围扫描。如果某型号声呐的垂直扫描波束范围为−20°～20°,则从图 7.41 中可以看到,在菲律宾海和印度洋,该声呐只能对 25 km 以外的目标进行探测,而在西北太平洋海域,该声呐的海底反射模式则几乎不能使用,只能探测到 37 km 以外的目标。除此之外,在某些常规声呐阵型(如圆柱阵)条件下,当垂直波束角度较大时,主瓣宽度会增大,阵增益减小。因此,从实际应用的角度出发,声源处声速值越大,声波发射的角度越小,越有利于海底反射模式的使用。

7.2.4 陷获率及海底反射模式适用性

上面讨论了可以使用海底反射模式的水文条件以及使用该模式时的声波收发角度。

在实际应用海底反射模式时,不仅海深要满足一定的要求,同时还需要考虑声呐设备能否达到声波发射角度的要求。也就是说,海深只是判断海底反射模式是否"可用";在可用的基础上考虑声波发射条件,可以判断该海域的水文条件是否有利于海底反射模式的使用。例如通过 7.2.1 节的分析可知,西北太平洋、菲律宾海和印度洋海域都可以使用海底反射模式,但是考虑到菲律宾海和印度洋海域声波的发射角度比西北太平洋要小,因此前两者比西北太平洋更加适合使用海底反射模式。声源处声速越高的海域,其声波发射角度越小,海底反射模式的适用性也就越强。因此,在海深条件满足海底反射模式的要求之后,可以使用"陷获率"的概念来综合考量海底反射模式在某海域处的适用性。

考虑图 7.37 所示的 Munk 声速剖面。根据前面的分析可知,出射角在区间 $(-\varphi_m, \varphi_m)$ 内的声线不与海底发生接触,也就是说这些声线被"陷获"在波导中。φ_m 可以通过 Snell 定律计算获得:

$$\cos \varphi_m = c_s/c_b \tag{7.31}$$

一般来说 φ_m 较小,因此可以利用泰勒级数展开的方法求得 φ_m:

$$\varphi_m = [2(c_b - c_s)/c_b]^{1/2} \tag{7.32}$$

被陷获在波导中的声能量通过折射和会聚作用形成会聚区现象,而与海底接触的声线通过海底反射进入声影区。如果假设声源为无指向性声源,无指向性声源对应的立体角为 4π,陷获在波导中的声线的立体角为

$$\int_{-\varphi_m}^{\varphi_m} \int_0^{2\pi} \cos \varphi \, \mathrm{d}\varphi \mathrm{d}\theta = 4\pi \sin \varphi_m \tag{7.33}$$

因此陷获在波导中的声能量占全指向性声源发射能量的比例为

$$K = \sin \varphi_m \approx [2(c_b - c_s)/c_b]^{1/2} \tag{7.34}$$

将该比例系数定义为陷获率,可以比较直观地给出通过会聚区传播的能量比例。观察陷获率的表达式,它是由声速剖面上两个位置的声速值决定的:位于海底处的水体声速值 c_b 以及声源处的声速值 c_s。这个参数反映了前面讨论的两个海底反射模式应用条件:① 海深条件。海底声速值与海深有关。声源处声速 c_s 一定时,海深越大,海底声速值 c_b 越大,陷获率也就越大,此时不利于海底反射模式的应用。② 声波发射条件。海底声速 c_b 一定时,声源处声速值 c_s 越小,声波的发射角度越大,陷获率越大,此时也不利于海底反射模式的应用。陷获率同时考虑了海深和声源声速对海底反射声能量的影响,在很大程度上决定了通过海底反射模式探测影区目标的效率,可用来量化海底反射模式在特定水文环境中的适用性。

图 7.43 是利用 Munk 声速剖面计算得到的传播损失随陷获率的变化曲线,陷获率的变化是由于海深的改变造成的。计算中声源和接收深度均为 300 m,距离声源 30 km。这时,声源处的声速为 1 514 m/s,对应的共轭深度约为 2 300 m。当海深由 2 300 m 变化至 7 000 m 时,陷获率从 0 增大到 0.3。可见,尽管存在由于声场干涉结构导致的声场振荡,

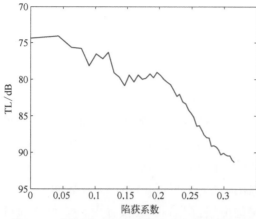

图 7.43　影区内 300 m 深度上传播损失随陷获率的变化

声传播损失的变化趋势随着陷获率的增大而逐渐增大,传播损失的变化为 15 dB 左右。当陷获率越接近 0,海底反射声波的能量越大,声影区内传播损失越小,也就越有利于海底反射模式的应用。

图 7.44 是利用 WOA09 在 1 月份的水文数据获得的全球范围海域陷获率分布图,c_s 取 10 m 深度处的声速值。从全球范围来看,中低纬度的陷获率较小,因此也更适合应用海底反射模式进行探测。具体地说,不考虑海底底质参数,仅从声速剖面分布的角度来看,印度洋、南海以及中低纬度太平洋海域对海底反射模式的适用性更好。陷获率是仅考虑水文条件下得到的一个参数,因此只能初步判断海底反射模式是否适用。

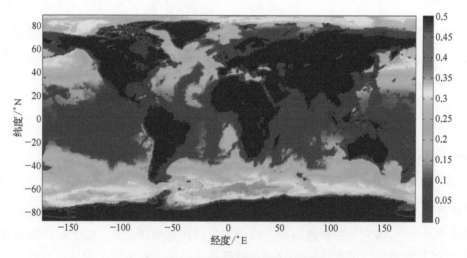

图 7.44　全球海域的陷获率分布图

7.3　基于海底反射模式多途到达信息的目标探测技术

声的多途传播是海洋波导中的典型现象。声传播多途特征与海洋环境、声源位置以及接收点位置相关,当海洋环境已知时,可以通过接收到的多途信息对声源位置进行估计。多途特征的两种主要表现形式是到达时间结构和到达方位,本节分别介绍利用多途到达时间结构和到达方位的目标探测技术。

7.3.1　海底反射模式下多途时间到达结构与目标定位方法

当声源位于近海面、接收位于水下时,声音沿着四条典型的路径传播,分别是一次海底反射、海面—海底反射、海底—海面反射、海面—海底—海面反射。理想波导情况下,当声速恒定时,声传播路径如图 7.45 所示。

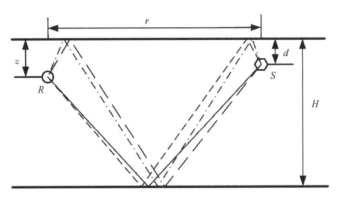

图 7.45　海底反射模式下四条典型路径

声传播时间可以用以下公式表示:

$$\left.\begin{aligned}
T_{BC} &= [r^2 + (2 \times H - d - z)^2]^{1/2} \\
T_{SBC} &= [r^2 + (2 \times H + d - z)^2]^{1/2} \\
T_{BSC} &= [r^2 + (2 \times H - d + z)^2]^{1/2} \\
T_{SBSC} &= [r^2 + (2 \times H + d + z)^2]^{1/2}
\end{aligned}\right\} \tag{7.35}$$

式中,T 为传播时间;r 为声源距离;d 为声源深度;z 为接收水听器深度;H 为水深;c 为声速。根据声线和传播时间公式,可以发现海底反射模式下的多途时间到达结构与声源位置紧密相关。当接收水听器只有一个并且位于声源下方时,四条声线中海底反射声线最先到达,之后是海面—海底反射声线、海底—海面反射声线和海面—海底—海面反射声线,根据声线到达先后顺序可以判断到达结构与声线的对应关系,确定对应关系后可以对目标进行定位。下面给出信号处理和声源定位方法。

通过垂直阵接收声源发射的声信号,并提取垂直阵不同阵元接收信号的不同路径传播时间,分析多途到达时间结构。到达时间结构可以通过如下方式获取:接收到的信号 $r(t)$ 经过快速傅里叶变换(FFT)获取信号频谱 $R(f)$。将原始信号设为 $s(t)$,同样经过快速傅里叶变换获取频谱 $S(f)$。接收信号的脉冲压缩输出 $c(\tau)$ 是 $C(f)$ 的逆傅里叶变换,$C(f)$ 表示为

$$C(f) = R(f)S^*(f) \tag{7.36}$$

式中,"*"表示复共轭。脉冲压缩的输出包络可以表示为

$$\hat{c}(\tau) = |\, c(\tau) + \mathrm{i} * \mathrm{Hilbert}(c(\tau))\,| \tag{7.37}$$

式中,i 为虚数单位;Hilbert(·)为希尔伯特变换,|·|是绝对值符号。

根据时间到达结构,可以将不同的到达时间和声线经过的路径对应起来。不同路径之间的到达时间差和声源距离、声源深度紧密相关。提取其中的两种时延差,用于目标定位:一种是每个接收信号中海底反射波与海面—海底反射波之间的时间差,对于 N 元垂直阵,该时间差可以表示为

$$\tau_i^1 = T_{SB}^i - T_B^i \quad (i = 1, 2, \cdots, N) \tag{7.38}$$

其中 i 是阵元数。另一种用于定位的时延差是不同阵元之间海底反射波到达时间差,对于 N 元垂直阵该时延差共有 $N-1$ 个,可以表示为

$$\tau_{1k}^2 = T_B^k - T_B^1 \quad (k = 2, 3, \cdots, N) \tag{7.39}$$

应用射线模型计算搜索区域的拷贝时延差,两种时延差的拷贝向量可以表示为

$$\left.\begin{aligned}
\hat{\tau}_i^1(r, d) &= \hat{T}_{BS}^i(r, d) - \hat{T}_B^i(r, d), \quad i = 1, 2, \cdots, N \\
\hat{\tau}_{1k}^2(r, d) &= \hat{T}_B^k(r, d) - \hat{T}_B^1(r, d), \quad k = 2, 3, \cdots, N
\end{aligned}\right\} \tag{7.40}$$

拷贝时延差向量与测量时延差向量之间的误差为

$$e(r, d) = \sum_{i=1}^{N} |\, \tau_i^1 - \hat{\tau}_i^1(r, d)\,| + \sum_{j=2}^{N} |\, \tau_{1k}^2 - \hat{\tau}_{1k}^2(r, d)\,| \tag{7.41}$$

可以将该误差的倒数作为代价函数,当误差最小时可以计算得到声源位置。

利用一次南海实验数据的例子进行说明。实验海区的海深为 2 680 m,海底地形平坦,声速剖面通过 CTD 测量得到,海底主要是粉砂质黏土。实验中声源深度 45 m,声源距离 13.6 km,发射信号长度 2 s 的线性调频信号,信号频率范围 2.9~3.1 kHz。垂直阵第一个阵元深度为 112 m,阵元间距 20 m,记录设备采样率为 16 kHz。图 7.46 为滤波后不同通道信

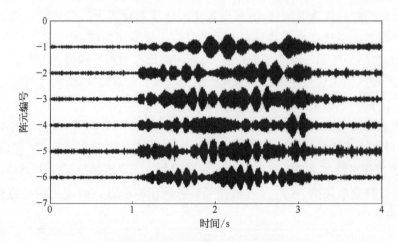

图 7.46　实验接收信号时域波形

号波形,经过脉冲压缩处理后的不同路径到达时间结构如 7.47 所示。通过提取关键到达路径的时延差,用于目标搜索,定位结果如图 7.48 所示,声源距离约为 13.4 km,深度为 30 m。该方法可以很好地给出目标的距离估计结果,但是到达时间差同时受目标距离和深度影响,定位在距离—深度二维平面内存在一定的模糊,使得深度存在一定的误差。

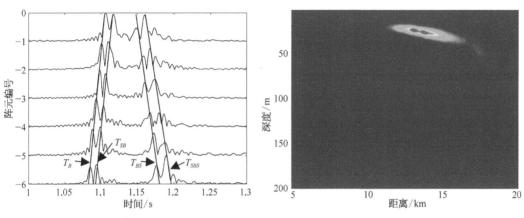

图 7.47　实验接收信号到达时间结构　　　　图 7.48　实验目标定位结果

7.3.2　深海海底反射声区的声线到达方位及偏差修正

目标方位估计是被动探测的重要功能,水平阵波束形成是最常用、最简便的方法,但由于水平基阵的轴对称性,其在深海环境中无法分辨入射声波的垂直俯仰角和水平方位角,在声源偏离基阵正横方向且接近端射方向时会存在方位角估计误差,尤其在海底反射声工作方式下,存在海底反射声俯仰角模糊问题。这种现象在浅海端射方向时也存在,其原因是当声源位于水平基阵端射方向时,由于海底海面边界的存在,波束形成的方位输出对应的是经海底反射到达水平阵时的声波俯仰角,而不是真正的目标方位。这种现象对浅海的近场目标尤其明显,如果波束形成时选择合适的参考声速,则可以有效修正。在深海海底反射声区,即使目标位于非端射方向时(除正横附近方位外)也会出现测向偏差,该现象值得关注和研究。

7.3.2.1　深海海底反射声区目标方位估计

这里从简正波理论和射线理论的角度来分析深海海底反射声区方位估计问题。首先是简正波理论,深海声场由各阶简正波叠加而成。考虑只有一个声源的情形,于是各阵元接收声场可写为

$$
\left.
\begin{aligned}
p_n(r,\ z) &= \frac{\mathrm{i}S(\omega)}{\rho(z_s)\sqrt{8\pi r_n}}\mathrm{e}^{\mathrm{i}\pi/4}\sum_{m=1}^{\infty}\Psi_m(z_s)\Psi_m(z)\frac{\mathrm{e}^{-\mathrm{i}k_{rm}r_n}}{\sqrt{k_{rm}}}=\sum_m A_m\mathrm{e}^{-\mathrm{i}k_{rm}r_n} \\
A_m &= \frac{\mathrm{i}S(\omega)\Psi_m(z_s)\Psi_m(z)}{\rho(z_s)\sqrt{8\pi k_{rm}r_n}}\mathrm{e}^{-\mathrm{i}\pi/4}
\end{aligned}
\right\}
$$

$$(7.42)$$

式中，$S(\omega)$ 为声源激发声场的频谱；r_n 为声源到第 n 个阵元的距离；z 为接收阵的深度（即各阵元的深度）。

假设目标方位为 θ_T，当水平基阵阵长一定且满足远场条件时，各阵元与声源的距离可以表示为

$$r_n = r_0 + (n-1)d\cos\theta_T \tag{7.43}$$

上式等号右边第一项远大于第二项，于是式(7.42)幅度项中的 r_n 可近似为 r_0。

令 $\boldsymbol{p}(r,z) = [p_1(r,z) \quad p_2(r,z) \quad \cdots \quad p_n(r,z)]^T$，定义参考波数 $k_0 = \omega/c_0$，c_0 为接收阵深度上的海水声速，则各频率的波束输出

$$
\begin{aligned}
y(f,\theta) &= \boldsymbol{w}(f,\theta)^H \boldsymbol{p}(r,z) \\
&= \sum_{n=1}^{N} p_n(r,n) e^{i2\pi f(n-1)d\cos\theta/c_0} \\
&= S(\omega) \sum_m A_m e^{ik_{rm}r_0} e^{i\frac{(N-1)d}{2}(k_0\cos\theta - k_{rm}\cos\theta_T)} \frac{\sin\dfrac{Nd(k_0\cos\theta - k_{rm}\cos\theta_T)}{2}}{\sin\dfrac{d(k_0\cos\theta - k_{rm}\cos\theta_T)}{2}}
\end{aligned}
\tag{7.44}
$$

令

$$\vartheta_m = k_0\cos\theta - k_{rm}\cos\theta_T \tag{7.45}$$

并定义 $\mathrm{sinb}(\vartheta_m) \equiv \sin\dfrac{Nd\vartheta_m}{2} \Big/ \sin\dfrac{d\vartheta_m}{2}$，则水平线列阵常规波束形成的频域波束输出可简写为

$$y(f,\theta) = \sum_m A_m e^{ik_{rm}r_0} e^{i\frac{(N-1)d}{2}(k_0\cos\theta - k_{rm}\cos\theta_T)} \mathrm{sinb}(\vartheta_m) \tag{7.46}$$

当 $\vartheta_m = 0$ 时波束谱出现峰值，峰值对应的方位角即为目标方位，则目标方位可表示为

$$\tilde{\theta} = \arccos\left(\frac{k_{rm}\cos\theta_T}{k_0}\right) = \arccos\left(\frac{c_0\cos\theta_T}{c_{pm}}\right) \tag{7.47}$$

式中，c_{pm} 为第 m 阶简正波的相速度。由式(7.47)可以看出，参考声速 c_0 和相速度 c_{pm} 的差异影响测向结果，而通常 c_0 选取为接收器深度上的海水声速。在深海海底反射声区，给定距离处的声场由水平波数相近的一簇简正波起主要贡献，该距离处的相速度可由该簇简正波的实际相速度表示，且大于参考声速 c_0，因此在海底反射声区估计的方位角将偏离目标真实方位。对式(7.47)两边取微分，可得方位偏差 $d\tilde{\theta}$ 与选取的参考声速的关系为

$$\sin\tilde{\theta}\,d\tilde{\theta} = -\frac{\cot\theta_T}{c_p}dc_0 \tag{7.48}$$

式中，$dc_0 = c_0 - c_p$，c_p 为接收声场的实际相速度。由式(7.48)可以看出，水平阵的方位估计偏差与参考声速和目标真实方位有关，只有当 $c_0 \to c_p$ 或者 $\theta_T \to 90°$ 时，方位估计偏差 $d\theta$ 才趋近于 0。当参考声速为定值时，目标真实方位越接近端射方向，方位偏差越大；当目标方位为定值且小于 90°时，若选取的参考声速 c_0 偏小，则估计的方位角 $\tilde{\theta}$ 偏大；当目标方位为定值且大于 90°时，若选取的参考声速 c_0 偏小，则估计的方位角 $\tilde{\theta}$ 偏小。即估计的目标方位总是向正横方位偏移。

利用射线理论分析深海海底反射声区的方位估计问题更加直观。从射线理论的角度来讲，深海海底反射声区的本征声线主要为一次海底反射声线，直达声线和海底反转声线无法到达，二次及以上次数海底反射声线由于衰减严重可以忽略。海底反射声线到达接收阵时会有一定的俯仰角(声线与垂直方向的夹角)，且俯仰角随距离增加而增大，如图 7.49 所示。

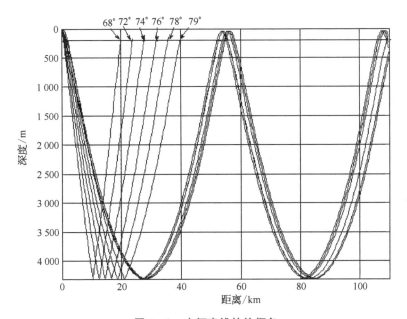

图 7.49　本征声线的俯仰角

水平基阵具有轴向对称的特性，其空间波束呈圆锥形，物理上无法分辨入射声波的俯仰角和方位角。当具有一定俯仰角的信号入射到水平基阵时，相邻阵元间信号的相位差为

$$\Delta\phi = k_0 d \cos\theta_T \sin\varphi \tag{7.49}$$

式中，k_0 为声波波数；d 为阵元间距；θ_T 为目标方位角；φ 为如图 7.50 所示的目标入射到基阵时的俯仰角。当 θ_T 偏离基阵正横方向且 $\sin\varphi$ 不等于 1 并未知时，就会出现目标方位角与俯仰角的耦合问题，从而使得波束形成估计的目标方位角为 $\tilde{\theta} = \arccos(\cos\theta_T \sin\varphi)$，而不等于实际方位 θ_T。

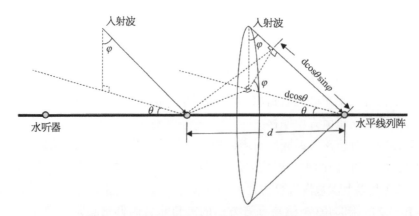

图 7.50   圆锥形空间波束及阵元间声程差示意图

将 $c_{pm} = \dfrac{c_0}{\sin \varphi_m}$ 代入式(7.47),并将掠射角替换为俯仰角,可得

$$\tilde{\theta} = \arccos(\cos \theta_T \sin \varphi_m) \qquad (7.50)$$

式中,φ_m 为第 m 条声线的俯仰角。因此在深海海底反射声区,当目标信号从非正横方向入射时,对水平线列阵接收信号做波束形成得到的估计方位会偏离目标的真实方位,且基于简正波理论和射线理论来分析产生方位角估计偏差的原因是一致的。

首先,利用模型计算声场结果,进行深海海底反射声区的方位估计。应用 Munk 声速剖面,假定海深 4 280 m。为与后面的实验数据相呼应,声源深度和水平接收阵深度均设定为 140 m,水平阵由 160 个阵元组成,阵元间距 2 m,声源频率为 260~360 Hz。图 7.51 给出目标真实方位分别为 20°、40°、60°、80°时各距离处水平阵的方位估计结果。对比 4 个角度的方位估计结果可以看出,在第一会聚区(53 km)附近,波束形成估计的方位与目标真实方位十分接近,其偏差可以忽略;在海底反射声区,尤其是 1/2 会聚区距离(26.5 km)以内,方位估计偏差较大,且声源越偏离基阵正横方向,距离越近(俯仰角越大,相速度越小),偏差越大,与上述理论分析结果相吻合。图中目标方位 20°、距离 10 km 处的方位估计偏差达到 24°,这在实际应用中是不可忽视的。

这里利用 2014 年夏季南海海域的实验数据来验证上述结论。实验为双船作业,发射船发射线性调频(LFM)信号,声源深度为 140 m;接收船利用一条阵元数为 192、间距为 1.5 m 的拖线阵接收信号,拖曳深度也为 140 m。首先对拖线阵接收到的声信号做常规波束形成,参考声速取接收阵所在深度处的海水声速 $c_0 = 1516$ m/s,方位估计结果如图 7.52 中黑线所示。与 GPS 记录的声源方位信息(蓝线)进行对比可以看出,在 1/2 会聚区距离以内常规波束形成估计的方位与声源真实方位存在一定的偏差:声源与接收阵距离在 10 km 左右时,声源方位接近 90°,方位估计偏差很小;随着距离增大,声源方位逐渐偏离正横方向,方位估计偏差也逐渐增大,其中 12 km 距离处声源方位为 109°时估计偏差可达 10°;在 1/2 会聚区距离以远时估计的方位与声源真实方位逐渐接近。

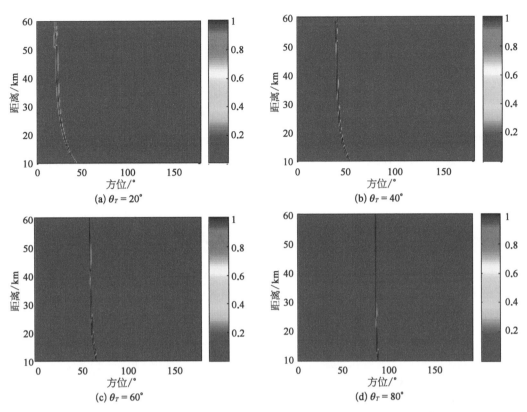

图 7.51　目标真实方位 θ_T 为 20°、40°、60°、80°时不同距离处的方位估计结果

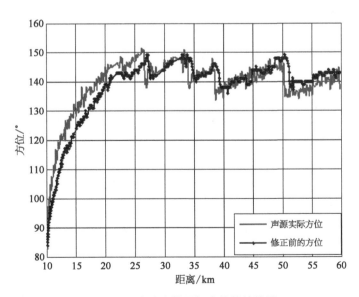

图 7.52　实验中的目标方位估计结果

7.3.2.2　深海海底反射声区的声源方位估计偏差修正

从上面的分析结果可知,深海海底反射声区的方位估计偏差与目标距离有关,这里将分别给出深海中目标距离已知和未知条件下的目标方位偏差修正方法。

1) 距离已知条件下的方位偏差修正方法

造成水平阵的常规波束形成测向偏差的原因之一是由于参考声速选取不当,即参考声速与接收阵处的相速度差别较大。在深海海底反射声工作方式下,不同距离处起主要贡献的简正波阶数不同。因此在已知距离条件下,求得该距离处起主要贡献的简正波的水平波数可得到该距离处的相速度,以相速度作为参考声速进行波束形成即可得到目标的真实方位。

在一个水平跨度内,不同距离上对声场起主要贡献的简正波可按照下式进行估计:

$$r = \frac{2\pi}{\Delta k_{rm}} = \frac{2\pi}{k_{rm} - k_{rm+1}} \tag{7.51}$$

由此可以求得各距离处起主要贡献的简正波阶数。如图 7.53 中 300 Hz 时起主要贡献的简正波结果可以看出,在海底反射声区,声场以高阶海底反射简正波为主,且收发距离越近,起主要贡献的简正波阶数越高。

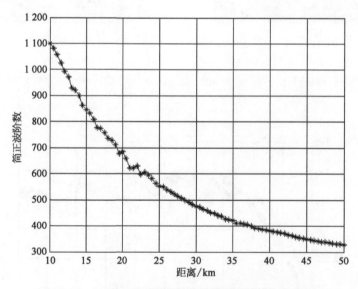

图 7.53　300 Hz 时各距离处起主要贡献的简正波阶数

得到了不同阶简正波的水平波数,再利用 $c_p = \omega/k_r$,可以求得各距离处的相速度,示于图 7.54 中,图中红线、蓝线、黑线分别表示 260 Hz、300 Hz、360 Hz 频率下的相速度。可以看出,距离越近,相速度越大,其中 10 km 处的相速度达到 1 980 m/s;随着距离增大,相速度逐渐减小并趋向于接收阵所在深度处的海水声速。另外,各距离处的相速度随频率变化不敏感,可忽略频率对相速度的影响。

常规波束形成通常采用接收阵所在深度处的海水声速为参考声速,即式(7.48)中的

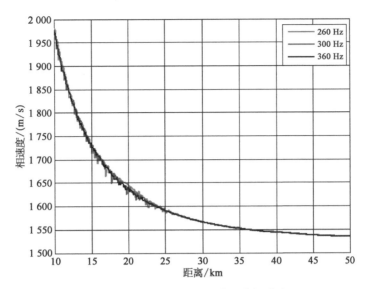

图 7.54　不同频率下各距离处的相速度

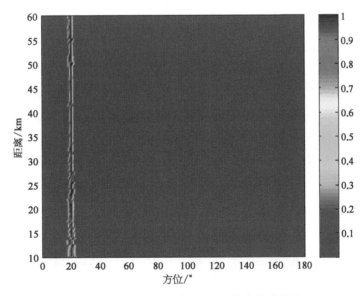

图 7.55　目标方位为 20°时修正后的方位估计结果

c_0，由式(7.48)可以看出，若改变参考声速为已知距离处的相速度，则 $\tilde{\theta}=\theta_T$。图 7.55 为 $\theta_0=20°$ 时以对应距离处的相速度为参考声速得到的波束形成测向结果，可以看出测向偏差得到了有效的修正。

将该修正方法应用于实验数据分析，构造代价函数

$$c_p=\min_{c_p}\mid r^{GPS}-r^{copy}(c_p)\mid \tag{7.52}$$

式中，r^{GPS} 为实验期间通过 GPS 测量的声源距离；$r^{copy}(c_p)$ 为距离的理论值。式(7.52)

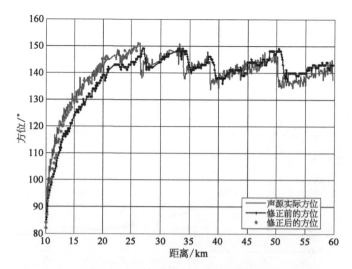

图 7.56　使用不同距离下的等效相速度进行目标测向的结果

中绝对值取最小值时对应的相速度即为该声源距离处的相速度，以此为参考声速对 1/2 会聚区距离以内的接收信号重新做波束形成，结果如图 7.56 中的红点所示，从图中可以看出，目标的测向结果得到了很好的修正。

2) 距离未知条件下的方位偏差修正方法

由于被动探测中声源距离往往是未知的，在基阵波束形成测向估计中也就难以通过给定合理的参考声速 c_0 来实现声源方位的精确估计。为此，这里给出一种未知距离条件下通过改变航向的机动方法来对声源方位进行修正。

假定某个距离 r 处的声源相对于基阵端射方向的方位为 θ_T，则由式 (7.48) 可得声源方位的估计结果为

$$\theta_1(c_0) = \theta_T - \frac{\cot\theta_T}{c_p\sin\theta_1}dc_0 \tag{7.53}$$

令基阵轴向方向在"局地"机动改变，如图 7.57 所示。所谓"局地"是为了保证基阵方向机动改变后基阵与声源之间的距离基本不变或 $\Delta\theta$ 变化较小，使得机动前后基阵接收声波的相速度基本保持不变，即 c_p 近似不变，则真实目标方位变为 $\theta_T + \Delta\theta$，这时声源方位的估计结果为

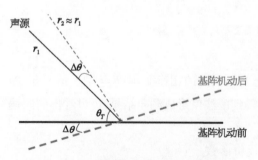

图 7.57　基阵轴向方向机动变化示意图

$$\theta_2(c_0) = \theta_T + \Delta\theta - \frac{\cot(\theta_T + \Delta\theta)}{c_p\sin\theta_2}dc_0 \tag{7.54}$$

将式 (7.53) 和式 (7.54) 联立，可以求得目标方位 θ_T 和相速度 c_p。然而实际工作中，由于深海海底对声场的散射作用，基阵波束形成输出的波束变宽，θ_1 和 $\Delta\theta$ 总是存在一定

误差,直接利用式(7.53)和式(7.54)进行折算时,θ_T 和 c_p 对 θ_1、θ_2、$\Delta\theta$ 的误差是非常敏感的。为此,可在一定范围内扫描参考声速 c_0,分别给出 $\theta_1(c_0)$ 和 $\theta_2(c_0) - \Delta\theta$ 相对于 c_0 的变化曲线,则由两条曲线的交点所对应的方位即可得到声源真实方位 θ_T 的估计值 $\tilde{\theta}_T$,示意图如图 7.58 所示。

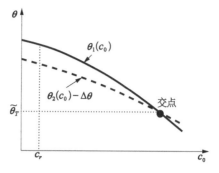

图 7.58　声源真实方位估计示意图

下面通过数值仿真结果对该方法进行说明,环境参数与前述相同。基阵轴向调整方向设为 $\Delta\theta = 10°$,处理时参考声速搜索范围设为 1 500~2 000 m/s,并假定方向机动调整前后声源与基阵间距离保持在 $r_c = 15$ km 或有 ± 0.2 km 的变化。图 7.59 为基阵轴向方向机动调整前后不同参考声速下的声源方位估计结果,图中交点处即为估计的声源方位。从图中可以看出,该方法可以有效地估计声源方位,并且基阵机动调整前后,声源与基阵之间距离的微小变化对声源真实方位修正的精度有一定的影响,在精度要求不高的情况下可以忽略。

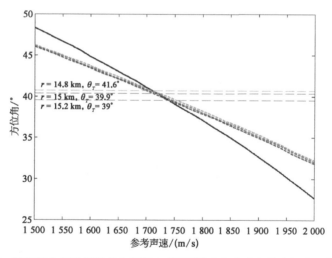

图 7.59　基阵轴向机动调整前和调整 10° 后不同参考声速下的声源方位估计结果

7.4　基于海底反射模式干涉结构的深海目标探测技术

浅海水声波导中,声场强度在距离-频率二维平面(LOFAR 图)上通常呈现稳健的干涉结构特征,其干涉条纹的频域间隔不仅与收发距离有关,也与频率有关,满足 $\delta(\ln f) =$

深海声学与探测技术

$\beta \cdot (\ln r)$，这里 f 为频率、r 为距离、β 为波导不变量。关于波导不变量的应用有很多，其中基于波导不变量的被动测距是浅海常用的被动测距方法之一。深海海底反射声场强度在距离-频率二维平面上通常也存在干涉条纹，与浅海不同的是，当声源深度和接收深度一定时，深海声场不存在近似恒定的波导不变量，其干涉结构的明暗条纹在频率域呈现周期性，频域周期与收发距离有关，而与频率无关，因此可以利用该特征来估计声源距离。

本节利用射线理论分析深海海底反射声工作方式下水面声源的干涉结构特征，得到干涉条纹间隔与距离之间的关系，进而将其应用于水面声源的被动测距，并利用拖曳阵实验数据验证了该测距方法的有效性。

7.4.1　海底反射声区声场干涉结构及其与目标位置的关系

在深海海底反射声区，直达声线和海底反转声线无法到达，二次及以上次数海底反射声线由于损失严重可以忽略，因此其本征声线主要为一次海底反射声线。图 7.60 给出声源距离分别为 10 km、20 km、30 km、40 km 时到达接收器的本征声线，其中声源深度为 100 m，接收深度为 300 m，声源频率为 300 Hz。所用声速剖面为左图所示的南海 4 305 m 深海的声速剖面。可见，随着声源的距离增加，本征声线的出射掠射角逐渐减小，直到达到临界掠射角，出现形成会聚区的海底反转声线。在海底反射声工作方式下到达接收器的本征声线有四种路径，分别为海底反射路径（BR）、海面—海底反射路径（SBR）、海底—海面反射路径（BSR）、海面—海底—海面反射路径（SBSR）。图 7.61 给出距离 20 km 时四条声线的到达路径，其中右上图和右下图分别为声源和接收处声线的放大图。

图 7.62a 给出声源距离 20 km 时接收信号的到达结构，此时共有四组声线到达接收器，后三组声线为多次海底反射路径，幅度远小于第一组，因而可以忽略。将第一组声线放大，如图 7.62b 所示，四条本征声线按照到达时间分别对应于 BR、SBR、BSR、SBSR 四

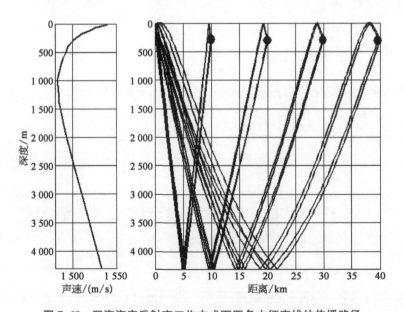

图 7.60　深海海底反射声工作方式下四条本征声线的传播路径

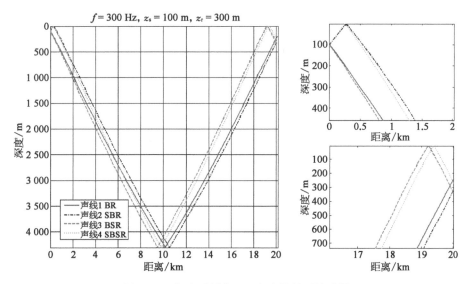

图 7.61　海底反射声区四条声线的到达路径

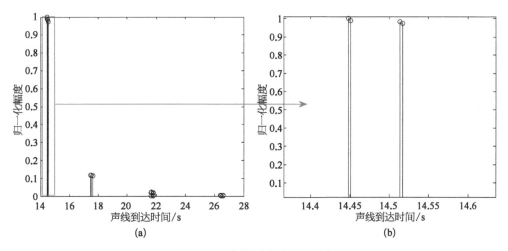

图 7.62　声线到达时间和幅度

条路径。从图中可以看出,四条路径声线之间存在一定的时延差,时延差值为毫秒级,通过时域上的相关很难提取。

在水平不变波导中,本征声线的程函可以表示为其水平分量和垂直分量的和,即

$$\xi(r,\,z)=\xi_1(r)+\xi_2(z)=r\cos\alpha_0+\int_0^z\sqrt{n^2(z)-\cos^2\alpha_0}\,\mathrm{d}z+C \qquad (7.55)$$

声线的传播时间可以表示为声线经过程函 ξ 距离所需要的时间,由 $\omega t=k_0\xi(r,\,z)$ 可得 $t=\xi(r,\,z)/c_0$,c_0 为声源处的海水声速。时延差定义为各路径声线的传播时间之差,其物理意义为各声线的声程差所产生的时延。四条本征声线传播的水平距离相等,出射角近似相等,距离维的声程差近似为零,于是声线的时延差可以表示为本征声线深度维

声程差所产生的时延。以 BSR 路径和 BR 路径为例,其时延差可表示为

$$\Delta t_{13} = t_{BSR} - t_{BR} \approx \frac{2 \int_0^{z_r} \sqrt{n^2(z) - \cos^2 \alpha_3} \, \mathrm{d}z}{c_0} \tag{7.56}$$

式中,z_r 为接收深度;α_3 为 BSR 声线的出射掠射角。由式(7.56)可以看出,BSR 路径和 BR 路径的多途时延差与接收深度和声源距离有关:Δt_{13} 随接收深度增加而增大;由于掠射角随声源距离增加而减小,使得时延差亦随距离增加而减小。

图 7.63 给出海底反射声区声源深度为 100 m 时 BSR、BR 声线的多途时延差随距离和接收深度变化的关系,从图中可以看出:① 多途时延差随距离增加而减小,随接收深度增加而增大;② 随着距离增加,多途时延差的变化趋势越来越平坦,说明在利用多途时延信息进行声源定位时,其在近距离处的定位精度大于远距离处。

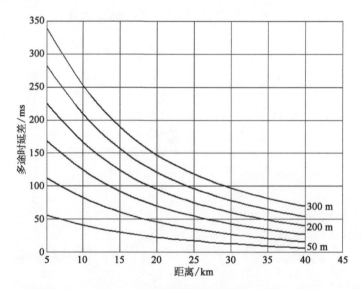

图 7.63 多途时延差与声源距离、接收深度的关系(图中右侧标注的数字为接收深度)

在水平不变波导中,依据射线声学理论,海底反射声区声源激发的声场可以表示为上述四条本征声线声场的相干叠加,即

$$p(r, z; f) = \sum_{m=1}^{4} A_m(r, z) V_{sm} V_{bm} \mathrm{e}^{\mathrm{i}2\pi f t_m(r, z)} \tag{7.57}$$

式中,$m = 1, 2, 3, 4$,分别对应于 BR、SBR、BSR 和 SBSR 四条本征声线;$A_m(r, z)$ 为接收器位置处第 m 条声线的声压振幅;V_{sm} 和 V_{bm} 分别为第 m 条声线的海面和海底复反射系数;f 为声源频率;t_m 为第 m 条声线到达接收器的传播时间。

四条本征声线均为一次海底反射路径,其声压振幅和海底反射系数近似相等。考虑到海面复反射系数的模等于1,反射相移为 π,则式(7.57)可以近似为

$$p(f) = A_1 V_{b1} (e^{i2\pi f t_1} - e^{i2\pi f t_2} - e^{i2\pi f t_3} + e^{i2\pi f t_4})$$
$$= A_1 V_{b1} [e^{i2\pi f t_1} (1 - e^{i2\pi f \Delta t_{12}}) - e^{i2\pi f t_3} (1 - e^{i2\pi f \Delta t_{34}})] \tag{7.58}$$

式中，Δt_{12} 和 Δt_{34} 分别为 SBR、BR 声线和 SBSR、BSR 声线的时延差，其表达式同式 (7.56) 的 Δt_{13}，可以表示为

$$\Delta t_{12} = t_{SBR} - t_{BR} \approx \frac{2 \int_0^{z_s} \sqrt{n^2(z) - \cos^2 \alpha_2}\, \mathrm{d}z}{c_0} \tag{7.59}$$

$$\Delta t_{34} = t_{SBSR} - t_{BSR} \approx \frac{2 \int_0^{z_s} \sqrt{n^2(z) - \cos^2 \alpha_4}\, \mathrm{d}z}{c_0} \tag{7.60}$$

式中，z_s 为声源深度；α_2 和 α_4 分别为 SBR 和 SBSR 声线的出射掠射角。从上二式中可以看出，Δt_{12}、Δt_{34} 与声源深度和声源距离有关：其随声源深度增加而增大，随距离增加而减小。由于 SBR 和 SBSR 声线的轨迹接近、掠射角近似相等，故有 $\Delta t_{12} \approx \Delta t_{34}$。则式 (7.58) 可进一步近似为

$$p(f) = A_1 V_{b1} e^{i2\pi f t_1} (1 - e^{i2\pi f \Delta t_{12}})(1 - e^{i2\pi f \Delta t_{13}}) \tag{7.61}$$

于是接收水听器接收到的声强可以表示为

$$I(r, f) = |p(f)|^2 = 4 |A_1 V_{b1}|^2 (1 - \cos 2\pi f \Delta t_{12})(1 - \cos 2\pi f \Delta t_{13}) \tag{7.62}$$

从式 (7.62) 可以看出，深海海底反射声区声场的声强随频率呈现周期性，且有两种干涉周期。当满足 $f \Delta t_{12} = l (l = 1, 2, 3, \cdots)$ 或者 $f \Delta t_{13} = n (n = 1, 2, 3, \cdots)$ 时，式 (7.62) 的声强为极小值，在频率-距离二维图中表现为干涉相消的条纹，条纹的频率间隔分别为 $F_1 = 1/\Delta t_{12}$、$F_2 = 1/\Delta t_{13}$，其中 F_1 与声源距离和声源深度有关、F_2 与声源距离和接收深度有关。

由前面的分析可知，Δt_{13} 与声源深度无关，对应的条纹间隔也与声源深度无关。而 Δt_{12} 随声源深度增加而增加，相应的条纹间隔随声源深度增加而减小，条纹逐渐变密。图 7.64 给出接收深度为 150 m，声源深度为 6 m、150 m、300 m、500 m 时接收声场的距离-频率干涉结构。各分图中两条黑线表示对应于 Δt_{13} 的干涉条纹两个相邻的极小值，两条蓝线表示对应于 Δt_{12} 的干涉条纹两个相邻的极小值。从图中可以看出，与 Δt_{13} 对应的干涉条纹间隔随声源深度变化不大，而与 Δt_{12} 对应的干涉条纹间隔随声源深度增加而减小，此时两种干涉结构叠加在一起，逐渐变得复杂。

对于水面舰船目标，声源深度通常在 10 m 以内，此时 SBR、BR 声线的时延差 Δt_{12} 很小，则频域周期 F_1 很大，且随接收深度变化很小。图 7.65 给出声源深度为 6 m，接收深度分别为 50 m、150 m、300 m、500 m 时的声场距离-频率干涉结构，图中黑线表示对应于 Δt_{13} 的干涉条纹极小值，蓝线表示对应于 Δt_{12} 的干涉条纹极小值。从图中可以看出，不同接收深度下的 F_1 近似不变，均在 120 Hz 左右。若要检测该频域周期，要求声源带宽大于

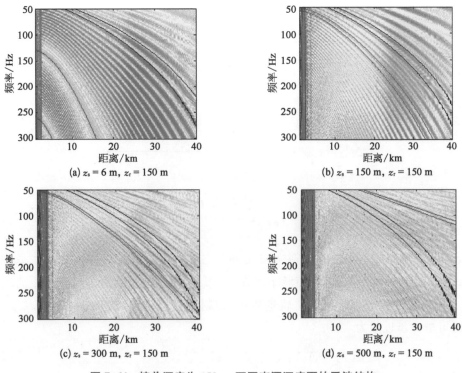

(a) $z_s = 6$ m, $z_r = 150$ m

(b) $z_s = 150$ m, $z_r = 150$ m

(c) $z_s = 300$ m, $z_r = 150$ m

(d) $z_s = 500$ m, $z_r = 150$ m

图 7.64　接收深度为 150 m,不同声源深度下的干涉结构

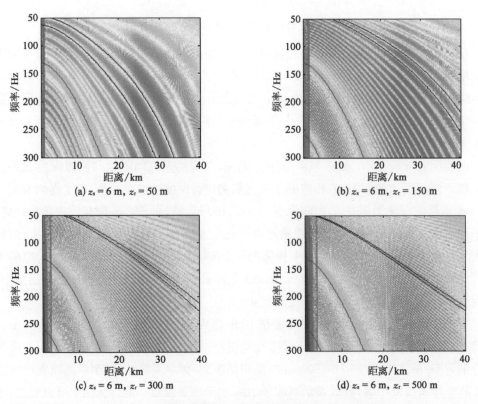

(a) $z_s = 6$ m, $z_r = 50$ m

(b) $z_s = 6$ m, $z_r = 150$ m

(c) $z_s = 6$ m, $z_r = 300$ m

(d) $z_s = 6$ m, $z_r = 500$ m

图 7.65　声源深度为 6 m,不同接收深度下的干涉结构

120 Hz,而在实际应用中声源的带宽通常较窄,因此难以检测到 Δt_{12} 对应的频域周期。

对于 BSR、BR 声线的时延差 Δt_{13},其随接收深度增加而增大,对应的频域周期随接收深度增大而减小,在干涉结构图中表现为干涉条纹间隔逐渐变小、条纹变密,如图 7.65 中黑线所示。另外,Δt_{12}、Δt_{13} 均随距离增加而减小,对应的频域周期随距离增加而增大,在干涉结构图中表现为干涉条纹随距离增加变得稀疏。

7.4.2 利用深海干涉结构的近水面声源被动测距方法

对于深海中的水下声学目标,远距离接收的声场干涉结构如图 7.64 所示,两种干涉周期叠加在一起,干涉结构十分复杂,尤其是存在环境噪声时,干涉条纹通常难以检测。而对于近水面声源,SBR 和 BR 声线到达接收点的时延差 Δt_{12} 很小,干涉频率周期 F_1 很大,在较窄的频带范围内周期为 F_1 的干涉条纹数量很少;相比之下,深度为 100 m 左右的水平接收阵,其 BSR 和 BR 声线到达接收点的时延差 Δt_{13} 较大,干涉频率周期 F_2 较小,在较窄的频带范围内其对应的干涉条纹比较明显。因此,当声源位于水面附近、接收阵位于一定深度时,声场强度的距离-频率二维干涉结构图通常较简单,且能清晰观察到频率周期为 F_2 的干涉条纹,如图 7.65 所示。因此可以利用近水面声源的干涉结构得到海底反射声线的多途时延信息,进而实现声源的距离估计。

将式(7.62)展开并对其做傅里叶逆变换得

$$
\begin{aligned}
&\hat{I}(r,\ t) \\
&= |\,F^{-1}[I(r,\ f)]\,| \\
&= 4\,|\,A_1 V_{b1}\,|^2 \Big| \delta(t) - \delta(t - \Delta t_{12}) - \delta(t - \Delta t_{13}) + \frac{1}{2}\delta[t - (\Delta t_{13} + \Delta t_{12})] + \\
&\quad \frac{1}{2}\delta[t - (\Delta t_{13} - \Delta t_{12})] \Big|
\end{aligned}
\tag{7.63}
$$

由式(7.63)可以看出,在给定距离处,傅里叶逆变换后的结果在 Δt_{12}、Δt_{13}、$\Delta t_{13} + \Delta t_{12}$、$\Delta t_{13} - \Delta t_{12}$ 处出现冲激响应,且 $\Delta t_{13} + \Delta t_{12}$、$\Delta t_{13} - \Delta t_{12}$ 处的冲激响应幅度是 Δt_{12}、Δt_{13} 处冲激响应幅度的一半。水面声源的 Δt_{12} 很小,接近于零时延,因此 $\Delta t_{13} + \Delta t_{12}$、$\Delta t_{13} - \Delta t_{12}$ 对应的冲激响应以 1/2 幅度对称地紧贴于 Δt_{13} 两侧,这是对水面声源接收声场强度进行傅里叶逆变换处理的典型结果。取图 7.64a 中距离 10 km 处声强的频谱图,示于图 7.66,从图中可以明显地观测到频域周期 F_2,而周期 F_1 由于频带太窄而无法观测。图 7.67 给出对图 7.64a 中距离 10 km 处的声强进行傅里叶逆变换后的结果,图中 $\Delta t_{12} = 5.4$ ms,接近零时延;$\Delta t_{23} = 120.1$ ms 和 $\Delta t_{14} = 130.9$ ms 对应的冲激响应对称分布在 $\Delta t_{13} = 125.5$ ms 两侧,且幅度为 Δt_{13} 处冲激响应幅度的一半,与理论分析一致。图 7.68 给出对图 7.64a 中所有距离的声强干涉结构进行傅里叶逆变换后的结果,其中零时延附近的值(包括 Δt_{12})已经人为去除,因此图中最大峰值对应的时延值即为 Δt_{13},通过峰值提取可以准确得到时延信息 Δt_{13}。

从图 7.64 中还可以看出,Δt_{13} 随距离增加单调减小,因此可以利用多途时延信息来

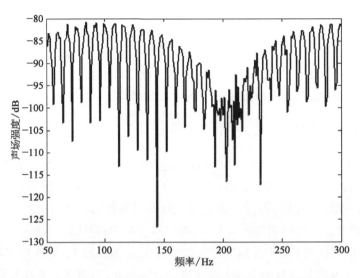

图 7.66　距离 10 km 处接收到的水面声源激发信号的频谱图

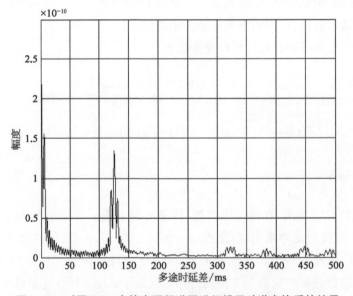

图 7.67　对图 7.64 中的声强频谱图进行傅里叶逆变换后的结果

估计声源距离。构造代价函数为最小化问题

$$C(r) = | \Delta t^{\mathrm{exp}} - \Delta t^{\mathrm{copy}}(r) | \qquad (7.64)$$

式中，Δt 为 BSR、BR 声线的时延差；Δt^{exp} 为利用实验数据的干涉结构求得的时延；$\Delta t^{\mathrm{copy}}(r)$ 为各扫描距离上时延差的理论值，可由射线模型计算获得。代价函数取最小值时对应的水平距离即为估计的目标距离。

对于图 7.60 的南海深海环境，由射线模型计算得到的不同频率条件下 BR、BSR 声线

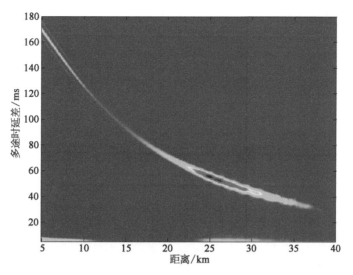

图 7.68　对图 7.64a 中的声强干涉结构进行傅里叶逆变换后的结果

的时延差理论值如图 7.69 所示,从图中可以看出,当频率变化范围较小时,频率对时延差的影响不大。图 7.70 给出声源距离为 10 km 时由式(7.64)得到的代价函数随水平距离的变化,此时的 $\Delta t^{\exp}$ 为 125.5 ms,可以看出代价函数的最小值出现在 10 km 距离处,即估计的声源距离与真实距离相等。

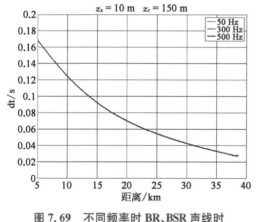

图 7.69　不同频率时 BR、BSR 声线时
　　　　延差的理论计算值

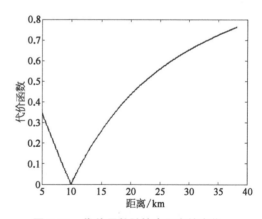

图 7.70　代价函数随搜索距离的变化

7.4.3　深海反射区干涉结构定位实验结果

实验数据来自 2014 年夏季南海海域,用水平拖线阵接收水面船辐射噪声信号,实验海区声速剖面同图 7.60,拖曳阵的平均深度为 150 m,上下浮动在 2 m 以内。图 7.71 给出实验期间某段时间内水平阵接收声场的方位历程图(bearing time record,

BTR),可以看出该时段内实验海区的目标很多,这里选取红线标示的一个水面船(目标1),进行干涉结构分析及距离估计。图 7.72 给出该水面船目标声场强度的时间-频率干涉结构,频率带宽为 100～360 Hz,从图中可以看到明显的干涉条纹,且在 40 min 左右干涉条纹斜率符号改变,即目标船在 40 min 时距离拖曳阵最近。对图 7.72 中各时刻的声强频谱做傅里叶逆变换(IFFT),得到图 7.73 的多途时延差,图中黑线标示出了变换后信号的峰值历程,由此可以得到各时刻的多途时延差 Δt^m,时延差先增大后减小,在 40 min 处最大。

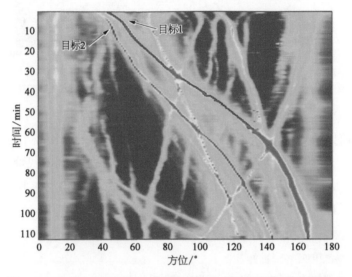

图 7.71　拖曳水平阵波束形成给出的目标方位历程图(选中目标 1)

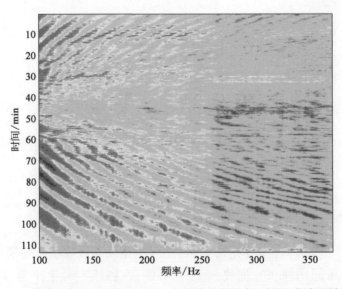

图 7.72　波束形成对准水面船目标 1 合成的信号距离(时间)-频率干涉结构

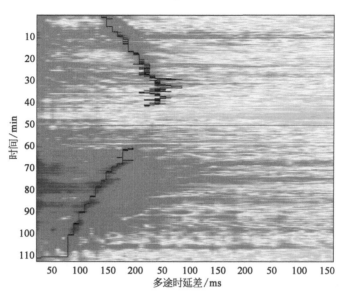

图 7.73　从干涉结构图经 IFFT 提取的目标 1 的多途时延差

根据式(7.64)的代价函数,利用实验估计的 Δt^m 和理论计算的 $\Delta t^c(r)$ 即可估计出水面船与拖曳阵之间的距离,估计结果如图 7.74 中的黑线所示,并与实际距离(红线)进行对比,其中水面船的实际距离由船舶自动识别系统(AIS)记录的 GPS 信息获得。通过对比结果可以看出,利用多途时延差估计的目标距离与实际距离基本一致。表 7.2 选取几个代表性的点(图 7.74 中蓝点),给出其距离估计结果及相对误差,从表中可以看出,利用干涉结构估计的距离相对误差较小。

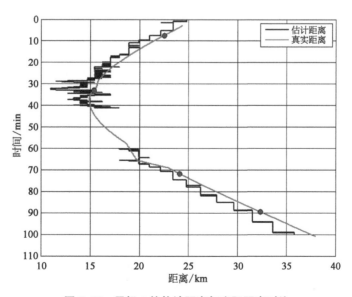

图 7.74　目标 1 的估计距离与实际距离对比

表 7.2　目标 1 的距离估计误差

时间/min	实际距离/km	估计距离/km	相对误差/%
7.55	22.46	21.01	6.5
34.6	15.6	15.6	0
72	24.21	23.44	3.2
91.5	33.25	31.53	5.2

同样,对图 7.71 中起始时刻在 40° 左右的目标 2 进行处理,目标方位历程用图 7.75 中的红线标出。图 7.76 给出拖曳水平阵进行波束形成后合成的该水面船目标声场强度

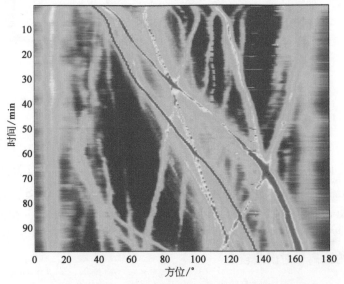

图 7.75　拖曳水平阵波束形成给出的目标方位历程图(选中目标 2)

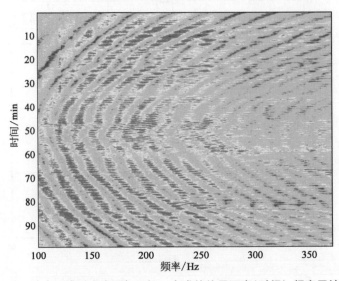

图 7.76　波束形成对准水面船目标 2 合成的信号距离(时间)-频率干涉结构

的时间-频率干涉结构,频率带宽同样为 100～360 Hz,由于该目标船辐射噪声强度较大,其干涉条纹十分清晰,且在 50 min 左右干涉条纹斜率符号改变。对图 7.76 中的声强干涉结构做傅里叶逆变换(IFFT)可以得到如图 7.77 所示的各时刻声线的多途时延差,图中黑线标示出了变换后信号的峰值历程,即各时刻的多途时延差 Δt^m,时延差先增大后减小,在 50 min 处最大。图 7.78 给出目标距离估计结果,可见与 AIS 给出的 GPS 距离基本一致。表 7.3 选取几个代表性的点,给出其距离估计结果及相对误差。因此,利用深海声场的干涉结构可以有效地估计近水面声源的距离,测距精度会受拖曳阵接收深度和海深影响,但受海底参数和海水声速影响较小。

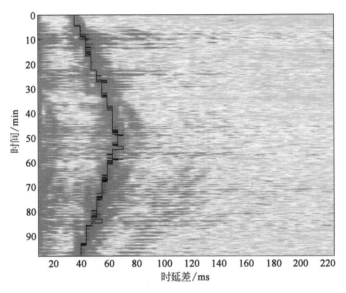

图 7.77　从干涉结构图经 IFFT 提取的目标 2 多途时延差

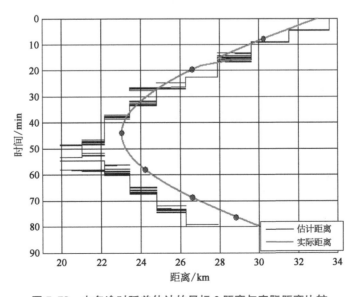

图 7.78　由多途时延差估计的目标 2 距离与实际距离比较

表 7.3　目标 2 的距离估计误差

时间/min	实际距离/km	估计距离/km	相对误差/%
7.8	30.28	31.53	4.1
19.4	27.89	26.69	4.3
45	23.04	22.18	3.7
58.7	24.32	23.44	3.6
68.1	26.39	24.8	6.0
76.5	28.85	26.29	8.8

7.5　基于机器学习的深海水声被动定位方法

　　近年来机器学习开始被应用于水声被动定位。作为一种数据驱动方法,实验观测数据和模型计算数据均可用于训练机器学习模型。获取充分的实验数据代价昂贵,通常可以使用声传播模型计算的声场数据作为训练数据。本节介绍几种基于机器学习的被动定位方法,并通过南海实验数据验证方法的有效性。

7.5.1　基于声场干涉结构的深海直达声区声源定位

　　当声呐阵列的接收深度位于临界深度以下时,且阵列接收到的多途信号经傅里叶变换得到的频谱能观察到随距离变化明暗相间的干涉条纹,这种声场的距离-频率干涉结构与声源的位置密切相关,通过机器学习可有效提取出隐藏在这种干涉结构中的声源位置信息,从而实现声源距离的估计。

7.5.1.1　卷积神经网络定位原理

　　使用卷积神经网络的定位原理如图 7.79 所示。单阵元接收的信号频谱或阵列对准目标方位后合成的频谱进入输入层后,通过多个隐含层进行特征提取,最后由输出层得到

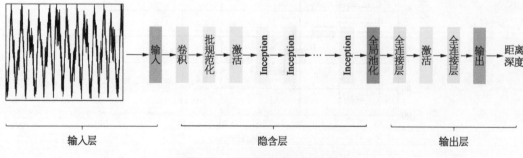

图 7.79　卷积神经网络定位原理

定位结果。每层的数据流动及计算步骤如下。

1）输入层

输入层用于接收信号。假设接收信号为频域复声压 $\boldsymbol{p}=[p_1,\cdots,p_f,\cdots,p_F]$，频率为 f 的声压 p_f 可以表示为

$$p_f=S(f)g(f,\boldsymbol{\theta})+\sigma \tag{7.65}$$

式中，$S(f)$ 为声源级；$g(f,\boldsymbol{\theta})$ 为格林函数；σ 为噪声。

由于声源 $S(f)$ 未知，且训练数据与测试数据的源级通常存在差异，可采用归一化方式降低声源级不确定性带来的影响：

$$\left.\begin{aligned}\widetilde{\boldsymbol{p}}(1\colon n_f)&=\frac{|\,\boldsymbol{p}(1\colon n_f)\,|}{\max|\,\boldsymbol{p}(1\colon n_f)\,|}\\[2mm]\widetilde{\boldsymbol{p}}(n_f+1\colon 2n_f)&=\frac{|\,\boldsymbol{p}(n_f+1\colon 2n_f)\,|}{\max|\,\boldsymbol{p}(n_f+1\colon 2n_f)\,|}\\[1mm]&\vdots\end{aligned}\right\} \tag{7.66}$$

因此，输入层最终的接收信号为 $\widetilde{\boldsymbol{p}}$。

2）隐含层

隐含层包括卷积层、批规范化、非线性激活、池化的计算。一个隐含层 Inception 模块的计算及数据流如图 7.80 所示，其中每个操作的计算过程如下。

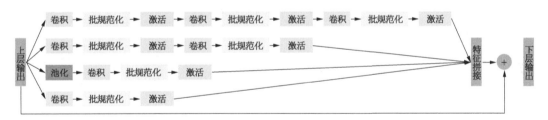

图 7.80　隐含层 Inception 模块计算图

卷积层的功能是对输入信号进行特征提取。假设隐含层共 L 层，第 $l+1$ 层的卷积输出可以表示为

$$\boldsymbol{Z}^{l+1}(i)=[\boldsymbol{Z}^l*\boldsymbol{w}^{l+1}](i)+\boldsymbol{b}=\sum_{k=1}^{K_{l+1}}\sum_{x=1}^{X}\boldsymbol{Z}_k^l(si+x)\boldsymbol{w}_k^{l+1}(x)+\boldsymbol{b},$$

$$(i)\in\{0,1,2,\cdots,N_{l+1}\},\ K_{l+1}=\frac{N_l+2p-X}{s}+1 \tag{7.67}$$

式中，$\boldsymbol{Z}^{l+1}$ 和 $\boldsymbol{Z}^l$ 为第 $l+1$ 层卷积层的输出和输入，也被称为特征图；$\boldsymbol{b}$ 为偏置项；N_{l+1} 为 $\boldsymbol{Z}^{l+1}$ 的尺寸；$\boldsymbol{Z}^{l+1}(i)$ 为特征图某点的数值；K_{l+1} 为特征图的通道数；X 为卷积核大小；s 为卷积步长；p 为填充数。

批规范化能加速卷积网络的训练,且能有效缓解过拟合。批规范化过程如下:

$$
\left.
\begin{aligned}
\mu_B &= \frac{1}{m}\sum_{i=1}^{m} \mathbf{Z}^{l+1}(i) \\
\sigma_B^2 &= \frac{1}{m}\sum_{i=1}^{m} (\mathbf{Z}^{l+1}(i) - \mu_B)^2 \\
\hat{\mathbf{Z}}^{l+1}(i) &= \frac{\mathbf{Z}^{l+1}(i) - \mu_B}{\sqrt{\sigma_B^2 + \grave{o}}} \\
\mathbf{Z}_{out}^{l+1}(i) &= \gamma \hat{\mathbf{Z}}^{l+1}(i) + \beta
\end{aligned}
\right\}
\tag{7.68}
$$

式中,γ 和 β 分别为放缩参数和平移参数。

非线性激活能协助网络表达复杂的特征,其表示形式如下:

$$
\mathbf{A}^l(i) = \mathrm{Act}(\mathbf{Z}_{out}^l(i))
\tag{7.69}
$$

式中,$\mathrm{Act}(\ )$可以表示各类非线性激活函数,如线性整流函数、指数线性单元、Sigmoid 函数和双曲正切函数等。

池化层的功能是进行特征选择和信息过滤,其一般表示形式为

$$
\mathbf{A}_k^l(i) = \Big[\sum_{x=1}^{X_l} \mathbf{A}_k^l(si + x)^p\Big]^{1/p}
\tag{7.70}
$$

式中,s 和 i 的含义与卷积层中的定义相同;p 为 1 时表示平均池化,p 为 ∞ 时为极大池化。

3) 输出层

输出层一般为全连接层,用于对提取的特征进行非线性组合,并输出目标的位置信息 $\boldsymbol{\theta}$:

$$
\boldsymbol{\theta} = F_{out}(H^L(H^{(L-1)}(\cdots H^l(\cdots H^1(\tilde{p})))))
\tag{7.71}
$$

式中,$H(\ )$ 为一个完整隐含层计算流程;$F_{out}(\boldsymbol{x}) = \mathrm{Act}(\boldsymbol{wx} + \boldsymbol{b})$ 为全连接层,其中 $\boldsymbol{w}$ 和 $\boldsymbol{b}$ 为全连接层参数。

7.5.1.2 基于声场干涉结构的机器学习定位方法实验验证

实验数据同 7.1 节,来自南海深海海区,平均海深约 4 312 m。实验海域声速剖面如图 7.81a 所示,声道轴大约位于 1 151 m 深度处,最小声速为 1 484 m/s,海面处海水声速为 1 540 m/s,大于海底附近的海水声速 1 533 m/s,为典型的深海不完全声道。实验中用拖曳声源在 120 m 深度上发射双曲调频信号(HFM),信号的中心频率为 300 Hz,带宽为 100 Hz。自容式水听器布放在 4 152 m 深度接收声信号。声传播损失随距离和深度的二维分布如图 7.81b 所示,图中黑色虚线表示接收器深度,可以看出直达声区范围约为 30 km 左右。

图 7.82 给出接收信号的距离-频率干涉特征,可以看出,两者都存在明显的干涉条纹。直达声区在一定范围内存在较强的直达声和海面反射声,因此图中的宽带干涉条纹

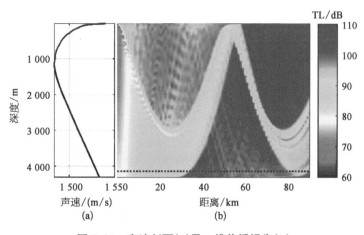

图 7.81 声速剖面(a)及二维传播损失(b)

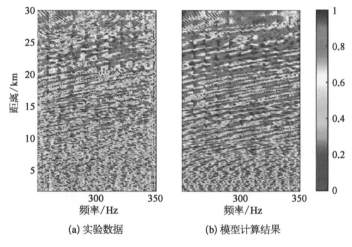

图 7.82 距离-频率干涉特征

实际上是 Lloyd-mirror 窄带干涉条纹随频率变化形成。同时 25~30 km 之间还存在由于折射声线的负波导不变量引起的一些细小的反向干涉条纹。

假设声源深度位于 110~130 m,声源距离 0~30 km,通过 KRAKEN 简正波模型计算训练数据,对卷积神经网络进行训练。距离估计结果和真实值的对比如图 7.83 所示。为了衡量定位误差,引入平均绝对百分误差和平均绝对误差:

$$\text{MAPE} = \frac{1}{N} \sum_{i=1}^{N} \frac{|y^{(i)} - \hat{y}^{(i)}|}{y^{(i)}} \tag{7.72}$$

$$\text{MAE} = \frac{1}{N} \sum_{i=1}^{N} |y^{(i)} - \hat{y}^{(i)}| \tag{7.73}$$

式中,N 为样本数;$y^{(i)}$ 为测量值;$\hat{y}^{(i)}$ 为估计值。30 km 内的统计误差分别为 MAPE = 8.9%, MAE = 1.1 km。

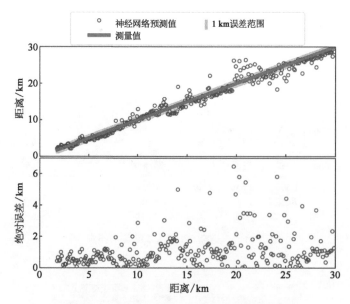

图 7.83　机器学习输出测距结果及其绝对误差

误差主要来源于环境的不确定性,即训练数据仿真环境与实验真实环境的失配。实验估计结果在 20 km 左右性能较差,利用射线方法分析三个典型距离的特征声线及到达结构发现,该距离信号受海底影响较大。图 7.84 为三个不同距离(5 km、20 km、29 km)的到达结构。可以看到较近的距离(5 km)有很强的直达声和海面反射声,与海底接触的成分影响很小;20 km 左右除了有很强的直达声和海面反射声,海底反射声同样较强;29 km 同样存在海底反射声,但影响相对 20 km 处小。因此考虑使用多组海底参数进行机器学习网络训练。图 7.85 给出增加海底参数后的预测结果,增加的海底参数为双层海底,其中沉积层声速 1 548 m/s,厚度 35 m,密度 1.53 g/cm³,衰减 0.2 dB/λ,基底声速

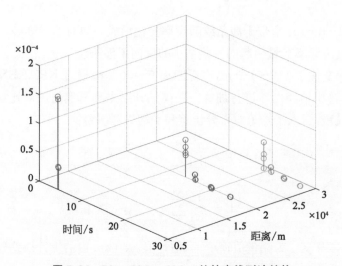

图 7.84　5 km、20 km、29 km 处的声线到达结构

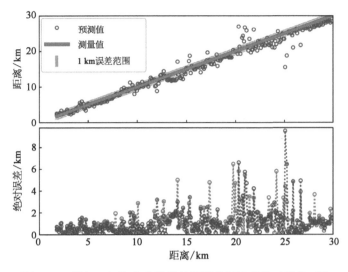

图 7.85　增加一组海底参数后的预测结果及其绝对误差对比

$1\,565$ m/s,密度 1.65 g/cm^3,衰减 0.3 dB/λ。增加一组海底参数后的统计误差分别为 MAPE$=7.9\%$、MAE$=1.0$ km。两者统计误差见表 7.4,相比仅使用一组海底参数性能有所改善。

表 7.4　两种不同海底参数集训练给出的测距误差

训 练 参 数 集	MAE/km	MAPE/%
单一海底参数	1.1	8.9
多组海底参数	1.0	7.9

7.5.2　基于单阵元自相关函数的深海直达声区声源定位方法

在深海直达声区距离范围内,存在直达声(D)、海面反射声(SR)和海底反射声(BR)。7.1 节使用直达声和海底—海面反射声的时延差(D-BR-SR)进行距离估计。在直达声区,也同时使用 D-BR-SR 和 D-SR 两个时延差的匹配进行声源定位。以上时延差都是通过接收信号自相关函数的峰值获取的,需要较高的信噪比和手动提取峰值。这里给出一种直接利用自相关函数进行定位的方法。

1) 时间序列分类网络

使用时间序列分类网络的定位原理如图 7.86 所示。单阵元的时域自相关函数由输入层接收后,通过多个隐含层进行特征提取,最后由输出层得到定位结果。

输入层用于接收归一化后的信号自相关函数。假设接收信号为 $s(t)$,则自相关函数可以定义为

$$R(\tau) = \frac{1}{T-\tau} \int_{t=0}^{T-\tau} s(t+\tau)s(t)\mathrm{d}t \tag{7.74}$$

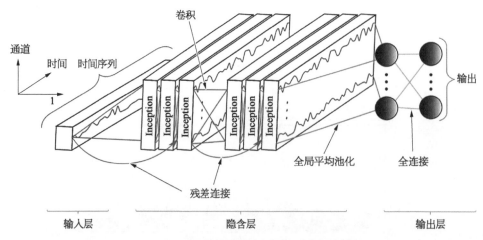

图 7.86   用于时间序列分类的 Inception 网络

式中，T 为信号长度。用

$$\hat{R}(\tau) = \frac{|R(\tau) + \mathrm{i} * H(R(\tau))|}{R(0)} \tag{7.75}$$

对其进行归一化，其中 $H(\ )$ 表示希尔伯特变换，$R(0)$ 为接收信号的能量。

隐含层的层级连接如图 7.87 所示，其中卷积、池化的定义与 7.5.1 节中相同。一系列的卷积和池化操作的连接构成一个 Inception 模块，多个 Inception 模块之间利用残差连接。

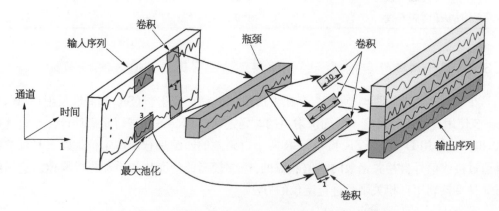

图 7.87   时间序列分类网络中隐含层的 Inception 模块

输出层通过两个全连接层进行最终的预测，从而得到声源位置信息。

2) 机器学习自相关函数定位法对信噪比要求

首先，利用仿真方法分析时间序列分类网络在不同信噪比下的定位性能。仿真环境参数的选择与 7.5.1 节的实验环境相同。假设声源深度为 100 m、200 m、300 m、400 m，距离在 1~20 km 之间，中心频率 300 Hz，带宽 100 Hz。接收深度 4 152 m。使用双层海底模型,海水声速剖面和海底参数如图 7.88 所示。仿真信号使用 BELLHOP 射线模型计算得到。

单阵元信噪比定义如下:

$$\mathrm{SNR} = 10 \lg \frac{\parallel \boldsymbol{p} \parallel_2^2}{\sigma^2} \tag{7.76}$$

式中, $\boldsymbol{p} = [p_1, \cdots, p_f, \cdots, p_F]$ 为频域复声压;σ^2 为噪声方差。20 dB 和 5 dB 的信号自相关函数如图 7.89 所示,从中可以发现,5 dB 信号自相关函数的第二个脉冲群不容易分辨出来。

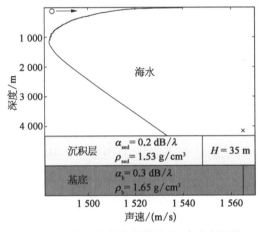

图 7.88　声源与接收器的位置、声速剖面及海底参数示意图

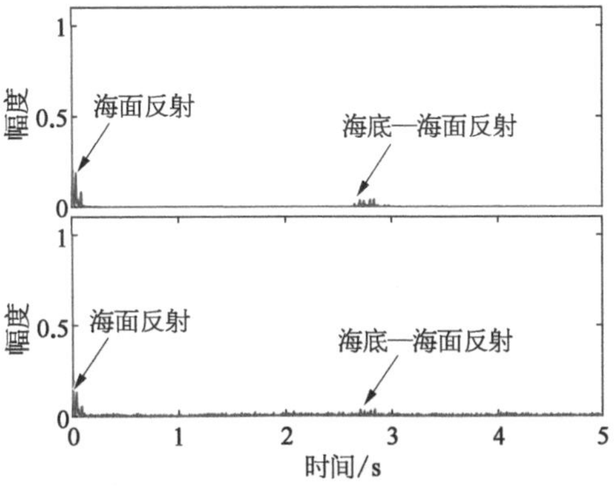

图 7.89　20 dB 和 5 dB 的信号自相关函数

为了分析信噪比对预测性能的影响,同时利用 5 dB、10 dB、15 dB 的数据对网络进行训练,测试其在 0~15 dB 下的距离和深度估计结果。训练数据计算深度网格点为 50~500 m,间隔 5 m;距离的网格点为 1~20 km,间隔 0.1 km。深度估计和距离估计的平均绝对误差随信噪比的变化如图 7.90 所示,可见当信噪比在 5 dB 以上时,可以取得较低的

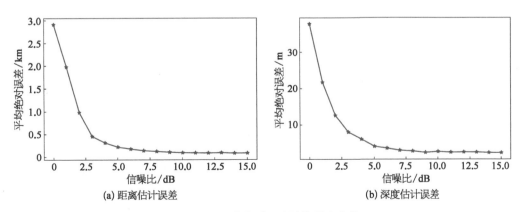

(a) 距离估计误差

(b) 深度估计误差

图 7.90　平均绝对误差随信噪比变化

预测误差。固定测试信噪比为 6 dB,进一步观察不同声源深度和距离的定位性能,结果如图 7.91 所示,在不同深度和距离上均有较好的效果。

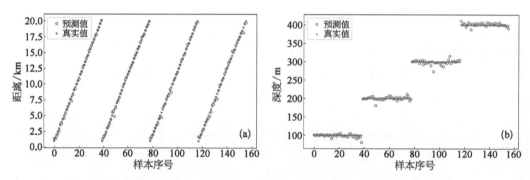

图 7.91　信噪比固定为 6 dB 时,机器学习输出的距离(a)和深度(b)估计结果

3) 机器学习自相关函数定位法实验验证

实验介绍见 7.1.1 节。对于该大深度的接收器,20 km 内的信号自相关函数随距离的变化如图 7.92 所示,其中图(a)为图(b)前 0.5 s 的放大图。图(a)为第一个脉冲群,包

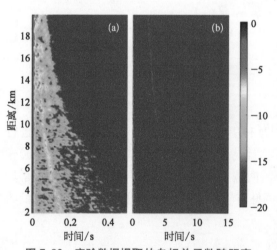

图 7.92　实验数据提取的自相关函数随距离的变化

括直达波、海面反射波、海底反射波及海面—海底反射波。图(b)2~5 s 为第二个脉冲群,包括一次海底—海面反射后的多途脉冲。近距离时信号掠射角较大,声信号通过海底被吸收的部分较多,海底反射能量较少,因此两幅图在距离较近时与海底接触过的信号脉冲都比较弱。

对于声源距离和深度均未知的情况,假设声源距离位于 1~20 km 之间、声源深度位于 50~500 m 之间。以每个位置的自相关函数序列作为网络输入,选择输出分别为距离和深度进行训练,得到用于距离和深度估计的两个网络。网络在距离和深度上的预测结果及其绝对误差如图 7.93 所示。距离估计和深度估计的平均绝对误差分别为 0.3 km 和 12 m。作为比较,图 7.94 给出手工提取 D-SR 和 D-BR-SR 到达时间进行训练的结果。两种方法的距离估计有相似的性能,而深度估计结果在 18 km 处相差较大。从图 7.92 可以发现该距离处的 D-SR 时延不准确,而直接利用自相关函数则能多考虑 D-BR 和 D-SR-BR 的信号,但当距离较近时这两个信号的时延则难以提取。近距离处距离估计性能不佳,可能是由于第二脉冲群的海底反射信号较弱引起的,如图 7.92 所示。

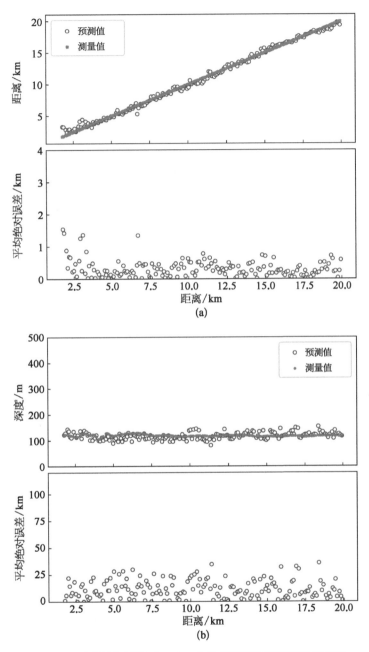

图 7.93　利用神经网络对 20 km 内信号的距离和深度估计结果

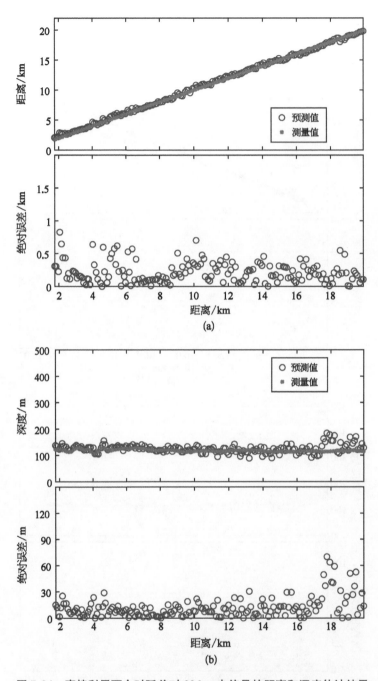

图 7.94　直接利用两个时延差对 20 km 内信号的距离和深度估计结果

7.5.3　基于垂直阵列的多任务卷积网络定位方法

基于大深度单阵元定位方法大多需要限定声源位于直达声区，难以处理位于影区和会聚区的目标。这里尝试利用多任务的卷积神经网络，实现较远距离的目标定位。该方法对环境失配具有一定的稳健性。

1）多任务卷积网络

使用多任务卷积神经网络的定位原理如图 7.95 所示。垂直阵列信号的样本协方差矩阵由输入层接收后，首先通过输入流进行特征降维即提取，然后通过多个隐含层进行深入的特征提取，最后由具有两个分支结构的输出层得到定位结果。图中，Conv 表示卷积-批规范化-非线性激活的操作。

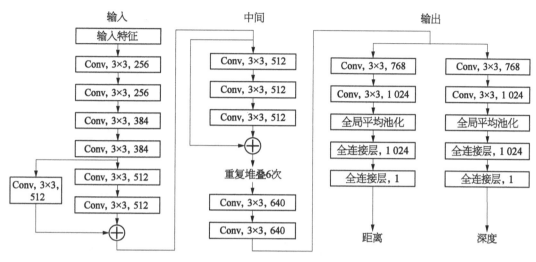

图 7.95　多任务卷积神经网络

2）基于垂直阵列的多任务卷积网络深海定位性能分析

这里通过数值分析，说明多任务卷积神经网络在不同信噪比及环境参数失配、阵列倾斜情况下的定位性能。环境参数同 7.5.1 节的实验环境。假设声源深度 20 m、120 m、220 m，距离 $0.25 \sim 57$ km（覆盖直达声区、影区和会聚区），间隔 0.5 km，中心频率 300 Hz，带宽 100 Hz。接收垂直阵列、海水声速剖面及双层海底参数如图 7.96 所示。仿真信号使用 KRAKEN 简正波模型计算得到。

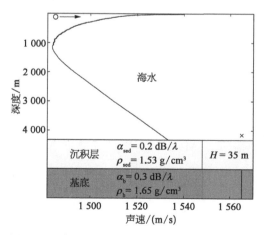

图 7.96　声速剖面、海底参数及接收深度示意图

首先，分析环境参数失配的影响。训练数据计算的深度网格点为 $2\sim300$ m，间隔 2 m；距离的网格点为 $0.05\sim57$ km，间隔 0.05 km。记训练得到的网络为 MTL-CNN-1。使用不同阵列倾斜角度、不同海水深度、不同沉积层声速及厚度的数据测试 MTL-CNN-1 的定位性能，测试信噪比为 15 dB。为了定量统计定位结果，引入正确定位比例

$$P = 100 \times \frac{\sum_{i=1}^{N} \eta(i)}{N} \tag{7.77}$$

$$\eta(i) = \begin{cases} 1, & |d - \hat{d}| < 20 \ \text{或} \ \dfrac{|r - \hat{r}|}{r} < 0.1 \\ 0, & \text{其他} \end{cases} \tag{7.78}$$

式中，N 为测试样本数；d 为真实深度；$\hat{d}$ 为估计深度；r 为真实距离；$\hat{r}$ 为估计距离。不同环境失配时的正确定位比例如图 7.97 所示，可以看出，相比常规匹配场方法，MTL-CNN-1 在海水深度失配及阵列倾斜时都更稳健，但阵列倾斜的影响仍相对较大。

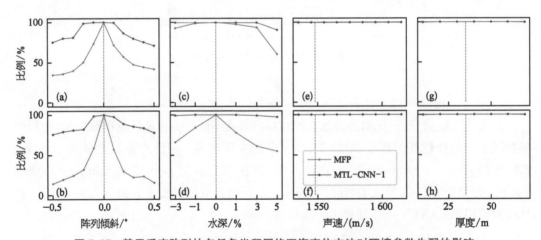

图 7.97　基于垂直阵列的多任务卷积网络深海定位方法对环境参数失配的影响

(a)和(b)为阵列倾斜；(c)和(d)为海水深度失配；(e)和(f)为沉积层声速失配；
(g)和(h)沉积层厚度失配时的正确定位比例
(a)、(c)、(e)、(g)为距离估计的统计结果；(b)(d)(f)(h)为深度估计的统计结果
竖虚线为无失配的环境参数基准值

在训练数据中增加倾斜网格点 $0\sim2°$，间隔 $0.5°$，对倾斜 $-1\sim3°$ 的数据进行预测。此时训练得到的卷积神经网络记为 MTL-CNN-2。MTL-CNN-2 的正确定位比例随阵列倾斜角度的变化如图 7.98b 所示，同时在图 7.98a 给出当倾斜角度为 $0.2°$ 时对不同深度和距离声源的定位结果。

其次，分析信噪比对深度和距离估计性能的影响。垂直阵每个阵元的信噪比定义如下：

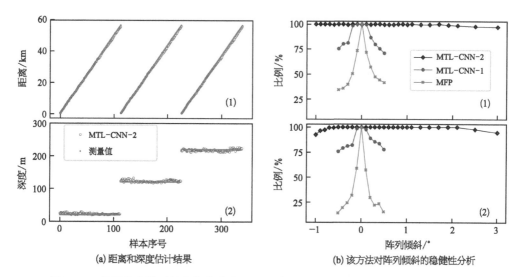

(a) 距离和深度估计结果   (b) 该方法对阵列倾斜的稳健性分析

图 7.98 基于垂直阵列的多任务卷积网络深海定位方法考虑阵列倾斜后的定位性能

$$SNR = 10\lg \frac{\sum_{l}^{L} \parallel \boldsymbol{p}_l \parallel_2^2}{\sigma^2 \times FL}$$

式中，$\boldsymbol{p}_l = [p_1, \cdots, p_f, \cdots, p_F]$ 为频域复声压；L 为阵元个数；F 为频点个数；σ^2 为噪声方差。深度估计和距离估计的平均绝对误差随信噪比的变化如图 7.99 所示，在信噪比 15 dB 以上时才可以取得较低的预测误差。存在小幅倾斜失配时的性能与无倾斜失配时基本相似。

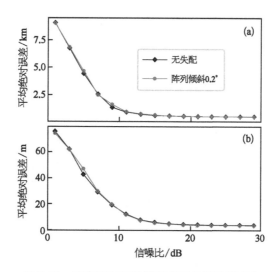

图 7.99 距离和深度估计误差随信噪比的变化

3）基于垂直阵列的多任务卷积网络深海定位方法实验验证

实验环境同 7.5.2 节 2)中的仿真分析环境相同。实验中使用大深度跨度垂直阵潜标接收信号,潜标上 18 个具有同步功能的自容式水听器分布在 99～4 152 m 深度范围之间,水听器灵敏度为−180 dB,采样率为 16 kHz。声速剖面由 XCTD 测量得到。使用拖曳声源在 120 m 左右深度发射双曲调频信号,中心频率 300 Hz,带宽 100 Hz。发射信号的持续时间及发射间隔均为 20 s。每 4 个信号为一组,相邻两组之间间隔为 50 s。在拖曳声源距离潜标接收阵的 57 km 内共发射了 486 个信号。其中 10 km 处的信号波形和不同距离下信号的信噪比随距离的变化如图 7.100 所示。

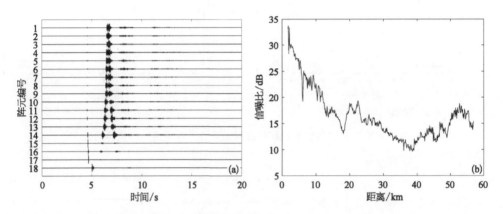

图 7.100　潜标垂直阵接收的 10 km 处发射信号(a)及不同距离上信号的信噪比变化(b)

使用 MTL-CNN-1 对实验数据进行预测,距离和深度估计结果如图 7.101 所示,距离估计的平均绝对误差为 1.5 km,深度估计的平均绝对误差为 14 m。可以看到,MTL-CNN-1 在较远的距离内都能对目标进行准确定位。深度估计结果在 10 km 及 50 km 处误差相对较大。作为比较,同样给出常规匹配场定位方法(MFP)结果。可以发现,常规匹配场定位方法在相当大影区范围内的定位结果均存在很大误差。

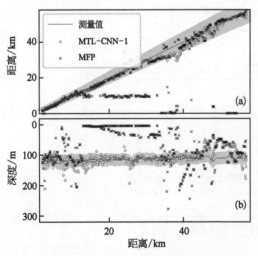

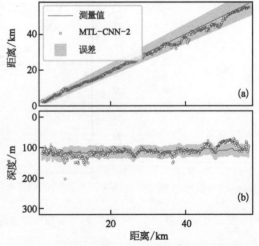

图 7.101　MTL-CNN-1 定位的距离和深度估计结果与 MFP 定位结果及目标真实位置比较

图 7.102　MTL-CNN-2 的距离和深度估计结果与目标真实位置比较

通过仿真分析的结论,阵列倾斜是对定位结果影响最大的因素。利用多组倾斜角度训练得到的 MTL - CNN - 2 进一步进行预测,结果如图 7.102 所示,可以发现,在 MTL - CNN - 1 失配的区域,MTL - CNN - 2 有很大改善。三种方法的统计误差见表 7.5。

表 7.5　不同方法距离和深度估计的平均绝对误差

方　　法	距离估计误差 MAE/km	深度估计误差 MAE/m
MFP	7.7	62
MTL - CNN - 1	1.5	14
MTL - CNN - 2	1.3	10

参考文献

[1] Collins M D. A split-step Padé solution for the parabolic equation method [J]. Journal of the Acoustical Society of America, 1993, 93(4): 1736 - 1742.

[2] Wu S L , Li Z L , Qin J X. Geoacoustic inversion for bottom parameters in the deep-water area of the South China Sea [J]. Chinese Physics Letters, 2015, 32(12): 74 - 77.

[3] Jensen F B, Kuperman W A, Porter M B, et al. Computational ocean acoustics [M]. 2nd ed. New York: Springer, 2011: 611 - 617.

[4] Porter M B, Bucker H P. Gaussian beam tracing for computing ocean acoustic fields [J]. Journal of the Acoustical Society of America. 1987, 82(4): 1349 - 1359.

[5] Lei Z X, Yang K D , Ma Y L, Passive localization in the deep ocean based on cross-correlation function matching [J]. The Journal of the Acoustical Society of America, 2016, 139(6): EL196 - EL201.

[6] 孙梅,周士弘.大深度接收时深海直达波区的复声强及声线到达角估计[J].物理学报,2016,65(16): 134 - 143.

[7] 孙梅,周士弘,李整林.基于矢量水听器的深海直达波区域声传播特性及其应用[J].物理学报,2016,65(9): 094302 - 1 - 094302 - 9.

[8] Brekhovskikh L M, Lysanov Y P. Fundamentals of ocean acoustics [M]. 3rd ed. Berlin: Springer-Verlag, 2003.

[9] Buckingham M J. On the response of a towed array to the acoustic field in shallow water [J]. IEE Proceedings F - Communications, Radar and Signal Processing, 1984, 131(3): 298 - 307.

[10] Ma Y L, Liu M G, Zhang Z B, et al. Receiving response of towed line array to the noise of the tow ship in shallow water [J]. Chinese Journal of Acoustics, 2003, 22(1): 1 - 10.

[11] 宫在晓,林京,郭良浩.浅海声传播相速度对测向精度的影响[J].声学学报,2002(6): 492 - 496.

[12] 王梦圆,李整林,吴双林,等.深海大深度声传播特性及直达声区水下声源距离估计[J].声学学报,2019,44(5): 905 - 912.

[13] 王梦圆,李整林,秦继兴,等.深海直达声区水下声源距离深度联合估计[J].信号处理,2019,35(9): 1535 - 1543.

[14] 吴俊楠.深海水平阵接收声信号场特征研究及其应用[D].北京:中国科学院声学研究所,2017.

［15］ 肖鹏. 深海会聚区及影区声传播与声场特性研究［D］. 西安：西北工业大学，2017.

［16］ Niu H Q, Reeves E, Gerstoft P. Source localization in an ocean waveguide using supervised machine learning ［J］. The Journal of the Acoustical Society of America, 2017, 142 (3)：1176 - 1188.

［17］ Huang Z Q, Xu J, Gong Z X, et al. Source localization using deep neural networks in a shallow water environment ［J］. The Journal of the Acoustical Society of America, 2018, 143 (5)：2922 - 2932.

［18］ Liu Y N, Niu H Q, Li Z L. Source ranging using ensemble convolutional networks in the direct zone of deep water ［J］. Chinese Physics Letters, 2019, 36(4)：47 - 50.

［19］ Liu Y N, Niu H Q, Li Z L, et al. Source localization using gradient boosting decision tree with a single hydrophone in deep ocean ［C］. Singapore：OCEANS 2020, 2020.

［20］ Szegedy C, Ioffe S, Vanhoucke V. Inception-V4, Inception-ResNet and the impact of residual connections on learning ［C］. San Francisco：Proceedings of the Thirty-First AAAI Conference on Artificial Intelligence, 2017：4278 - 4284.

［21］ Fawaz H I, Forestier G, Weber J, et al. Deep learning for time series classification：a review ［J］. Data Mining and Knowledge Discovery, 2019, 33(4)：917 - 963.

第 8 章　深海声学实验技术及设备

深海声学及探测技术的发展,离不开深海实验数据的支持。近年来,随着我国对海洋声学研究投入加大,海上实验手段和实验条件均得到了显著提高,研制出了一批针对深海环境的声学接收与发射设备以及同步海洋环境测量设备,在南海、太平洋和印度洋("两洋一海")深海中得到应用,实现了大深度、长时序声学数据的可靠获取,使我国深海声学研究水平得到长足发展。本章选择我国最新发展的两型深海声学发射与接收设备予以介绍。

8.1　深海声学实验概述

典型的深海声学实验海上设备部署如图 8.1 所示。根据人们关注的具体问题不同,声学发射或接收系统可以是多套,按预先设计的站位部署,以便观测到一些典型的深海传播现象或为深海探测技术研究与方法验证提供数据支持。在图 8.1 中,深海声学研究的关键设备包括深水大深度声学接收系统、大深度声学发射系统及同步海洋环境监测系统三大部分。深水大深度声学接收系统要求能在数千米甚至上万米深度上有效拾取声学信号,工作时间要求从数天至 1 年以上。大深度声学发射系统要求具备在大深度上发射较高源级的声学信号,在经过声影区 80～110 dB 的声衰减后到达接收系统仍有足够的信噪比。所以,深海实验技术涉及耐高静水压的声学换能器材料技术、大深度换能器结构优化设计、仪器舱结构设计与耐高压连接件、低功耗采集与发射技术等,是一项较为复杂的系统工程。

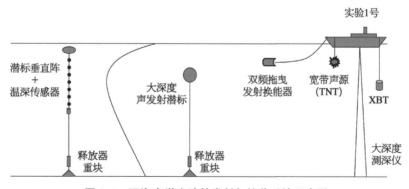

图 8.1　深海声学实验的发射与接收系统示意图

近 10 年来,我国成功研制了可在 10 000 m 深度上工作的自容式声学记录系统,最长记录时间 1 年,可满足海洋环境噪声长期观测需求,并可在大洋中的任意深度上采集人们感兴趣的海洋生物发声及复杂海洋环境下的声传播信号。同时,研制成功可在 1 000 m

声道轴上发射声学信号的自主式声学发射潜标和双频拖曳式声学发射系统等,其能够用于海洋声学定点起伏实验、近程探测实验和远程通信实验。将这两者合理搭配,可用于深海声学科学问题研究及深海水声探测技术原理试验验证。

利用我国自主研发的深海声学实验设备,在南海、西太平洋和东印度洋海域完成了一系列综合性深海声学实验。一些具有特色的声学实验,包括西太平洋、东印度洋和南海深海千公里级超远程声传播实验,深海马里亚纳海沟万米级大深度声学实验,南海一年以上的海洋环境噪声长期观测实验,南海海底山、跨海沟和大陆斜坡等复杂环境的二维和三维声传播实验,南海内波环境下声学起伏长期观测,大深度水下目标探测原理实验等。在西太平洋和南海所获取的部分声学实验数据,已在本书第3～第7章中进行了介绍,较为系统地验证了存在复杂海底地形和起伏水文环境下声传播规律、海洋环境噪声统计特性和深海声场空间相关特性等,并发展了一系列的深海水下目标定位方法(图8.2)。其中许多海上实验工作属我国首次开展此类研究,为推动我国深海声学研究水平奠定了重要的设备与数据基础。

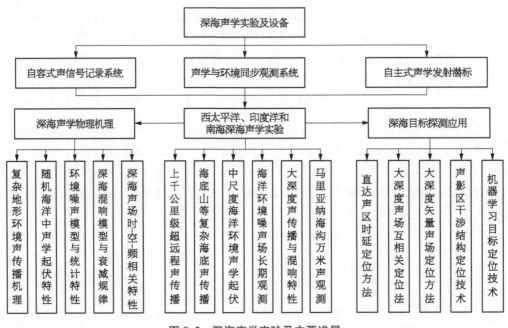

图8.2 深海声学实验及主要进展

8.2 深海大深度声学接收系统

传统的海洋声学接收系统,将水听器以一定间隔排列,并安装在一条多芯水密电缆上组成水听器阵列,最后接到多通道录音机(船载阵)或信号记录仪器舱(潜标或浮标),完成水声模拟信号的数字化采集与记录存储。但是,这种水听器阵列存在三方面主要缺点:工作的深度跨度有限;会出现因局部漏水而毁坏整个采集系统;海上布放与回收不方便。所以,将每个水听器单独接采集单元模块,采用分布式组成接收阵列,已成为国际水声接收设备的大趋势。

8.2.1　深水自容式水声信号记录仪

针对深海声学实验对大深度水声信号高可靠采集需求,中国科学院声学研究所声场声信息国家重点实验室成功研发了深水自容式水声信号记录仪(underwater signal recorder,USR)。USR 将单通道的水听器直接通过水密接插件,把信号引进一个小仪器舱,进行水声信号的独立、高速采集和存储。如果需要在不同深度上接收声信号,则通过潜标系统的凯夫拉绳组成一个阵列,进行信号采集。对于不同通道信号有同步要求的情况,可以通过高精度时钟实现分布式系统的同步采集。这种信号采集方式具有可靠性高、组阵方便、收放灵活、成本可控等优点,可以在多种海上声学实验场合应用(图 8.3),成为我国深海声学实验研究的核心设备,已取得大量高质量的海上实验数据。

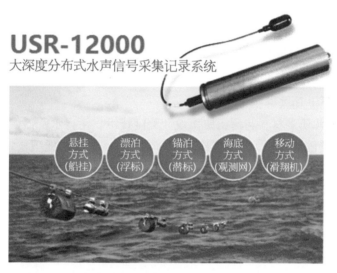

图 8.3　深海水声数据采集记录系统 USR 的 5 种应用方式

实际上,国外在同类产品研发方面起步较早,美国的 Loggerhead 仪器公司、加拿大的 Ocean Sonic 公司和德国的 Develogic 公司等均生产自容式声信号记录仪,但是,这些记录仪没有同步功能。美国 Scripps 海洋研究所研制成功了适用于深海水声信号长期采集的分布式水声接收垂直线阵(distributed vertical line array,DVLA),DVLA 系统由若干自容式水听器模块和 1 个 D-STAR 时间同步控制器及塑包钢缆组成,自容式水听器模块实现水声采集记录存储和温度同步记录,D-STAR 内含时间同步铷钟源,采用磁感应技术通过塑包钢缆传输同步时钟信号,实现不同自容式水听器模块同步采集。Scripps 用

DVLA 系统在菲律宾海及北极等海域开展了系列深海声学实验,获得全海深跨度的深海脉冲声传播特性、临界深度以下的环境噪声信号及上年时间尺度的冰下噪声特性等,奠定了美国深海声学研究的领先地位。

我国自主研制的 USR 兼顾了 DVLA 系统的同步功能。USR 主要由深海水听器、耐压水密电子舱、超低功耗采集电子系统、超低功耗控制电子系统、高能电池组、大容量存储介质和减震降噪装置等七大部分组成,其主要性能指标见表 8.1。

表 8.1　USR 关键技术指标

序　号	指 标 名 称	指 标 参 数
1	最大工作深度	12 000 m
2	最长工作时间	连续采集 1 个月,间隔采集 1 年以上
3	信号采样率	最大采样率 128 kHz,可选择设置
4	采样时间方式	连续采集和间隔采集可设
5	采样位数	24 bit
6	声信号记录动态	100 dB
7	水听器灵敏度	—170 dB
8	系统自噪声	40 dB@1 000 Hz
9	运行/待机功耗	400 mW/10 mW
10	重量	空气中不大于 5 kg,水中约 2 kg

USR 具有以下 5 项关键技术和优势:

(1) 突破深海水听器材料与耐压结构设计关键技术。使得水听器的最大工作深度达 12 000 m,打破了美国对我国 1 000 m 深度水听器的技术封锁。此项技术的突破,意味着我国具备在世界大洋中任意海区、任意深度上拾取声信号的能力。图 8.4 是 USR 在马里亚纳海沟接近万米(9 300 m)深度上接收的换能器发射线性调频信号。

(2) 低功耗、大动态、低噪声信号采集技术。使用 24 bit ADC 转换器,通过低噪声运放控制系统噪声,低功耗控制器选用基于 ARM Cortex 控制系架构的最新低功耗处理器,可以满足深海水声信号的高质量、长期采集。USR 曾经在南海实现了 1 年以上的海洋环境噪声长期观测。

(3) 高精度时钟同步授时和守时技术。通过 GPS 和时间同步铷钟源对多个 USR 进行统一授时,并用高精度时钟模块实现 0.1 ms 高精度守时。

(4) 系统的减隔振技术。通过在水听器外加一个减振架,可有效降低由于潜标或浮标锚系缆绳抖动引起的低频噪声干扰,并在其外覆盖导流罩,大幅降低流噪声影响。

(5) 组阵灵活、收放方便。通过专用固定卡具实现仪器舱和水听器与凯夫拉绳连接,可用于任意深度或任意间隔水听器部署,实现大深度、大跨度信号采集。此外,USR 潜标可以通过一个专用凯夫拉绞车实现快速布放与回收。

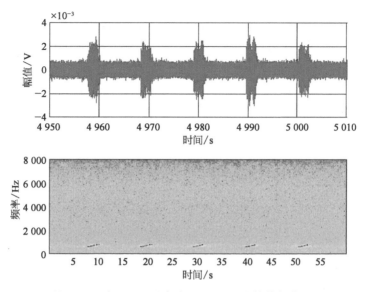

图 8.4　使用 USR 在马里亚纳海沟 9 300 m 深度接收的声信号及频谱

8.2.2　深水自容式水声与水文同步记录仪

深水自容式水声与水文同步记录仪（TDUSR）是一种实现水声信号与水文参数信息同步采集记录的实验设备，它是在 8.2.1 节中介绍的 USR 基础上发展而来，主要是在声学信号采集基础上增加了温度和深度传感器（即 TD 传感器）。过去的 USR 声学潜标中通常需要增加 TD 传感器，可完成水文长期监测，同时也可用于 USR 水听器的深度校准。我国海洋调查中的 TD 传感器主要从国外进口。TDUSR 研制成功后，海上声学实验不再需要给潜标单独增加 TD 传感器，即可实现声学信号与水文环境的同步采集，这不仅对海洋声学起伏研究具有重要意义，同时使得海上实验布放和回收工作便捷许多。

TDUSR 的组成框图如图 8.5 所示，其与 USR 的组成基本类似，不同之处是 TDUSR 中增加了水文传感器。将声学传感器和水文传感器一体化设计布局，同时在数据采样和存储模块的基础上增加了时间同步功能。水文传感器主要由高精度温度传感器和高精度压力传感器组成，其测深精度优于 0.3% FS，测温精度优于 0.01℃。图 8.6 给出一次海上实验 TDUSR 采集的温度和深度与加拿大 RBR - TD 传感器的测量结果比较，可见两者的海上测量结果基本一致。

8.2.3　深水 USR 在滑翔机上的应用

水下滑翔机是一种依靠浮力驱动的新型海洋机器人，它通过自身浮力的微小变化提供驱动力，配合水平翼的升力将垂直运动转换为水平运动，采用内置的姿态调整机构改变姿态以实现滑翔运动，通过在上面搭载各种传感器，测量其所在位置的各种海洋环境参数

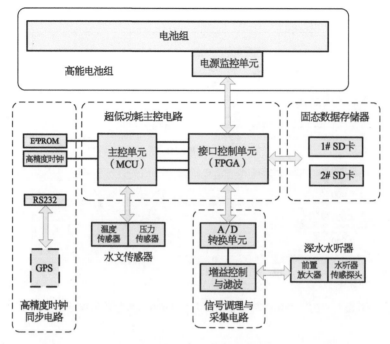

图 8.5 深水自容式水声与水文同步记录仪(TDUSR)组成框图

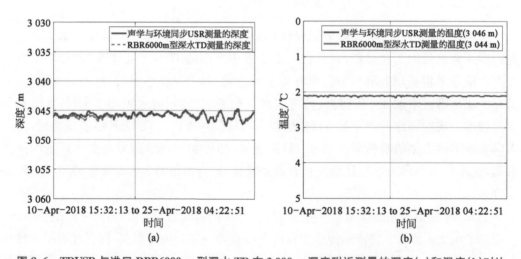

图 8.6 TDUSR 与进口 RBR6000 m 型深水 TD 在 3 000 m 深度附近测量的深度(a)和温度(b)对比

(图 8.7),是一种新型的海洋环境水下观测平台。水下滑翔机具有实时、远程可控、长续航力等优势,可实现多尺度海洋过程的机动、高分辨率、精细观测,与其他海洋观测平台相比具有其独特的优势(图 8.8)。

根据美国、澳大利亚、欧洲一些国家等当前关于滑翔机的技术发展和研究热点分析,未来滑翔机的发展趋势主要集中在以下几个方面:① 滑翔机单机技术成熟,拓展应用是其研究热点之一;② 滑翔机观测网功能强大,编队与组网是重要发展方向;③ 混合推进滑翔机,是当前技术发展新趋势;④ 特种滑翔机形式多样,在前沿技术

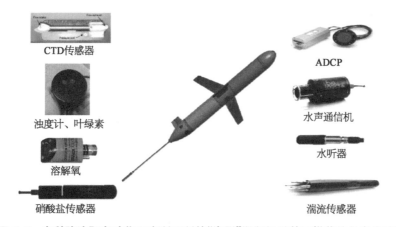

图 8.7　中科院沈阳自动化研究所研制的"海翼"滑翔机及其可搭载的各类传感器

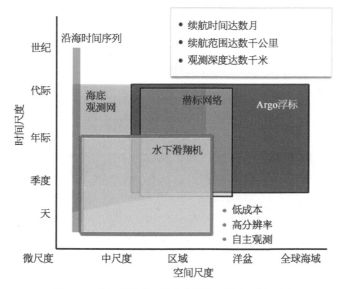

图 8.8　水下滑翔机观测适用的空间和时间尺度

上逐渐探索。

　　我国水下滑翔机单机已经可以工作到 $1\,000\sim7\,000$ m 的大深度上,续航时间达 6 个月以上,航程可达 $3\,000$ km,并在南海针对中尺度过程和湍流等开展了基于滑翔机的组网观测(图 8.9)。由于水下滑翔机特殊的驱动及控制方式保证了其能耗较小,且在滑翔机的下滑与上浮过程中自噪声较低,所以可以搭载水听器来有效地拾取声信号,用于海洋环境与声学的同步观测和近程的水声探测等,受到了国内外水声学者的广泛关注。

　　我国也尝试把 8.2.1 节的自容式水声信号记录仪安装在"海翼"滑翔机上,用于开展深海声传播、海洋环境噪声等观测,特别适用于"一发多收"或"多发多收"方式进行中尺度涡旋下的声学观测(图 8.10),解决大尺度海洋环境(CTD)与声学信号的同步观测问题。2019 年,我国首次在印度洋利用滑翔机开展了深海声传播实验,图 8.11 和图 8.12

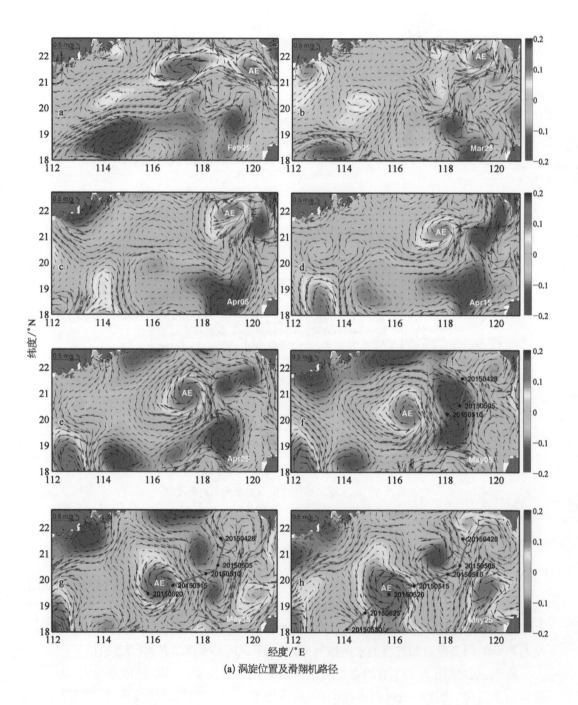

(a) 涡旋位置及滑翔机路径

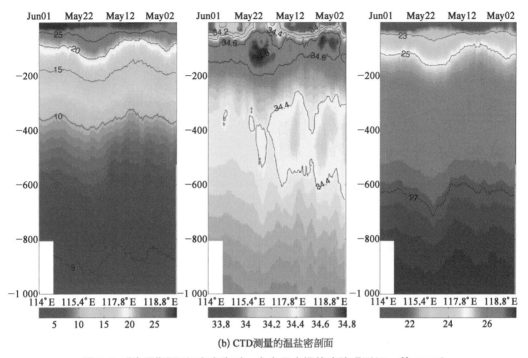

(b) CTD测量的温盐密剖面

图 8.9　"海翼"滑翔机在南海对一个中尺度涡的追踪观测(Shu 等,2016)

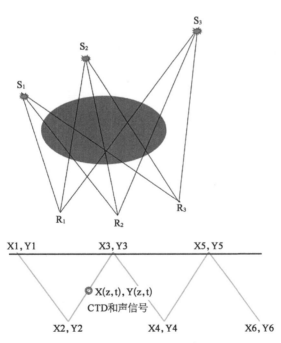

图 8.10　基于水下声学滑翔机的中尺度涡环境与声学同步观测

分别给出在印度洋深海环境测量的 CTD 剖面(并通过经验公式计算声速剖面)、宽带脉冲声传播信号及声传播损失结果,初步证明其用于深海声学科学考察与研究的可行性。

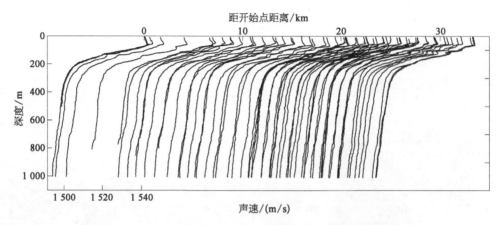

图 8.11 印度洋深海实验中由滑翔机测量 CTD 数据计算的声速剖面

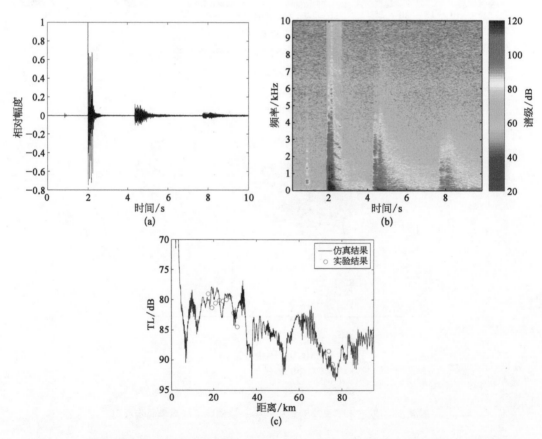

图 8.12 印度洋深海实验中滑翔机测量的宽带脉冲声传播信号(a)、接收信号时频图(b)和传播损失结果(c)(声源深度 50 m、接收深度 500 m、声源频率 100 Hz)

8.3　深海大深度声学发射潜标

　　水声中主动探测、水声通信和导航等都需要用到水下声源发射声信号,海洋声学基础研究中的声传播、起伏测量和声学环境反演也需要声源在固定位置或移动方式下发射声学信号。所以,声学发射系统与 8.2 节的声学接收系统构成了图 8.1 所示的收发组合,是海洋声学研究与应用的两大核心关键设备。

　　常用的水下声学发射系统有声学发射潜标系统、船载吊放式声源、固定式声学发射系统、拖曳式声学发射系统、低频气枪声源和宽带爆炸声源等。其中,低频气枪声源和宽带爆炸声源,是通过高压迅速内塌或外爆的方式产生源级较高的脉冲信号,但是其重复性不高,不能连续发射。而前四类发射系统都需要使用发射换能器,可以发射人工编码信号,用于水下声传播测量、信息传输或水声探测等。其中,声学发射潜标是通过仪器舱的电池供电,自主发射预设好的声信号,是我国最新发展的一项深海声源技术,所以这里主要对其予以介绍。其他三种声学发射系统原理基本与声学发射潜标类似,只不过是通过甲板或岸上的电源和信号发生器,将电力和想要发射的声信号,通过吊放电缆、拖曳光电缆或海底光电缆等传输到水下的发射换能器。

　　针对海洋声层析、定点起伏实验、深海大深度发射及深海水声通信网络构建等需求,声场声信息国家重点实验室成功研发了深海大深度声学发射潜标。深海发射潜标的主要技术指标在表 8.2 中给出,主要组成如图 8.13 所示。其由以下九大部分组成:

　　(1) 深水发射换能器。用于大深度上实现电信号到声信号的能量转换,将声信号在

表 8.2　深海大深度声学发射潜标关键技术指标

序　号	指 标 名 称	指 标 参 数
1	最大工作深度	1 000 m
2	最长工作时间	连续发射:5 h 间隔发射:占空比 1:10 发射 50 h
3	工作频率	200～1 000 Hz
4	发射信号形式	CW、LFM、伪随机噪声、复杂编码
5	最大声源级	190 dB
6	值班时间	1 个月
7	重量	空气中:600 kg,水中 200 kg

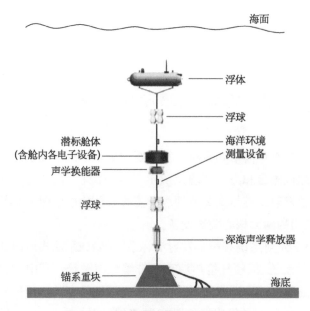

图 8.13　深海发射潜标的主要组成

海水中无指向性地辐射出去。

（2）深水温深传感器。主要用于监测发射潜标的工作深度，同时测量海水温度变换，并通过深度控制是否发射，以防止潜标在空气中大功率发射而使换能器损坏。

（3）发射潜标电子舱。水密舱体用于安装并保护干端电子设备在深海海洋环境中可靠工作，采用钛合金材料制作，具有强度高、水密、耐压等特点，可满足长期水下工作的需要。舱体上安装有耐高静水压的水密穿舱接插件，用于内外电信号的连接。

（4）舱内电子设备。含值班控制模块、信源模块、功放模块和电池组等。其中，值班控制模块用于系统的待机值班控制、通信控制和环境传感数据的采集和存储，信源模块用于待发射的信号生成，功放模块负责将信源模块存储的信号经功率放大和阻抗匹配后输出至发射换能器，电池组为潜标系统各模块提供能源。

（5）潜标主浮体。为整套潜标系统提供主要浮力，让潜标发射声源处于设计深度，并在回收时携带发射换能器和仪器舱浮出水面，方便打捞。

（6）海洋环境测量设备。属于深海发射潜标搭载的一些附属海洋环境测量设备，可以是 ADCP、CTD 或 TD 等传感器。

（7）深水浮球。为整套潜标系统提供部分浮力，主要为了抵消释放器在水中的重量，方便释放器上浮。

（8）深海声学释放器。具有释放和应答功能，用于释放锚系重块，让布放于深海中的设备在浮体正浮力的带动下浮出水面，进行打捞。同时，其应答功能可用于测距，通过船上的甲板单元测量释放器与母船的距离。

（9）锚系重块。用于整套潜标系统固定在海底的关键配置，需要通过合理的浮力设计，根据潜标各个部分承受的压力、凯夫拉绳的张力，进行选型和结构设计，使得潜标系统在具有浪和流的深海环境中保持相对稳定的位置和安全性。

深海声学发射潜标可以有以下几种使用方式：① 用如图 8.13 所示的潜标锚系方式，在深海声道轴以浅的深度上进行定点声信号发射，进行声场起伏测量或海洋环境的声学层析；② 只保留潜标舱体和声学换能器通过实验母船的门吊，用钢缆吊到不同深度上悬停发射声信号，用于深海超远程声传播或水声通信；③ 在发射潜标基础上增加一个声信号接收单元和水声通信解码模块，作为深海的中继通信潜标；④ 把发射潜标仪器舱改型，使之适合在 AUV 上安装，作为 AUV 主动发射节点，完成主被动探测。

深海大深度声学发射潜标的值班功耗低，在间隔发射使用模式下，可承担长时间定点起伏测量，且无人值守，不易受气候、洋流影响，可搭载多种海洋测量和探测仪器，在恶劣海况条件下相对隐蔽地进行长期、定点、连续同步测量，是获得海洋与声学起伏环境数据的重要技术装备。所以，深海大深度声学发射潜标具有系统集成度高、观测数据丰富、观测点隐蔽、不易遭到破坏的诸多特点，又具有观测数据连续性、时效性强和数据传输方便快捷的特点。

深海大深度发射潜标曾多次用于南海内波频发区的声学起伏测量和深海声场时间相关特性测量（图 8.14～图 8.16），为我国认识动态海洋环境下声场起伏规律，奠定了宝贵的声学实验数据基础。随着我国深海声学技术发展和应用，深海大深度声学发射潜标在我国海洋声学实验、科学调查和通信与探测领域将得到广泛应用。

图 8.14 深海声学发射潜标海上布放场景

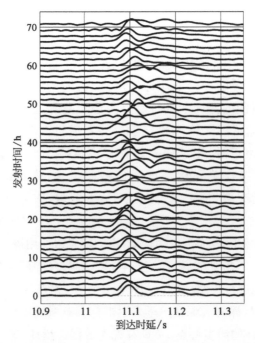

图 8.15 使用深海声学发射潜标在南海实验中记录的线性调频信号包
络(起始时间为 2015 年 9 月 13 日 11 时,频段为 175～225 Hz)

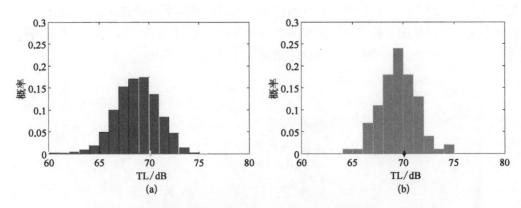

图 8.16 使用深海声学发射潜标在南海测量得到的传播损失起伏概率
分布实验结果(a)与模型计算结果(b)比较

参考文献

[1] 吴丽丽. 深海远程脉冲声传播特性研究[D]. 北京:中国科学院声学研究所,2017.

[2] 胡治国,李整林,张仁和,等. 深海底斜坡环境下声传播[J]. 物理学报,2016,65(1):014303.

[3] Li Wen, Li Zhenglin, Zhang Renhe, et al. The effects of seamounts on sound propagation in deep
water [J]. Chinese Physics Letters, 2015, 32(6):064302.

[4] 李晟昊,李整林,李文,等. 深海海底山环境下声传播水平折射效应研究[J]. 物理学报,2018,67
(22):224 - 302.

［5］　张青青,李整林,秦继兴,等.南海海域跨海沟环境的声场会聚特性[J].声学学报,2020,45(4)：458－465.

［6］　李整林,董凡辰,胡治国,等.深海大深度声场垂直相关特性[J].物理学报,2019,68 (13)：134305.

［7］　Li Jun, Li Zhenglin, Ren Yun, et al. Horizontal-longitudinal correlations of acoustic field in deep water [J]. Chin. Phys. Lett. , 2015, 32(6)：064303.

［8］　Wu Shuanglin, Li Zhenglin, Qin Jixing. Geoacoustic inversion for bottom parameters in the deep-water area of the South China Sea [J]. Chin. Phys. Lett. , 2015, 32(12)：124301.

［9］　Jiang Dongge, Li ZhengLin, Qin Jixing, et al. Characterization and modeling of wind-dominated ambient noise in South China Sea [J]. Sci. China-Phys. Mech. Astron. , 2017, 60(12)：124321.

［10］　Shi Yang, Yang Yixin, Tian Jiwei, et al. Long-term ambient noise statistics in the northeast South China Sea [J]. The Journal of the Acoustical Society of America, 2019, 145 (6)：EL501－EL507.

［11］　王龙昊,秦继兴,傅德龙,等.深海大接收深度海底混响研究[J].物理学报,2019,68(13)：134303.

［12］　Liu Y N, Niu H Q, Li Z L. Source ranging using ensemble convolutional networks in the direct zone of deep water[J]. Chinese Physics Letters, 2019, 36(4)：47－50.

［13］　赵文涛,俞建成,张艾群.海洋中尺度涡旋观测任务中的水下滑翔机协同控制策略[J].机器人,2018,40(2)：206－215.

［14］　Yu J, Zhang F, Zhang A, et al. Motion parameter optimization and sensor scheduling for the sea-wing underwater glider [J]. IEEE Journal of Oceanic Engineering, 2013, 38(2)：243－254.

［15］　Shu Yeqiang, Xiu Peng, Xue Huijie, et al. Glider-observed anticyclonic eddy in Northern South China Sea [J]. Aquatic Ecosystem Health and Management，2016, 19(3)：233－241.

第 9 章　深海声学与探测技术展望

深海声学与探测技术研究涉及水声、物理海洋、海洋遥感、信息处理、传感器等多个学科，是一项复杂的系统工程。深海复杂环境下的声学观测手段、预报模式、传播规律、起伏特征、时空相关特性和背景场特征等基础研究方面的系统性均须进一步加强，全球范围内水声环境保障能力、声呐环境适应性、高增益探测方法成熟度、目标自主识别能力等应用基础研究更有待深入，无人平台与已有系统构建环境同步监测技术以及目标协调探测模式也是未来的主要方向。

9.1　深海声学机理的深入掌握

随着对深海声学研究的逐步深入，复杂时空变化深海环境下的水声远程探测和信息传输方面的问题日益凸显，需要引起足够重视。为提高人们的认知水平，未来深海声学基础研究应该在以下几个方面予以加强：

1) 深海低频声传播规律、海洋环境噪声与混响场统计特性的深入研究

这方面研究是水声应用的基础。针对水声探测需求，重点研究典型深海完全声道(太平洋)、不完全声道(南海和印度洋)环境下，存在复杂海底地形条件下的低频声传播规律，揭示复杂深海环境下二维耦合和三维水平折射传播机理。针对深海远程信息传输信号检测需求，研究数百公里至上千公里超远程声传播信号的脉冲多途特征与不同频率脉冲信号的选择性衰落，特别是传播路径上存在中尺度涡旋等海洋动力过程时的声场起伏。同时，重点掌握典型海洋环境下(台风路径、航道等)的环境噪声统计特性、演变趋势与预报模型，研究不同海况和海底条件下的海面、海底及体积混响规律。

2) 深海声场时-空-频相干特性与物理机理研究

这方面研究可为有效提高声呐时空处理增益奠定理论基础。在声传播机理认识的基础上，深入研究深海环境下声场的垂直相关、水平纵向相关及声场时间相关特性，掌握复杂深海环境的声场时-空-频变化特征规律，揭示海深会聚区和影区声场空-频干涉特征的主要环境因素。探究深海三维变化地形和中尺度过程影响下的低频声信号空-时相关性和特征稳健性的物理机制。发展利用深海声场时-空-频相干特性提高阵列信号处理增益的方法，以最大限度地实现"探得远、通得上"，并通过大量海上实验验证方法的有效性与适用性，为深海复杂环境水声目标探测方法研究奠定基础。

3) 海洋动力过程(内波、涡旋、锋面等)与声学四维耦合的海洋声场模型构建研究

研究声学测量、卫星遥感及其现场观测数据与海洋模式等多基/多源数据的海水声速场时空分布重构或同化方法，改善海盆尺度内海水声速场的预测性能。研究海洋声场预报与海洋动力学过程预测模式、数据融合方法，重点开展海洋动力学模式预测、演变过程及特征建模方法与特征提取方法研究。发展多尺度复杂海洋环境下的声场并行快速计算

方法,并实现全球尺度范围内声传播、混响和噪声场快速预报,与四维海洋环境模型集成,分析和总结动态海洋环境下的声场不确定性和声呐系统的探测性能,提高全球范围内海洋声学认知水平及保障应用能力。

4) 高纬度海域及两极冰区环境下的声场模型与规律研究

研究高纬度海域及两极区域表面声道,以及海面存在冰盖环境下的水下远程传播规律及冰下噪声场特性,发展基于无人平台的冰下声学环境实时监测技术及基于声学层析的北冰洋环流监测方法,为高纬度海域水声环境保障提供技术支持。同时,发展适合于高纬度海域的水下探测技术,提高极地海域的海洋声学认知水平及保障应用能力。

5) 深海大深度、广域环境与声学同步观测系统发展研究

主要包括:发展新型换能器耐高压新材料制备技术和基于超构材料的阻抗匹配技术,实现大深度、宽频带高声源级水声信号长时间发射,用于深海远程传播、主被动探测与信息传输;发展基于声学滑翔机和 AUV 等无人平台的机动式组网声学与环境同步观测技术及声学环境反演方法,与高源级的声学发射系统和深水潜标接收系统等一起构成"多发多收"的多平台观测系统,以获取深海声学研究所需的高质量同步实验数据,推动大数据和机器学习方法在深海声学研究中的应用。

9.2 深海探测技术的全面提升

探测技术一直是水声学研究中最具挑战性的方向,在深海中更是如此。为了满足深海水下探测需求,美国 DARPA 正在持续努力将基于深海可靠声路径的水声探测原理用于分布式猎潜系统(DASH)中,其中包括两个原型系统 TRAPS 和 SHARK,TRAPS 是一种固定被动声呐节点,部署于深海海底以实现大面积覆盖,而 SHARK 则是用于持续跟踪已发现潜艇目标的大航深水下航行器。通过多手段联合方式,逐步形成由固定式系统(SOSUS)、分布式系统(FDS 和 DASH)、快速部署系统(ADS)和水面拖曳阵系统(SURTASS)等装备组成的水下综合监视系统(IUSS),适合在大洋及海峡通道等不同海域布放和使用,从而形成体系探测能力。

声呐系统应该具备齐全的水声探测方式,可满足在全球海域的使用要求。深海水声探测和传输技术须进一步向低频、高信号处理增益、环境适配性等方向发展。从当前水声探测技术的发展趋势看,在切实提高单声呐探测能力的同时,从体系层次来发展多技术手段联合探测技术,同时要集中力量发展门类齐全的海洋水声环境保障系统和水下信息传输系统,以便更好地服务于水声装备应用。所以,深海探测技术发展未来应重点关注以下几个方面:

1）深海水声探测与识别新原理与新技术研究

研究水中目标声学特征量提取方法及其在复杂深海环境下的稳定性,研究复杂海洋环境中不同角度扇区声场频率-距离干涉结构的各向异性,发展可突破声场纵向相关半径的大孔径阵列处理技术与基于声场空-频干涉特征的弱目标增强技术,来有效提高声呐的优质因子;发展小孔径高分辨率波束形成技术,以便在 AUV 和滑翔机等无人小平台上实现组网观测与探测技术。

2）开展与深海复杂环境相适配的声呐探测技术

在收集全球范围的海底底质类型数据基础上,完善深海水声环境保障技术;探索利用海面航船噪声和环境噪声稳健反演海洋温跃层和内波等中尺度现象的声学层析方法,同时,考虑发展基于环境聚焦的宽容性目标定位方法与基于机器学习的环境自适应声呐探测技术,让声呐能在不确知海洋环境中实现"测得准"。

3）发展深海环境下水声目标自主识别技术

发展基于新型传感器的信号处理方法,重点解决强目标干扰抑制及弱目标增强技术问题,以区分水面和水下目标,实现"分得清"。主要包括高分辨率波束形成技术、自适应噪声抵消与干扰抑制技术、基于声源三维位置和速度信息的水下目标定位与分辨技术、基于声源频谱特性和机器学习的水下目标自主分类识别技术等,推动基于大数据和机器学习的目标分类识别技术及其应用。

4）发展多手段联合的水声环境监测与目标探测技术

既可解决环境缺乏问题,又能实现多种探测技术和手段的优势互补,通过"多手段"方式(表 9.1)联合,达到经济可靠环境观测与目标预警探测目的。主要包括:基于水下滑翔机、AUV 和潜标网络等无人平台的海洋环境自主观测、同步模式预报及水声组网探测一体化技术(图 9.1),可大幅度降低环境观测成本的同时,提高目标探测能力和部署的灵活度;水下多节点间的信息快速可靠传输及远程指挥控制技术,多源数据融合与海洋模式相结合方式的海洋环境实时预测与环境保障技术;多基地主被动协同探测技术与移动平台优化部署技术等。

表 9.1　适用于深海的水声探测平台

深海探测平台	优　点	缺　点	适 用 场 合
舰艇拖曳声呐	阵列规模大(增益高),舰艇现场直接应用	工作深度有限,多为影区探测,距离较近	实际作战应用
海底水平阵探测声呐	阵列规模大(增益高),可利用大深度直达声,本底噪声低,监听距离远,是探潜体系的核心	位置固定,部署与维护成本较高	关键海峡通道封锁与港口警戒
深水警戒潜标	能接垂直阵、矢量水听器等,可利用大深度声场特性进行探测,布放位置灵活	阵列增益有限,探测距离较近	重点海域或通道临时预警或目标特性监测

（续表）

深海探测平台	优　点	缺　点	适用场合
AUV 拖曳阵探测	工作深度灵活，且可调范围大，利用大声场特性探测	阵列规模有限	通过母船布放，实施组网监测
声学滑翔机	可变深度，滑翔过程噪声低，可用环境和噪声监测	平台尺度有限，探测距离较近	适合海洋环境与声学的同步监测和环境保障
海面无人中继帆船	方便水下无人平台与卫星实现信息中继	通信信号会影响探测	组网关键节点
低频主动发射系统	与被动声呐系统联合，构成多基地主被动协调探测，利于安静型目标主动探测	易于暴露，AUV 上电源短缺	通过水面舰、AUV 机动发射

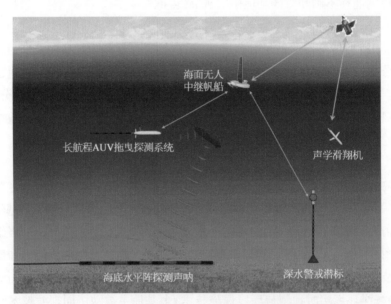

图 9.1　多手段联合的水声环境监测与目标探测技术

参考文献

［1］　Dushaw B D, Howe B M, Mercer J A, et al. The North Pacific Acoustic Laboratory (NPAL) Experiment [J]. Journal of the Acoustical Society of America, 2000, 107(5)：2829.

［2］　Munk W. Acoustic Thermometry of Ocean Climate (ATOC) [J]. J. Acoust. Soc. Am., 1999 (105)：98.

［3］　Chapman D M F. What are we inverting for? [M]//Michael I Taroudakis, George N Makrakis. Inverse problems in underwater acoustics. New York：Springer, 2001.

［4］　Colosi J A, Tappert F, Dzieciuch M. Further analysis of intensity fluctuations from a 3252 km acoustic propagation experiment in the eastern North Pacific Ocean [J]. J. Acoust. Soc. Am., 2001, 110(1)：163－169.

[5]　Spiesberger J L. Single transmission identification at 3115 km from a bottom-mounted source at Kauai [J]. J. Acoust. Soc. Am. , 2014, 115 (4): 1497 - 1504.

[6]　Tappert F D, Spiesberger J L, Wolfson M A. Study of a novel range-dependent propagation effect with application to the axial injection of signals from the Kaneohe source [J]. J. Acoust. Soc. Am. , 2002, 111(2): 757 - 762.

[7]　Chiu Y S, Lin Y T, et al. Focused sound from three-dimensional sound propagation effects over a submarine canyon [J]. J. Acoust. Soc. Am. , 2011, 129(6): EL260 - EL266.

[8]　William M C. The determination of signal coherence length based on signal coherence and gain measurements in deep and shallow [J]. J. Acoust. Soc. Am. , 1997, 104(2): 462 - 470.

[9]　John A C, Tarun K C. Coupled mode transport theory for sound transmission through an ocean with random sound speed perturbations: Coherence in deep water environments [J]. J. Acoust. Soc. Am. , 2003, 134(4): 3119 - 3133.

[10]　Thode A M, Kuperman W A, D'Spain G L, et al. Localization using Bartlett matched-field processor sidelobes [J]. J. Acoust. Soc. Am. , 2000, 107(1): 278 - 286.

[11]　Baggeroer A B, Scheer E K, Heaney K, et al. Reliable acoustic path and convergence zone bottom interaction in the Philippine Sea 09 experiment [J]. J. Acoust. Soc. Am. , 2010, 128(4), Pt. 2: 2385.

[12]　杨士莪. 小型矢量阵深海被动定位方法[J]. 应用声学, 2018, 37(5): 588 - 592.

[13]　Jensen F B, Kuperman W A, Porter M B, et al. Computational ocean acoustics [M]. 2nd ed. New York: Springer, 2011.

[14]　俞建成, 孙朝阳, 张艾群. 无人帆船研究现状与展望[J]. 机械工程学报, 2018, 54(24): 98 - 110.

[15]　Liam Paull, Sajad Saeedi, Mae Seto, et al. AUV navigation and localization: A review [J]. IEEE Journal of Oceanic Engineering, 2014, 39(1): 131 - 149.

[16]　Danilo Orlando, Frank Ehlers. Advances in multistatic sonar [M]//Nikolai Kolev. Sonar Systems. London: InTech, 2011: 29 - 50.